北京地区暴雨、强对流天气分析与预报技术

孙明生　高守亭　孙继松　易志安 著

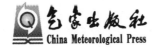
气象出版社
China Meteorological Press

内容简介

本书是作者近 30 年来针对北京地区暴雨、强对流天气分析预报、教学和科研成果的总结，是一部具有较高学术价值和丰富预报经验的研究性专著。

本书包括暴雨和强对流天气分析预报两部分，暴雨部分介绍了北京地区暴雨气候特征、暴雨主要天气系统、典型个例分析、环境条件以及暴雨预报动力学基础与暴雨集合动力预报技术；强对流天气部分介绍了北京地区强对流天气气候特征、强对流天气主要天气系统、典型个例分析、大中尺度环境条件、地形及下垫面影响、两类强对流天气对比分析及强对流天气预报技术。

本书重点明确、特色鲜明、内容丰富、实用性强，可作为广大气象预报人员、科研人员、有关院校师生教学和研究参考用书。

图书在版编目(CIP)数据

北京地区暴雨、强对流天气分析与预报技术/孙明生等著.
北京:气象出版社,2012.7
ISBN 978-7-5029-5516-8

Ⅰ.①北⋯ Ⅱ.①孙 Ⅲ.①暴雨—天气分析—北京市 ②暴雨—天气预报—北京市
③强对流天气—天气分析—北京市 ④强对流天气—天气预报—北京市
Ⅳ.①P426.62 ②P425.8 ③P45

中国版本图书馆 CIP 数据核字(2012)第 127104 号

Beijing Diqu Baoyu、Qiangduiliu Tianqi Fenxi Yu Yubao Jishu

北京地区暴雨、强对流天气分析与预报技术

孙明生等 著

出版发行:气象出版社			
地 址:北京市海淀区中关村南大街 46 号		**邮政编码**:100081	
总 编 室:010-68407112		**发 行 部**:010-68406961	
网 址:http://www.cmp.cma.gov.cn		**E-mail**: qxcbs@cma.gov.cn	
责任编辑:李太宇		**终 审**:黄润恒	
封面设计:博雅思企划		**责任技编**:吴庭芳	
责任校对:赵 瑗		**彩 页**:1	
印 刷:北京中新伟业印刷有限公司			
开 本:787 mm×1092 mm 1/16		**印 张**:14.75	
字 数:400 千字			
版 次:2012 年 7 月第 1 版		**印 次**:2012 年 7 月第 1 次印刷	
定 价:48.00 元			

序

暴雨、强对流天气是北京地区最重要的气象灾害之一,每年都会对社会经济和人民生命财产造成较大危害。随着社会经济的发展,气候变化与气象灾害越来越受到社会各界的关注与重视。由于暴雨、强对流天气是在有利的大尺度环境条件下的中小尺度天气过程和小概率事件,对它们进行准确的分析和精细化的预报,目前还是十分困难的。为了更及时、准确地预报北京地区暴雨、强对流天气,提高防灾、减灾能力,就需要对发生在北京地区的暴雨、强对流天气进行深入、细致和系统的研究,但目前这方面的专著相对来说,还是很少。因此,《北京地区暴雨、强对流天气分析与预报技术》一书的出版,对从事暴雨、强对流天气分析与预报研究,特别是从事北京地区暴雨、强对流天气分析与预报的气象工作者而言,是非常及时和重要的。

本书的作者来自北京军区空军气象中心、中国科学院大气物理研究所和北京市气象局,他们中既有从事教学和科研工作,有着深厚理论造诣的气象科研工作者,又有预报一线,具有丰富实践经验的气象业务工作者,并且这些作者都具有从事暴雨、强对流天气研究与预报工作几十年的经验,在湿空气动力学、中尺度平衡动力学以及中尺度短时和临近预报方法等领域研究成果丰硕。本书即是作者近30年来针对北京地区暴雨、强对流天气分析预报、教学和科研成果的总结,是一部既有较高学术价值,又有丰富实际预报经验总结的专著。正因为如此,该书的内容充分体现了学术上的创新性,如第5章的广义湿位涡和广义湿位温、对流涡度矢量、广义标量锋生、湿热力平流参数和水汽垂直螺旋度等理论,都是作者在这一领域中取得的新的研究成果,是分析预报中尺度动力过程特别是湿大气过程的新理论和新方法。注重理论知识和实际预报紧密结合是本书的又一显著特点,如第5章、第13章分别介绍了集合动力因子暴雨预报技术和强对流天气预报技术。另外,虽然是一部学术研究和预报经验相结合的专著,但该书的内容保持了较好的完整性和一致性:从暴雨、强对流天气基本气候特征分析,到典型个例研究,再到大、中尺度环境条件对比分析、概念模式归纳,以及北京地形、城市边界层和热岛效应的影响,最后落实到预报问题,整部书的内容,循序渐进,这有利于读者系统地了解和掌握北京地区暴雨、强对流天气的活动规律和预报方法。书中还收集了大量宝贵而翔实的暴雨、强对流天气日历和天气型,为气象预报与科研人员进一步深入地研究或预报北京地区暴雨、强对流天气提供了很好的基础性资料。

　　总体而言,这本专著创新性显著、重点明确、特色鲜明、内容丰富,是一本不可多得的可读性较强的暴雨、强对流天气分析与预报方面的专著,我相信该书的出版将加深人们对北京地区暴雨、强对流天气活动规律的认识,对提高北京灾害性天气预报能力与水平,起到重要作用。

　　　　　　　　　　　　　　　　　　　　　　　　陶诗言[*]

　　　　　　　　　　　　　　　　　　　　　　　　2012 年 3 月 28 日

---

　　[*]　陶诗言,中国科学院士,中国科学院大气物理研究所研究员

前　言

我国是多自然灾害的国家,气象灾害占其中的70%以上。暴雨、强对流天气是北京地区夏季最严重、最常发生的气象灾害之一,往往给经济社会和国防建设等带来危害。防灾减灾、保障人民生命财产安全和经济社会正常运行,是气象部门的首要任务,及时准确的天气预报是其中十分重要的工作。预报员是天气分析、预报技术和方法的载体,在业务预报服务中发挥着主体作用。如何使预报员对北京地区暴雨、强对流天气发生、发展规律有所认识,进一步提高北京地区暴雨、强对流天气的分析与预报水平,为北京地区经济社会繁荣发展,提供有力的科技支撑,是作者撰写本书的主要目的所在。

本书主要内容基于军队重点科研项目"北京地区强对流天气监测试验"(1991—1995年)、科技部奥运气象保障项目(2001—2008年)"北京市夏季异常天气预测及应急措施研究"(2001B A904B09)、国家基金重点项目(2004—2007年)"华北强降水(暴雨)天气系统的动力过程和预报方法研究"(40433007)以及行业专项项目——"京津冀城市群强对流天气短时临近预报关键技术研究"(GYHY200706004);国家支撑项目——"京津冀城市群高影响天气预报中的关键技术——研究城市群高影响天气的特征和成因分析"(2008B AC37B01)等研究成果。在编写过程中,着重于北京地区暴雨、强对流天气的天气学分析与预报技术方法的介绍,其主要内容为暴雨、强对流天气的天气尺度分析,对于中小尺度问题也有所介绍。

天气学发展至今,已经不能仅仅停留在对天气系统形态的分析与描写上,而要进一步阐明它们的结构、发生、发展的物理图像,说明各类系统之间的相互作用。相应的研究方法也从单纯的天气图分析的定性描述发展至包括运用统计分析、动力诊断、数值模拟及模式产品应用等多种手段的定量分析。本书侧重于介绍造成北京地区暴雨、强对流天气环境条件及其概念模式和预报技术与方法,以求读者对北京地区暴雨、强对流天气系统的活动规律、分析与预报有一个基本的了解掌握。对从事天气预报人员把握北京地区暴雨、强对流天气过程及其预报技术,提高灾害性大气分析与预报能力,起到借鉴和参考的作用。

本书主要由两部分构成,第一部分为暴雨部分,主要介绍了北京地区暴雨的气候特征、暴雨主要天气系统、典型个例分析、环境条件以及暴雨预报动力学基础与暴雨集合动力预报技术。第二部分为强对流天气部分,主要介绍了北京地区强对流天气气候特征、强对流天气主要天气系统、典型个例分析、大中尺度环境条件、地形及下垫面影响、两类强对流天气对比分析及强对流天气预报技术。一些环境条件,如地形等,对暴雨、强对流天气的发生、发展具有相同或类似的影响与制约作用,考虑到对暴雨、强对流天气论述的逻辑性和完整性,书中不可避免地会有少量重复内容。

由于天气分析与预报技术的快速发展以及气象资料的不断更新,有关北京地区暴雨、强对流天气分析与预报的研究成果也在不断地补充和完善,加之作者学识、见解等限制,缺点错误在所难免,敬请读者批评指正。

在上述课题研究和本书撰写过程中,得到了相关单位领导和同事们的大力支持。北京军区空军气象处金树锋、庞学文两位领导审阅了全书,并提出了许多宝贵意见。除署名作者外,解放军理工大学气象学院何齐强教授,北京军区空军气象中心汪细明、徐华刚、王世远,总参气象水文空间天气总站罗阳,中国科学院大气物理研究所周玉淑、冉令坤,北京市气象局雷蕾、魏东、王华等同志参与了相关内容的研究及部分文字的撰写或书中图表制作工作;何齐强教授对北京军区空军相关课题研究以及本书的撰写工作给予了鼎力支持与帮助;本书的出版得到了本书责任编辑李太宇同志的热心帮助,在此一并深致谢意。

作者

2012 年 3 月于北京

目　录

第1章　北京地区暴雨概述

北京地区位于中纬度季风气候区,夏半年受偏南暖湿气流影响,是暴雨及其灾害的活跃期。由于年降水量 3/4 集中在夏季,而夏季降水量的多少又常取决于几场暴雨,因此,暴雨的多少和旱涝有密切关系。由于逐年间季风的不稳定性,北京地区年际间旱涝灾害频繁出现[1]。

暴雨的发生主要受到大气环流和天气系统的影响,是一种自然现象。但暴雨是否造成灾害,则取决于社会经济、人口和对灾害的防御能力等诸多因素,因而暴雨灾害的发生不仅有其自然的原因,而且有其社会和人为因素的影响。在暴雨频发、强度大的区域,暴雨易于成灾,灾害的危害性相对较大;相反,在暴雨较少发生而强度较弱的区域,暴雨不易成灾,灾害的损失相对较小。当暴雨发生后,地理环境成为影响灾害发生的重要因素。北京地区位于华北平原的西北边沿,地势由西北向东南倾斜,西部属于太行山余脉,北、东北部为燕山山脉,两条山脉在昌平区南口附近交汇,形成一个向东南展开的山湾,它所围绕的平原为北京小平原。总体而言,北京地区三面环山,形成一条山脊平均海拔高度约 1000 m 的山前、山后的天然分界线。山前迎风坡一带是北京地区暴雨及其洪涝和泥石流等灾害的多灾区。

一般以日(或 24 h)降水量≥50 mm 统称为暴雨;具体细分 50~99 mm 为暴雨,100~199 mm 为大暴雨,≥200 mm 为特大暴雨。必须说明,日降水量与 24 h 降水量并不等同,24 h 降水量不受日界规定影响,其量≥日降水量。所用降水等实况资料主要为北京市 20 个观测站资料,统计资料时限为 1956—2000 年,个例资料为 1983—2010 年资料。

在业务实践中,可按暴雨发生和影响范围的大小将暴雨划分为局地暴雨、区域性暴雨和大范围暴雨。对北京地区 20 个气象站而言,有 1~3 个站同时出现暴雨,则视为局地暴雨。有4~17 个站同时出现暴雨,则视为区域性暴雨。有≥18 个站同时出现暴雨,则视为全市性暴雨。

1.1　暴雨地理分布特征

北京地区 20 个区县气象站中至少有 1 站出现暴雨,则记为北京地区出现一次暴雨天气过程。以此为统计标准,1956—2000 年 45 年间,北京地区共出现 386 次暴雨。其中局地性暴雨出现 172 次,占暴雨总数的 44.60%,区域性暴雨出现 191 次,占暴雨总数的 49.50%,全市性暴雨出现 23 次,占暴雨总数的 6%。

对照北京地区地形地貌与北京各区县出现暴雨次数分布,发现北京暴雨主要分布在山前和山前偏南或偏东南风迎风坡一带及喇叭口地形谷地,暴雨出现次数大值中心及大值区轴向与燕山和太行山山脉走向比较一致。北部山区的怀柔、密云,西南部山区的房山在 386 次暴雨过程中分别出现 197 次、179 次和 186 次,成为北京地区两个暴雨多发中心,而石景山和城区分别出现 31 次、49 次成为北京地区暴雨出现最少的区域。详见图 1.1.1。

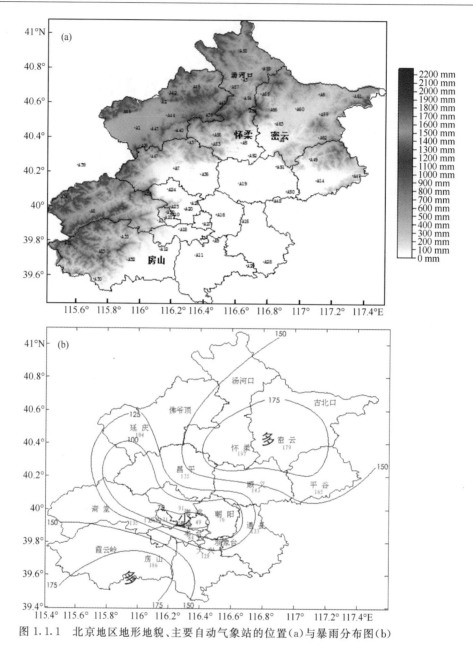

图 1.1.1　北京地区地形地貌、主要自动气象站的位置(a)与暴雨分布图(b)

北京地区最大暴雨强度空间分布、特大暴雨中心位置分布与暴雨分布状况大致相同,最大暴雨强度空间分布与地形关系密切,多位于山脉的迎风坡(图略)。

1.2　暴雨极值分布特征

386 次暴雨过程中,出现日或 24 h 降水量≥100 mm 的过程 181 次,占暴雨总数的 46.9%,其中降水量 100~199 mm 的大暴雨 143 次,占总数的 37.1%,降水量≥200 mm 的特大暴雨过程 38 次,占总数的 9.9%。在 38 次特大暴雨过程中,有 10 次过程降水量≥300 mm,4 次过程降水量≥400 mm。

1956—2000 年北京地区暴雨最大日(或 24 h)降水量为 479.2 mm,出现在 1972 年 7 月 27 日怀柔县枣树林。12 h 最大降水量为 410.8 mm,6 h 降水量为 316.6 mm,均出现在 1972 年 7 月 27 日(台风影响)怀柔县沙峪。2 h 降水量为 288.0 mm,1 h 最大降水量为 150.0 mm,均出现在 1976 年 7 月 23 日(蒙古低涡低槽)密云县田庄。

1.3　暴雨时间分布特征

暴雨的发生受到不同时间尺度因子的影响,因而表现出不同时间尺度变化特征。

1.3.1　年际变化特征

北京地区位于中纬度季风气候区,季风气候的特点是年际变化大,北京地区暴雨发生的频次具有明显的年际变化特征。1956—2000 年北京地区暴雨年平均日数为 8.6 d,最多年为 19 d,最少年仅为 1 d,两者相差 18 d。有些年份暴雨频发,如 1985 年、1991 年和 1959 年,暴雨分别出现了 19 d、17 d 和 15 d。而另外一些年份暴雨出现较少,如 1981 年仅出现 1 d,1957 年仅出现 2 d,1962 年、1997 年和 1999 年都仅出现 3 d。上述年份暴雨年际变差(逐年暴雨数与多年平均数之差)分别为 10.4/a、8.1/a、6.4/a 和 −7.6/a、−6.6/a、−5.6/a。可见,北京地区暴雨的年际变化十分显著。详见图 1.3.1。

通过对 1956—2000 年北京地区暴雨过程时频序列的线性气候倾向率分析,北京暴雨日数呈波动式的缓慢增加趋势,其气候倾向率为 0.17/10 a。如果将暴雨按强度细分,降水量在 50～99 mm 的暴雨和 100～199 mm 的大暴雨均呈缓慢增加趋势,其气候倾向率分别为 0.3/10 a 和 0.08/10 a,而 200 mm 以上的特大暴雨呈现出下降趋势,其气候倾向率为 −0.22/10 a。值得注意的是,如果以 1961—2007 年北京沙河、西郊、南苑单站资料为依据,按其各自暴雨日数独立统计,近 47 年这 3 站暴雨日数均呈缓慢下降趋势,3 站暴雨日数气候倾向率分别为 −0.121/10 a、−0.253/10 a 和 −0.542/10 a[2]。

北京地区暴雨强度也具有年际变化特征。有些年份暴雨过程均以大暴雨和特大暴雨强度出现,如 1956—1958 年连续 3 年,1976 年、1981 年、1997 和 1999 年。而有些年份,大暴雨和特大暴雨所占比例较低,如 1980 年,在全年 9 次暴雨过程中,大暴雨和特大暴雨过程,仅出现 1 次(8 月 2 日降水量 262.6 mm),占全年暴雨 11.1%。1989 年全年出现暴雨过程 13 次,大暴雨和特大暴雨过程,仅出现 2 次(7 月 21 日降水量 198.5 mm,8 月 28 日降水量 188.1 mm),占全年暴雨 15.4%。详见图 1.3.2。

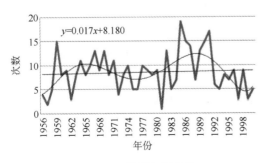

图 1.3.1　暴雨年际变化

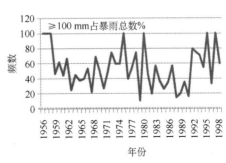

图 1.3.2　暴雨强度年际变化

1.3.2　季节和月变化特征

北京地区暴雨存在明显的季节和月变化特征。根据 45 年(1956—2000 年)资料统计,北京地区暴雨可出现在 4—10 月,横跨春、夏、秋三个季节,按暴雨过程出现次数统计,春季出现 16 次,夏季出现 337 次,秋季出现 33 次。暴雨最早出现在 4 月上旬(1964 年 4 月 5 日);最晚出现在 10 月下旬(1977 年 10 月 29 日),6 月是暴雨的突增期,7 月达到最大值,9 月是陡减期。

北京地区暴雨主要集中出现在夏季,尤其是盛夏 7—8 月。夏季(6—8 月)暴雨日数占全年暴雨日数的 87.3%,盛夏(7—8 月)暴雨日数占全年暴雨日数的 76.7%。相对而言,暴雨日数更集中于 7 月上旬至 8 月中旬,占全年日数的 71.2%,尤其集中于 7 月中旬至 8 月上旬,占全年日数的 49%。详见图 1.3.3。

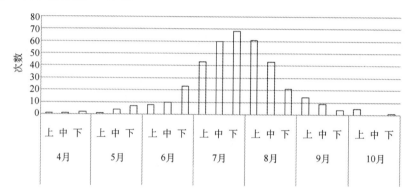

图 1.3.3　暴雨日数月、旬分布

北京地区大暴雨和特大暴雨主要集中出现在 6—8 月,占大暴雨和特大暴雨总数的 96.1%。其中多数集中于盛夏期(7—8 月),占总数的 86.7%(详见图 1.3.4)。7 月上旬至 8 月中旬,占总数的 82.3%,"7 下 8 上"(7 月下旬至 8 月上旬),占总数的 44.2%。大暴雨和特大暴雨最早出现在 5 月中旬,最晚出现在 10 月中旬(图略)。

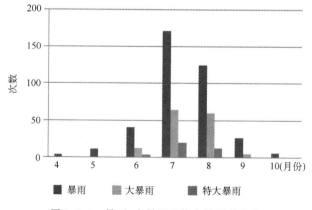

图 1.3.4　暴雨、大暴雨和特大暴雨月分布

1.3.3　暴雨持续日数和间隔日数分布特征

暴雨的持续日数和间隔日数(相邻两次暴雨的间隔日数)是规划水库调度方案、制作洪水

预报的主要参考因素,暴雨持续时间长、土壤水分饱和,不能再行吸收,容易造成洪水;暴雨间隔时间长,水库对洪水的调节余地就大。统计 1982—1988 年 79 次暴雨过程,共有 12 次持续性暴雨发生,占该时期暴雨总数的 16.2%,这 12 次暴雨均发生在 7、8 两月,特别是 8 月份发生次数较多(9 次),占持续暴雨总数的 75%,占 8 月份暴雨总数的 26.5%,而且其中有 2 次持续长达 5 d。暴雨间隔日数,短的仅隔 1 d,长的可隔 38 d(1983 年 6 月 18 日至 7 月 27 日),主要集中于 1~3 d(占 43.8%)和 4~6 d(占 18.8%)这两个时段。另外,暴雨间隔日数的月际分布也不均匀,6 月份主要呈离散分布状态,7、8 两月主要为 1~3 d[3]。

第 2 章　北京地区暴雨天气系统

暴雨,尤其是大范围的暴雨是出现在一定的大尺度环流形势和一定的天气系统影响之下。在有利环流形势下,造成北京地区暴雨的主要天气系统有蒙古低涡低槽、切变线、内蒙古低涡、西来槽、西北低涡、东北低涡、西南低涡、回流、台风外围影响等。

2.1　北京地区暴雨主要天气系统

依据 1956—2000 年 45 年资料统计,在有利环流形势下,造成北京地区暴雨的主要天气系统有蒙古低涡低槽、切变线、内蒙古低涡、西来槽、西北低涡、东北低涡、西南低涡、回流、台风外围影响等(详见表 2.1.1)。

表 2.1.1　北京地区暴雨天气系统及频次

类别	次数	频率(%)
蒙古低涡低槽	132	34.2
内蒙古低涡	45	11.7
西北低涡	34	8.8
东北低涡	25	6.5
西南低涡	22	5.7
切变	61	15.8
西来槽	37	9.6
回流类	19	4.9
台风	4	1.0
台风倒槽	4	1.0
台风倒槽和低涡	2	0.5
冷锋类	1	0.3
合计	386	

蒙古低涡低槽:是指在 500 hPa 图上,90°—115°E,43°—50°N 范围内的冷性低涡及其南部沿 40°N 东移的低槽。

切变线:是指 500 或 700 hPa 图上,100°—120°E,40°—50°N 地区有切变线存在。

内蒙古低涡:是指 700 hPa 图上,105°—115°E,40°—43°N 范围内存在冷性低涡。

西来槽:是指 500 或 700 hPa 图上,105°—115°E,35°—45°N 有高空槽存在。

西北低涡:是指 500 hPa 图上,108°—115°E,40°—45°N 范围内的低涡。

东北低涡:是指在我国东北上空的冷性低涡,即 500 hPa 图上,115°—130°E,40°—52°N 范围内的低涡。

西南低涡:通常是指 700 hPa 图上,在西藏高原东部特殊地形影响下形成的一种低压系统,常存在于 100°—110°E,25°—34°N 附近。

回流:当中纬度环流比较平直,西来的冷空气偏北,冷空气进入东北平原后又回灌京津地区时,地面气压场"东高西低",北京地区吹东风;有时中纬度锋区在华北 40°N 附近有波动,地面可能有倒槽配合。在这种天气形势下产生的暴雨称为回流暴雨。

台风和台风倒槽:台风是热带天气系统,由于北京地区纬度较高,受台风的影响很少。在 45 年中由台风及台风倒槽影响造成的暴雨过程仅 10 次,仅占暴雨过程总次数的 2.6%,是上述各天气系统中出现次数最少者。

虽然上述天气系统都可以使北京地区产生暴雨,但蒙古低涡低槽是其中出现频率最高的暴雨天气系统,在 1956—2000 年的 45 年中,北京地区共出现各类暴雨过程 386 次,蒙古低涡低槽暴雨出现 132 次,占暴雨过程总次数的 34.2%。另外,切变和内蒙古低涡也是造成北京地区暴雨的主要天气系统,由它们影响造成的暴雨分别占暴雨过程总数的 15.8% 和 11.7%。因此,蒙古低涡低槽、切变和内蒙古低涡是造成北京地区暴雨最主要的三种天气系统,由这三种天气系统造成的暴雨占暴雨总数的 61.7%。此外,西来槽暴雨、西北低涡暴雨、东北低涡暴雨在 45 年中分别出现 37 次、34 次和 25 次,分别占暴雨过程总次数的 9.6%、8.8% 和 6.5%。西南低涡引起的暴雨在 45 年中虽然只出现 22 次,仅占暴雨过程总次数的 5.7%。但它所造成的暴雨过程往往强度大,范围广,持续时间长,著名的"63.8"特大暴雨就是其中一例。回流暴雨在 45 年中仅出现 19 次,占暴雨过程总次数的 4.9%。在 45 年中由台风及台风倒槽影响造成的暴雨过程仅 10 次,仅占暴雨过程总次数的 2.6%,是上述各天气系统中出现次数最少者。但由台风影响所造成的暴雨,90% 是大暴雨和特大暴雨,其中特大暴雨占本系统暴雨的 60%,为其他天气系统同比之冠。1972 年 7 月 27 日,中心在枣树林一带的一次台风影响造成的特大暴雨,日雨量达 479.2 mm,开创有雨量记录以来日雨量之冠。

将上述造成北京地区暴雨的天气系统进行归类,主要有五类(见表 2.1.2)。

表 2.1.2　北京地区暴雨天气系统类别

类别	次数	频率(%)
低涡类	258	66.8
槽线类	98	25.4
回流类	19	4.9
台风类	10	2.6
冷锋类	1	0.3
合计	386	

第一类为低涡类。包括蒙古低涡低槽、内蒙古低涡、西北低涡、东北低涡和西南低涡五种。由它们造成的暴雨占暴雨总数的 66.8%,是所有暴雨天气系统类别中出现频率最高的天气系统类别。而其中位于北京西北方向的蒙古低涡低槽、内蒙低涡、西北低涡所造成的暴雨占暴雨总数的 54.7%,达到暴雨总数的半数之多。

第二类为槽线类。包括切变线和西来槽两种。由它们造成的暴雨占暴雨总数的 25.4%。其中又以切变线暴雨次数最多,占此类暴雨总数的 62.3%。

第三类为回流类。回流暴雨占暴雨总数的 4.9%。

第四类为台风及台风倒槽类。在 45 年中,由台风及台风倒槽影响造成的暴雨过程 10 次,仅占暴雨过程总次数的 2.6%,是上述各天气系统中出现次数最少者。

除上述暴雨天气系统外,还有一种特殊类型的暴雨—冷锋暴雨。暴雨日,华北上空 700 hPa 和 500 hPa 为一致的强西北气流,并不存在上述几种暴雨天气系统或回流形势, 925 hPa 和 850 hPa 为一致的西南气流,地面为冷锋前部。因此,冷锋是造成这次暴雨的影响系统(1998 年 9 月 2 日)。此种暴雨在 1956—2000 年的 45 a 中仅仅出现 1 次。

由此可以看出,造成北京地区暴雨的最主要的天气系统是低涡类天气系统,然后才是槽线类天气系统。

2.2 暴雨主要天气系统与暴雨范围、强度的关系

北京地区的暴雨以局地暴雨和区域性暴雨为主,在 1956—2000 年 386 次暴雨个例中,局地暴雨与区域性暴雨发生概率比较接近,分别占 44.6% 占 49.5%。全市性暴雨出现次数较少,仅占暴雨总数的 6%。暴雨产生的范围与暴雨天气系统的强度与影响范围有关。不同的暴雨天气系统,产生暴雨范围有所不同,有的暴雨天气系统造成局地暴雨多,有的暴雨天气系统则多造成区域性暴雨。详见表 2.2.1。

表 2.2.1 暴雨天气系统与暴雨范围、强度的关系

类别	局地性	区域性	全市性	合计(次数)
蒙古低涡低槽	68	57	7	132
内蒙古低涡	23	21	1	45
西北低涡	5	24	5	34
东北低涡	14	11	0	25
西南低涡	5	12	5	22
切变	30	28	3	61
西来槽	17	20	0	37
回流类	8	11	0	19
台风	0	2	2	4
台风倒槽	1	3	0	4
台风倒槽和低涡	0	2	0	2
冷锋类	1	0	0	1
合计	172	191	23	386

在造成暴雨的天气系统中,西北低涡、台风及台风倒槽类天气系统多造成区域性暴雨(分别占各型暴雨总数的 70.6% 和 70%),西南低涡型暴雨也以区域性暴雨为主(分别较局地和全市性暴雨多 32%)。东北低涡和回流造成局地暴雨和区域性暴雨的概率较为接近,但东北低涡造成的局地暴雨略多于区域性暴雨,而回流造成的区域性暴雨略多于局地暴雨。内蒙古低涡、蒙古低涡低槽、西来槽及切变线造成局地暴雨和区域性暴雨的概率接近,两者相差不超过 9%。此外,台风和台风倒槽类暴雨很少出现局地暴雨,而东北低涡、西来槽、回流很少出现全市性暴雨。

北京地区的暴雨主要以暴雨和大暴雨形式出现,在 45 年 386 次暴雨中,暴雨、大暴雨出现

概率分别为 53.1%、37.8%。特大暴雨出现概率为 9.1%(见表 2.2.2)。

　北京地区暴雨天气系统与暴雨强度的关系,按暴雨天气系统类别统计,1956—2000 年,北京地区台风倒槽类暴雨共出现 10 次,90% 以大暴雨和特大暴雨形式出现,其中特大暴雨占本型暴雨的 60%。而低涡类、槽线类和回流类暴雨天气系统主要造成暴雨和大暴雨天气,尤以降水量在 50~100 mm(不含)的暴雨为主。

　按具体的暴雨天气系统统计,东北低涡、回流主要造成暴雨和大暴雨,尤以暴雨次数最多,而很少造成特大暴雨。西北低涡主要造成大暴雨。内蒙古低涡、蒙古低涡低槽和切变多造成暴雨。西来槽造成暴雨和大暴雨的概率相差不多(见表 2.2.2)。

表 2.2.2　暴雨强度表

类别	暴雨	大暴雨	特大暴雨	合计(次数)
蒙古低涡低槽	73	49	10	132
内蒙古低涡	25	16	4	45
西北低涡	9	19	6	34
东北低涡	18	7	0	25
西南低涡	10	6	6	22
切变	35	24	2	61
西来槽	21	15	1	37
回流类	12	7	0	19
台风	1	1	2	4
台风倒槽	0	2	2	4
台风倒槽和低涡	0	0	2	2
冷锋类	1	0	0	1
合计	205	146	35	386

第3章　北京地区暴雨典型过程分析

北京地区位于中纬度季风气候区,夏半年受偏南暖湿气流影响,是暴雨及其灾害的活跃期。北京地区暴雨灾害既有局地的,也有全市性的甚至超出北京地域的大范围灾害。历史上严重的暴雨洪涝灾害造成房倒屋塌,农业大幅度减产,甚至引发泥石流和大规模的瘟疫、饥荒等次生灾害,使众多人民家破人亡、流离失所,给社会经济带来巨大损失。

新中国成立后至2000年的52年中,由于先后修建了大量的水利工程,使暴雨洪涝灾害降低到最低程度,但仍有9次较严重的暴雨洪涝或泥石流灾害出现。如1956年8月3日,北京地区受台风倒槽影响,出现特大暴雨,暴雨中心位于门头沟王平口,降水量达到434.8 mm/(24 h),造成永定河大兴县西麻各庄段决口,大兴县42个村庄过水,死伤8人,倒塌房屋42135间,并殃及天津地区,直接经济损失1427万元。1963年8月4—8日的暴雨过程是北京历史上著名的"63.8"暴雨过程。此次暴雨过程对交通、工业生产和人民生命财产造成严重损失。1991年6月10日,密云县北部山区暴雨引发泥石流灾害,死亡28人,重伤8人,造成的经济损失约2.65亿元。

深入细致地分析历史上重大典型暴雨天气过程,对于研究人员,尤其是预报员而言,是十分必要的,通过"解剖麻雀",达到"温故知新"和汲取经验教训的目的,以提高对暴雨天气发生、发展、演变条件及规律的认识,增强暴雨预报的准确性。这也是提高预报员预报水平和能力素质的有效途径。

鉴于对"56.8"及"63.8"暴雨的研究已有许多成果,这里不再介绍,下面重点介绍20世纪90年代后发生的几次重大暴雨典型个例[4-5]。

3.1　"91610"特大暴雨过程分析

3.1.1　暴雨过程概况

1991年6月10日,北京地区普降大到暴雨,部分郊县出现特大暴雨。其中,四合堂地区降水量达373 mm/(24 h),是近百年来罕见的特大暴雨。这次暴雨使密云水库共蓄水3.3亿立方米,可供城区用水2~3年。然而,特大暴雨给人民生命财产带来的损失也是惊人的。密云、怀柔北部山区发生的山洪、泥石流造成死亡28人,重伤8人,受灾人数达10万之多。另外,冲毁乡村公路517 km、供电线路100 km、耕地10万多亩①,毁坏果树3.4万棵、杂树100多万棵,直接经济损失达2.65亿元。

---

① 1亩=1/15 hm²。

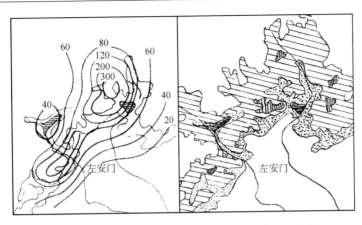

图 3.1.1 24 h 降水量分布和北京的特殊地形(降水量单位:mm)

从图 3.1.1 中可以看出,降水量主要集中在北京北部地区。≥100 mm 的降水区集中在霞云岭、三家店、昌平、八道河、四合堂一带长约 140 km,宽 10 km 的狭窄地域。其中,200 mm 的降水区集中在八道河、张家坟一带长约 50 km,宽 20 km 的地域,降水量 300 mm 的降水区则主要集中于以四合堂为中心方圆 10 km 的地域。这种越向北雨量越大的分布特征显然与北京地区特殊的喇叭口地形有密切关系。

3.1.2 雷达回波演变

图 3.1.2 是左安门雷达 6 月 10 日探测的雷达回波拼图,可以看出:7 时 36 分,北京地区是一片层状云降水回波,8 时 36 分,除原有的层状云降水回波外,在北京的西南方生成一条东北—西南向的强降水回波带(A 雨带),9 时 47 分,A 雨带已经移至本站上空,这时在 A 雨带初生地又新生一条强降水回波带(B 雨带),同时表明 A 雨带是向东北方向平移的。10 时 50 分 A、B 雨带仍然向东,向东北密云水库缓缓平移,其移动速度向东的分量大约是 10 km/h,向东北的分量大约是 20 km/h,且在 A、B 雨带初生地以北 20 km 左右的斋堂地区又有新的降水对流单体生成。12 时 07 分,由于北京地区降水强度很大,降水粒子对回波衰减严重,A、B 雨带已经探测不到,而显示的是新发展起来的强的降水回波带(C 雨带),跟踪探测,C 雨带同样是缓缓地向东、向东北密云水库移去。过了约 2 h,14 时 20 分,A、B、C 雨带都已缓缓地移出探测区,而显示的至少是第四条雨带 D 和在与 A、B、C 三条雨带的同一源地的新生的第五条雨带 E。D 雨带范围相对前三条雨带要宽广的多,从南到北约 200 km(A、B、C 是 50~100 km 左右)。16 时 04 分、16 时 58 分和 19 时 33 分继续探测表明 D、E 两条雨带都是缓缓地向东移去。20 时 25 分,北京地区只存有零星的降水单体。21 时华北区域实况图表明,北京地区的强降水基本停止。

杨村、唐山测雨雷达探测结果表明,14 时 20 分以后,确实至少有两条雨带从西缓缓地向东移过北京(图略)

通过对左安门探测到的雷达回波分析,我们得出以下几点有意义的事实:"91610"北京地区特大暴雨是至少 5 条强降水雨带缓缓过境造成的;各条雨带均呈东北—西南走向;各条雨带都是在北京西南方斋堂或霞云岭西南方大约 50~100 km 的地方生成(由于测雨雷达的局限性,雨带有可能是从境外移入上述有利的地域得到加强后继续东移);各条雨带生成后都向霞云岭—三家店—昌平—八道河—四合堂移去,造成该地区持续强降水。

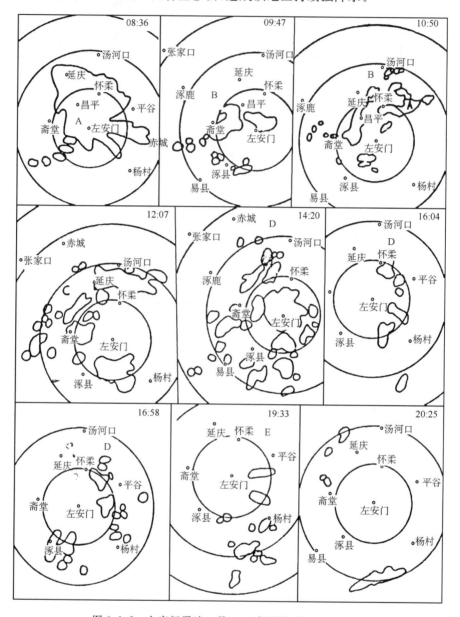

图 3.1.2 左安门雷达 6 月 10 日探测的雷达回波拼图

3.1.3 多条雨带形成机制

(1)副高北跳

为了反映副高的连续变化情况,我们作了 8 日 08 时到 11 日 08 时 500 hPa 图上 588 等位势廓线的连续变化动态图,如图 3.1.3 所示。

从图中看到,8 日 08 时到 10 日 08 时,副高连续北跳,尤其是 9 日 08 时到 10 日 08 时 588 dagpm 廓线北跳约 7 个纬距,达到 32.5°N,此时 500 hPa 青藏高原小槽连续发展东移至河套以西的银川—成都一线,东高西低的形势更加明显,因此,500 hPa 及其以下的各层由 9 日

20 时到 10 日 08 时都建立起范围宽广的强劲的偏南风。进一步分析发现,各层的偏南风分布很不均匀,存在着多条偏南风急流。从 10 日 08 时到 11 日 08 时副高南撤,588 廓线位置南掉至 30°N 附近,河套以西的 500 hPa 槽分为两支,北支向东北移去,南支迅速向东南方移至汉江一带。各层的偏南风范围也随之东移,强度随之减弱,急流分布特征也发生明显变化。

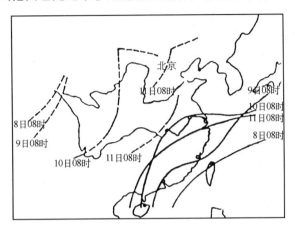

图 3.1.3　8 日 08 时—11 日 08 时 500hPa 图上 588 dagpm 廓线动态图

断线为槽线,实线为 588 dagpm 等位势线

(2)急流的建立及演变

850 hPa 如图 3.1.4a,从 9 日 20 时到 10 日 08 时,40°N 以南建立起宽广的偏南气流且风速普遍加大。在宽广的偏南气流中,存在着两条自南向北的大风速轴线,即低空急流,且东支急流比西支明显加大(西支急流在 08 时图上还不十分明显,但分析各时次的卫星云图可以发

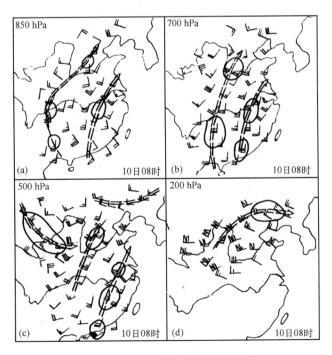

图 3.1.4　91610 暴雨过程急流结构

现,与水汽相伴的西支急流持续建立,到 10 时达到最强,然后开始减弱),进一步分析急流内部的结构发现,每条急流上至少有两个≥12 m/s 的风速中心,40°N 以北仍维持偏西气流。10 时 20 分,偏南气流范围东移,北京南部的太原、石家庄、邢台、郑州一线由 10 日 08 时存在的偏南风急流变成偏西气流,08 时建立存在的东支低空急流得到加强,西支低空急流减弱消失(这种现象 19 时的卫星云图可以明显地反映出)。

700 hPa 如图 3.1.4b,其演变特征与 850 hPa 非常相似。同样,从 9 日 20 时到 10 日 08 时,偏南风普遍加大,建立起两支偏南风急流,且急流内部结构极不均匀,有多个≥12 m/s 的大风速中心。到 10 日 20 时西支急流减弱消失,取而代之的是偏西风气流,而东支急流得到加强。

500 hPa 如图 3.1.4c,从 9 日 20 时到 10 日 08 时,偏南风气流一直伸至 40°N,同时 40°N 附近建立起一支准东西向的西风急流。而在宽广的偏南风中,也建立起两支偏南风急流,它们与西风急流构成"T"型急流结构,北京地区处于急流的交汇处。自酒泉、西宁、兰州一线存在着一个风速≥20 m/s 的大风核,正是它的存在,不断向前传送能量,才使得太原附近的大风核得以持续维持,保持了对北京地区的强烈辐合。10 日 20 时,两支南北向的偏南风急流仍然存在,但≥20 m/s 的偏南风已经越过 42°N,"T"型的急流结构遭到破坏。原来位于酒泉—西宁—兰州一线的气旋性大风核向东北平移了大约 3 个纬距。

200 hPa 如图 3.1.4d,9 日 20 时 113°E 以东都是偏西风,最大风速达 42 m/s,10 日 08 时河套地区的偏南风加大,大风速轴线呈东北—西南向,且在北京地区的东北部建立起≥50 m/s 的大风中心,北京地区处在大风核右后方的强烈辐散区中,10 日 20 时大风速轴线向东平移,在太原到张家口建立起一个≥50 m/s 的大风速中心,08 时的≥50 m/s 的大风速中心已经东移至 44°N 以北、125°E 以东,北京地区处于新建立起来的大风速中心的右偏前方的强烈辐合区中。

以上各层急流的这种建立和演变特征,显然与此期间副高的猛烈北跳有密切联系。为了揭示太原附近大风核的垂直结构,我们沿大风速轴线南起西安经太原、北京止于赤峰作风向、风速的垂直剖面图(如图 3.1.5),表明 500 hPa 以下太原附近的大风速中心是近似垂直的,且太原到北京的风速辐合都很大,反映出 500 hPa 以上北京地区处于深厚的辐合区域中。

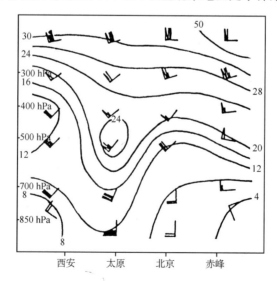

图 3.1.5　沿急流轴线的垂直剖面图(实线为等风速线)

综上可以得出以下有意义的事实：

暴雨开始前 24 h 内，副高猛烈北跳约 7 个纬距，青藏高原小槽发展快速东移。到暴雨开始时建立起最大的由东向西的平均位势梯度；暴雨开始前 12 h 内，中低空各层建立起两支偏南风急流，且每支急流中至少有两个 ≥12 m/s 的大风核（即建立起罕见的多轴多核的急流结构）；40°N 以南各层均是宽广的偏南风，40°N 附近则是偏西风；中空 500 hPa，北京地区处于偏南风急流和偏西风急流的交汇处，建立起"T"型的急流结构；暴雨发生前和发生后高空流场形势有明显的变化，发生前北京地区上空处在 ≥50 m/s 大风核右偏后方强烈辐散区中，发生后则处在 ≥50 m/s 的大风核右偏前方强烈的辐合区中。

（3）多条雨带形成机制探讨

雷达回波已表明，10 日北京地区的特大暴雨是由多条雨带缓缓移过北京造成的。从 9 日 20 时到 10 日 08 时，中空以下各层均建立起罕见的多轴多核的急流结构。而 500 hPa 中空"T"型急流结构更是罕见。急流核的左前方和前方都是较强的辐合区，在有利的地区都会产生对流运动，形成雨团，并且随着急流核的传递而向前移动。同一条急流上的多个急流核形成的多个雨团在移动过程中就形成一条雨带。10 日 08 时，太原附近建立起准垂直的急流核结构，其前方是一个深厚的辐合上升运动区，因此其前方到左前方是雨团发生源，雨团形成后，随风核的传递向前方移动（如图 3.1.6 所示，石家庄的雷达回波 $B_1 B_2 B_3$ 的生成移动情况可以充分证明这一点）。中空 500 hPa 特殊的急流结构，由于酒泉—西宁—兰州一线存在一个 ≥20 m/s 的大风核不断向前传递，使得太原附近的大风核移走后又马上建立起来，而低空除了类似 500 hPa 的大风核传递外，还有上游的大风核不断向前传递，也能保持太原附近的大风核移走后又马上建立起来。中低空太原附近准垂直的大风核的一次重新建立，意味着一个新的雨团生成。这种雨团的不断生成并随急流核的传递而不断向前移动，最终形成雨带。表明多核的急流结构是多条雨带产生的根本原因。

如图 3.1.6 所示，回波带 A 内的单体是向北移动的，而 A 整体却向东移动，并与之有较大的夹角。表明气流内部不仅有纵波传播，而且其本身还有横波的传播。正是由于气流的这种横波传播效应，造成急流的下传作用才使雨带生成后也随之下传。而在急流的原来位置上，由

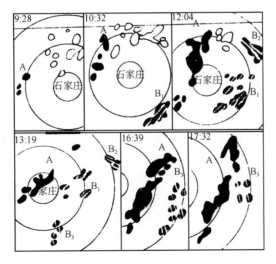

图 3.1.6　石家庄雷达回波拼图

于急流核的不断生成、传播,又有新的雨带生成。

多核的急流结构为多条雨带的产生提供了根本的解释,多轴的急流结构造成的横波传播和引导气流及边界层内中尺度辐合线的吸引则为雨带的移动提供了很好的解释。如图 3.1.4c、d,中高空 40°N 以北是一条准纬向的偏西风急流,雨带移至急流南侧得到加强和阻挡,当移动到急流北侧时,环流形势和水汽条件已经变得十分不利,因此,雨带越过急流后迅速减弱消散,这一点卫星云图上非常清楚(图略)。

3.1.4　产生暴雨的大气物理条件

（1）水汽条件

中低空宽广的偏南风和低空强劲的偏南风急流,保证了北京地区特大暴雨所需的足够的水汽,为了揭示水汽分布的空间尺度,我们作了 850 hPa 的比湿分布图和北京地区比湿的垂直廓线图(如图 3.1.7),宽广的 $q>10$ g/kg 等比湿线的湿舌已经伸至 40°N,表明空中水汽含量很充沛且范围很大,水汽含量的层次也很厚,一直到 500 hPa,这与 500 hPa 宽广的偏南风和急流有关。

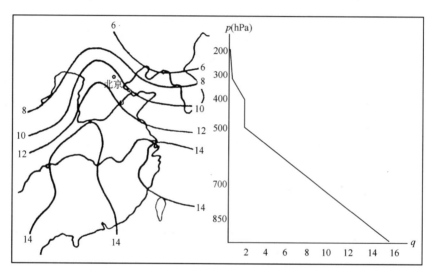

图 3.1.7　比湿水平和垂直分布图(单位:10 g/kg)

（2）层结条件

北京 10 日 08 时探空表明:凝结高度为 980 hPa,自由对流高度为 940 hPa,抬升凝结非常有利,且北京上空正的不稳定能量面积也相对较大。为了揭示更大范围的层结条件,利用 10 日 14 时的资料(14 时后暴雨仍在持续,因此 14 时的资料仍有相当代表性)作 $\Delta\theta_{se(500\sim850)}$ 分布图(图 3.1.8),表明北京地区处在不稳定大值中心。

以上分析表明:有利的大气环境条件为北京地区特大暴雨提供了非常有利的物理背景。但这次特大暴雨为什么仅出现在局部地区,这与中尺度条件和特殊的地形条件有关。

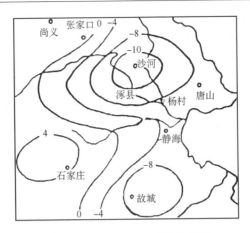

图 3.1.8　$\Delta\theta_{se(500\sim850)}$ 水平分布图

3.1.5　产生暴雨的地面中尺度气象条件

(1)中尺度辐合线

10 日 02 时河套地区是一个猛烈发展的地面倒槽,到 08 时已经在河套中部东胜一带发展成一个很强的黄河气旋,中心数值为 998 hPa。由于它是深厚的后倾结构,500 hPa 处在槽前西南气流之中,在引导气流的作用下,气旋生成以后以约 30 km/h 的速度向东北方向移去。连续跟踪气旋的发展移动情况不难发现,北京地区始终处于气旋暖区中,地面冷空气配合空中系统直到 11 日 08 时才过北京(分析 10 日各时次的卫星云图也能证明这一点)。表明黄河气旋的生成、发展、移动只是给北京局地特大暴雨提供了背景条件,真正触发了这次暴雨的是气旋暖区的中尺度系统。

由于入海高压的存在和黄河气旋的生成、发展、移动,使得 40°N 以南的广大平原地区盛行 4~6 m/s 的偏南风和偏东南风,而 40°N 以北的张家口、承德和赤峰等地,由于东北高压脊的南伸而盛行偏东风或偏东北风。南边的暖湿空气和北边的气流在北京地区形成一条长约 300 km 左右的准纬向的辐合线(如图 3.1.9),为了揭示这个辐合线的空间结构,我们利用 14 时的探空资料,分析了 300 m、600 m 及 900 m 高度上的空中风的分布,表明 1000 m 以下,与地面辐合线相对应也存在一条 8~10 m/s 偏南风和 8~10 m/s 偏东风的辐合线。这说明北京地区边界层中存在一个中尺度的辐合线。事实上,这条辐合线在华北航空区域天气实况图(逐时)上从 10 日 01 时到 21 时一直存在,中间只是存在着南北摆动。进一步分析辐合线的性质,发现它不仅与流场相伴随,而且还与暖湿空气和干冷空气形成的能量锋相伴随。

边界层内中尺度辐合线的存在,为这次特大暴雨提供了非常有利的中尺度辐合抬升条件。同时,辐合线南边 8~10 m/s 的偏南风,对边界层内的水汽输送也非常有利。这种有利的中尺度辐合和丰富的水汽输送是导致这次特大暴雨的直接原因。

(2)特殊的地形

如图 3.1.1 所示,点区是拔海高度≥500 m 的山地,阴影区

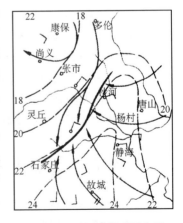

图 3.1.9　地面中尺度辐合线

是拔海高度≥1000 m的山地。清楚表明,北京地区南边地势平坦,向西向北向东北地势逐渐增高收缩,到怀柔、密云,再往北的张家坟、四合堂地区已收缩成一个狭长的地谷,是一个典型的地形"喇叭口"。雨量分布很好地反映了这种地形效应,偏南气流遇山抬升,在山的迎风坡有较强的降水,越往北,不仅有山的迎风坡效应,而且地形的喇叭口效应也越明显,因此雨量分布图上,越往北降水量越大。怀柔、密云北部山区的张家坟、四合堂地区正处于地形的"喇叭口"顶端,地形抬升作用最明显,因此降水量最大。

3.1.6 小结

这次特大暴雨的产生是多种因素共同作用与影响的结果。图3.1.10是多种因素相互作用简略关系图。

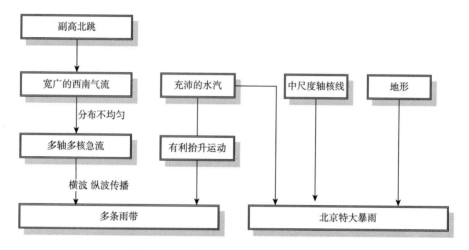

图3.1.10 多种因素相互作用简略关系图

副高的突然北跳为这次北京地区特大暴雨提供了有利的水汽和动力辐合条件。从9日08时到10日08时,500 hPa图上,588 dagpm廓线北跳了近7个纬距,使中低空各层迅速建立起多轴多核的急流结构,不仅提供了深厚和宽广的水汽输送,而且为多条雨带的生成、移动和消散提供了动力保证。副高减弱南撤,多轴多核的急流结构迅速崩溃,暴雨也随之停止。

500 hPa青藏高原上小槽发展东移,对多轴多核急流结构的迅速建立有重要意义。从9日08时到10日08时,小槽以约45 km/h的速度迅速东移,与北跳的副高构成东高西低的最大位势梯度,从而有利于多轴多核偏南风急流结构的迅速建立。

中低空多轴多核、中空500 hPa特殊的"T"型急流结构、高空有利的急流位置以及中低空太原附近维持准垂直的大风核,这种特殊的急流结构配置,保持了对北京地区的强大的辐合。

这次特大暴雨之所以出现在北京北部山区是因为地面中尺度辐合线和特殊的地形所致。

3.2 "04710"暴雨过程分析

一般认为,暴雨的发生是由于不同尺度系统相互作用的结果:在稳定的大尺度背景下,天气尺度系统的活动造成一次次的短期暴雨过程;在有利的天气尺度背景下,中、小尺度系统的发生、发展触发了一次次的短时暴雨。由于受到观测能力和资料分辨率的限制,相对于对区域性暴雨的认识程度而言,我们对一些孤立的 β 中尺度暴雨系统的结构和演变过程的认识仍然非常有限。另一方面,国内外对发生在大城市的局地灾害性降水过程研究还比较少,造成我们对城市下垫面影响局地对流暴雨系统形成过程的物理图像,以及这类暴雨系统的细微结构的认识上都存在明显不足。

2004 年 7 月 10 日在北京城区发生了一次孤立的 β 中尺度暴雨天气过程,它对我们认识对流暴雨形成过程的物理机制以及中尺度暴雨系统在不同阶段的细微结构非常有利。

3.2.1　暴雨过程概况

2004 年 7 月 10 日午后,北京城区出现了比较罕见的局地暴雨,低洼地区一片泽国,造成城市严重内涝和交通严重受阻,引起了社会的广泛关注。尽管这次局地暴雨过程的最大降水量、降水强度和历史上北京郊区曾经出现的特大暴雨相比要小得多(如上一节介绍的"91610"暴雨过程),但是由于这次暴雨只发生在城区的狭小范围内,短时雨强为近二十年来所罕见,不断扩大的城市不透水下垫面造成地表径流很大,且迅速向低洼地区(如立交桥下)汇集,受到城市地表排水能力的限制,城市主干道低洼路段严重积水,造成城市交通近乎瘫痪。

"04710"暴雨过程的主要特点是:

暴雨范围小,局地性强。从 10 日 14 时—11 日 06 时,北京城区平均降水量为 57 mm(主要降水时段集中在 10 日 16—20 时,城区平均降水量为 50.3 mm),其中丰台气象站为 95 mm,石景山气象站为 78 mm。超过 50 mm 的降水区域不足 50×100 km²,其中紫竹院公园降水量为 125 mm,天坛公园为 104 mm;平谷、延庆、密云基本无降水,通县和大兴东部的降水量不足 3 mm,暴雨发生前后 3 h 内,北京周边地区(河北中北部、天津)没有出现 10 mm 以上的雨区(图 3.2.1)。

降水强度大。17—18 时出现降水最大峰值(图 3.2.2),其中丰台气象站 1 h 最大降水量为 52 mm,10 min 最大降水 23 mm。20—21 时出现第二个降水峰值,但是强度明显减弱。

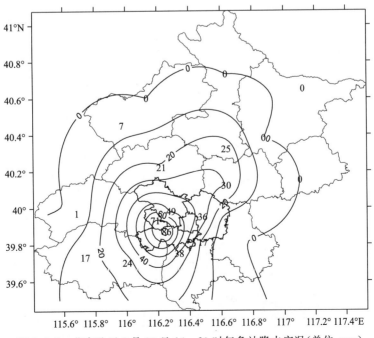

图 3.2.1　北京地区 7 月 10 日 14—20 时气象站降水实况(单位:mm)

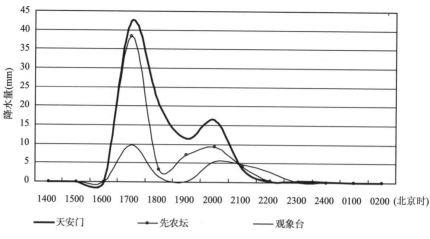

图 3.2.2 天安门、先农坛和南郊观象台自动站逐时降水量(单位:mm)

3.2.2 大尺度环境条件

"04710"暴雨的主要特点表明,这是一次典型的β中尺度对流暴雨天气过程。众所周知,从根本上讲,暴雨的发生需要两个最基本的物理条件:足够的水汽来源和强烈而深厚的上升运动。一般认为,暴雨过程是各种尺度天气系统相互作用的结果,有利的天气尺度环流是产生暴雨的背景条件。那么,在这次局地暴雨天气过程中,天气尺度环境条件如何呢?

诊断结果表明,在 10 日 08 时的 500 hPa 至 850 hPa 高度层,北京附近的垂直速度场均为下沉运动区(量级为 10^{-3} hPa/s),到 20 时 500 hPa 转为弱的上升运动。虽然对流层中下层 12 h 内由水平辐散运动转为辐合(20 时 700 hPa 北京附近的水平散度为 -5×10^{-6}/s,图略),造成下沉运动有所减弱,但是 700 hPa、850 hPa 仍然维持量级为 10^{-3} hPa/s 的下沉运动(图 3.2.3)。我们知道,此时的垂直运动实质上是 19 时(探空观测时间)大气状况的真实状况,

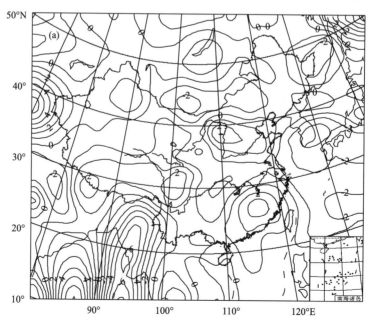

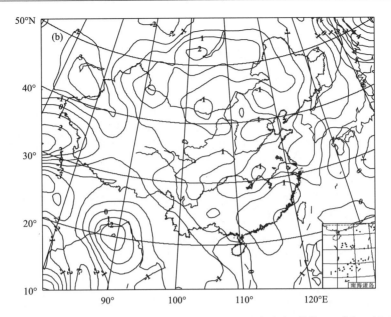

图 3.2.3　2004 年 7 月 10 日 08 时(a)、20 时(b)850 hPa 垂直速度(单位:10^{-3} hPa/s)客观分析

而此时北京地区的降水虽然有所减弱,但暴雨过程并没有结束。这表明,天气尺度系统的垂直运动对这次北京局地暴雨是存在抑制作用的,至少没有明显的帮助。

从地面的湿度分布来看,10 日 08 时太行山以东、燕山以南处于大湿度区中。到 14 时,该区域的地面比湿进一步加大,形成一条明显的东北—西南向湿度锋区(图 3.2.4),北京处于湿度锋区东侧的大湿度区顶部。表明此时本地近地面层已经具备了暴雨启动所需的水汽条件。

从天气尺度低空水汽输送来看(图 3.2.5),20 时有一条沿高原东侧分布的水汽散度辐合带,并对应有三个中心,其中,北京位于北端的水汽散度辐合中心附近(1.0×10^{-7} g/(s·hPa·cm^2)),而在 08 时,北京附近表现为水汽辐散(图略)。表明这次局地暴雨的水汽来源与天气尺度系统水

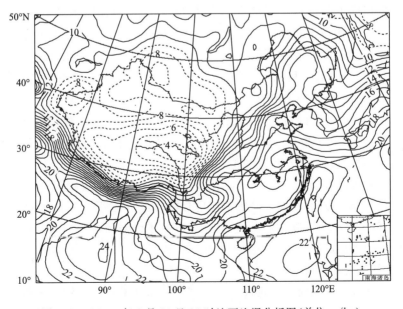

图 3.2.4　2004 年 7 月 10 日 14 时地面比湿分析图(单位:g/kg)

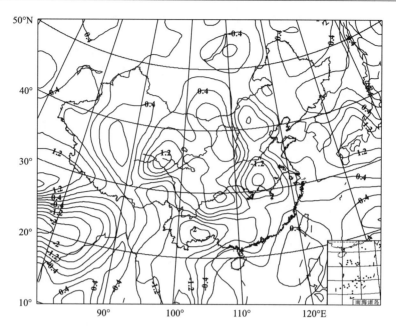

图 3.2.5　20 时 700 hPa 水汽通量散度(单位:10^{-7} g/(s·hPa·cm²))

汽输送有直接关系。

综上所述,"7.10"暴雨是一次典型的 β 中尺度对流暴雨天气过程。暴雨前,局地水汽和天气尺度低空水汽输送条件是非常有利的,但是天气尺度系统的垂直运动对这次北京局地暴雨是存在抑制作用的,至少没有明显的帮助。

3.2.3　中尺度特征及其可能形成机理

(1)局地能量特征

大量的诊断研究表明,类似于"04710"暴雨的降雨强度所需的垂直上升运动至少应该为 -10^1 hPa/s 量级。暴雨发生时,北京地区存在比较强烈的对流活动,由此可以推断,局地暴雨所需的上升运动可能主要来自于对流活动,而对流不稳定是对流活动所必须的条件之一。

从 10 日北京上空 θ_{se} 随高度的变化曲线(图 3.2.6)可以看出,500 hPa 以上的 θ_{se} 随高度迅速增加($\partial\theta_{se}/\partial z>0$),一直表现为对流性稳定层结;在 08 时,由地面至 500 hPa 的 θ_{se} 随高度迅速减小($\partial\theta_{se}/\partial z<0$),呈显著的对流性不稳定层结。20 时,由于对流降水潜热释放,对流层中层明显加热,700~500 hPa 出现中性层结,对流层低层的不稳定层结也在迅速减弱。这一特点与多数暴雨过程发生时的层结特征相似。

从图 3.2.6 还可以看到,10 日 08 时,北京地区的自由对流高度很低(860 hPa),而能量平衡高度很高(250 hPa)。对此时探空曲线的能量分析(图略)表明,北京地区潜在不稳定能量面积很大,但所需的启动能量面积很小。这些特点说明,本地对流不稳定很容易被触发,而且有利于对流发展到相当高度。

(2)对流系统的触发与尺度演变

是什么强迫造成局地对流不稳定被触发的呢?从雷达回波的连续演变可以看到(图略):从 14 时 11 分开始,在测站西南方向的河北境内出现强对流单体群,这些对流单体不断发展加强并向东北方向移动。15 时 13 分,河北境内的回波单体合并加强,在它的前方,开始出现一条西南至东北走向的强回波带。

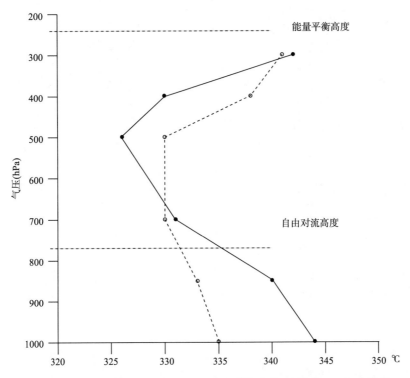

图 3.2.6 7 月 10 日北京测站相当位温 θ_{se} 随高度变化曲线(实线为 08 时、虚线为 20 时)

从这条带状回波的速度图(图 3.2.7)分布可以清晰地看到,在北京境内,存在一条总体上与回波走向一致的风速切变线:带状回波中轴线东南侧的径向风速小于零(表示风向指向雷达),西北侧的径向风速等于零(表示风向背向雷达),白色为零风速。值得注意的是,在这条切变线及其延长线附近,存在一系列 γ 中尺度对流单体,尺度为 10～20 km 左右,呈波状结构分布:位于雷达站西南方向 140～180 km 的河北省易县—涞水县附近(对应图中 1 号圆形标志区)存在不规则分布的白色零风速线,与零风速线对应的流入气流(指向雷达)和流出气流(背向雷达)之间形成了由多个单体组成的雷暴群,在该雷暴群与雷达站之间,出现了一系列(对应图中 2～7 号圆形标志区)由流入(绿色)—流出(红色)—流入(绿色)结构组成的、具有辐合、辐散特征交替出现的 γ 中尺度系统。也就是说它们组成了一条具有明显波状特征的对流带,这些 γ 中尺度对流系统的出现可能与河北省易县、涞水县附近的对流单体群强烈发展激发的重力波有关,在 16—18 时,这些对流单体被组织成为一个 β 中尺度对流系统(图 3.2.8)。这一深对流系统的演变与北京城区的暴雨过程之间的关系也可以从 GOES(地球静止业务环境卫星)观测到的 TBB(云顶黑体亮温)变化得到证实(图 3.2.9),在北京城区对流最旺盛阶段(16—18 时),TBB 低于 -50 ℃ 的对流降水区小于 300×100 km^2,而造成北京城区形成暴雨中心的雨团,发展到最强盛时(TBB 低于 -60 ℃ 区域),其面积不到 100×50 km^2。

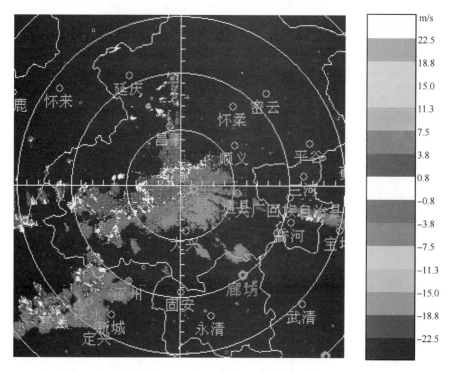

图 3.2.7　15 时 13 分的雷达速度场

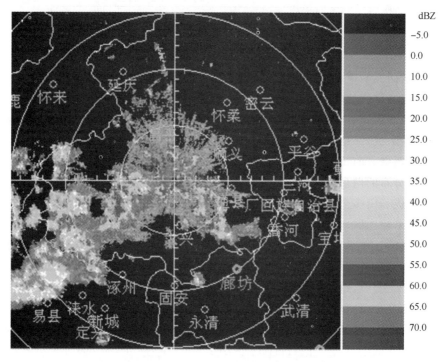

图 3.2.8　16 时 32 分的雷达强度场

　　值得注意的是,在北京暴雨开始减弱时(18 时 13 分),我们看到在对流辐合带中,又一次出现了波状分布的强对流单体(图 3.2.9d 中椭圆内 TBB 低于-60 ℃的单体),这些呈线状排列的对流单体的再次出现,可能与北京局地强雷暴激发的重力波有关,从 TBB 上可以看到它们的水平尺度为 10~20 km。它们最终再次形成了一个覆盖城区的 β 中尺度对流系统,这一对流系统在 20—21 时最强盛,而且面积比第一次出现的 β 中尺度对流系统更大(图略),但是由于局地能量已经被部分释放,造成对流强度明显减弱。

从分布在暴雨中心内外的自动站气压变化也可以看到重力波的活动(图 3.2.10)。天坛、老山自动气象站位于暴雨中心区,可以看到,它们的气压变化呈现 3 个波峰,分别出现在 17 时、19—20 时和 22 时;海淀、朝阳公园位于暴雨中心外侧,呈现 2 个气压波峰(17—18 时和 20—21 时);南郊观象台远离暴雨区,16 时以后,气压开始缓慢上升。对比城区自动站降水分布(图 3.2.2)可以看到,暴雨过程的两个最大降水时段与前两个气压波峰的出现,在时间上完全吻合(17 时前后、20 时前后),气压波动幅度越大,降水量也越大,而第三个气压波峰对应的降水很小,这可能与局地对流不稳定能量已经完全释放有关。

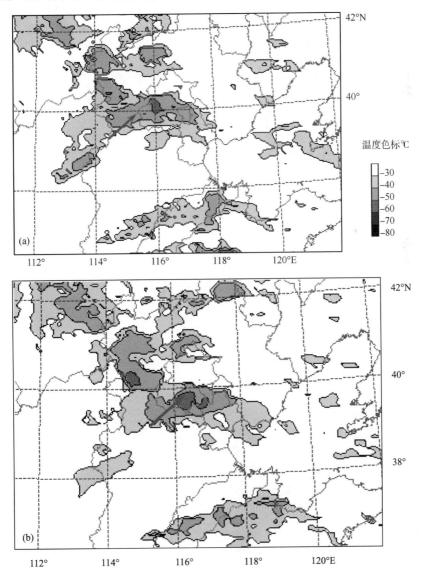

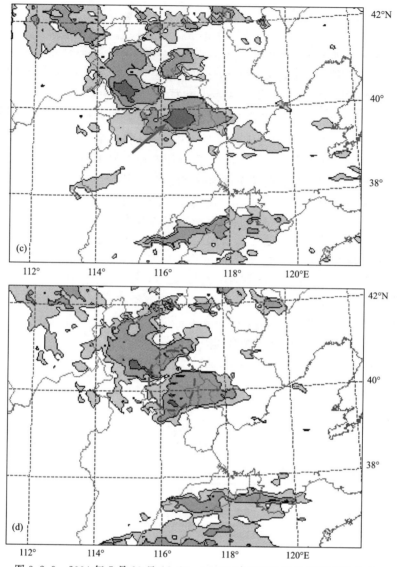

图 3.2.9 2004 年 7 月 10 日 16:25—18:13 时 GOES 卫星 TBB(℃)分布

(箭头为造成北京城区暴雨中心的中尺度对流云团)

(a)16:25; (b)17:05; (c)17:25; (d)18:13

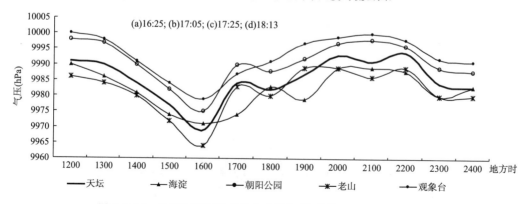

图 3.2.10 分布在不同地点的自动站气压(单位:0.1 Pa)逐时变化

（3）在这次局地暴雨过程中城市下垫面对水平流场的影响

从图 3.2.8 可以看到,在对流最旺盛时期(17 时前后),降水回波呈现"开口向下的月牙型",北京地区稠密的自动站雨量监测也证实了这种分布的降水特征(图 3.2.11)。问题是,γ 中尺度对流单体是通过什么机制被组织起来的呢？降水分布的这种特征是否与城市下垫面有关呢？

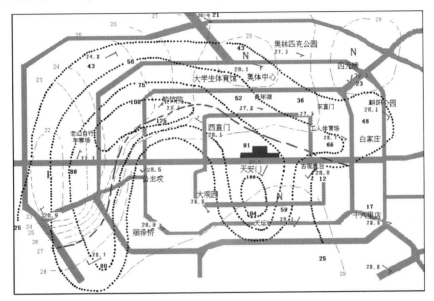

图 3.2.11　北京城区 14—20 时自动站雨量分布(点线,间隔:25 mm),16 时地面气温
(虚线,间隔:1 ℃)与风场特征(粗断线为风速辐合线)

城区自动站网的监测结果表明:暴雨区的分布与城市中尺度地面风场辐合线有良好的对应关系(图 3.2.11),而这条地面风速辐合线的形成可能与北京城近郊区热力差异强迫有关:在 08 时,北京城区不存在风速切变线,基本上维持弱的东北气流(图略);由于城市与郊区下垫面物理属性上的差异,太阳辐射造成城区温度上升速度明显快于郊区,从中午前后开始(图 3.2.12),

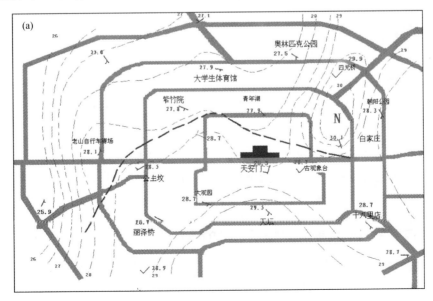

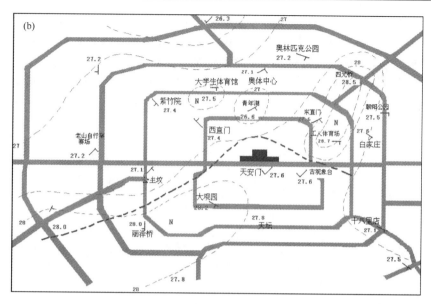

图 3.2.12　14 时(a)和 12 时(b)地面气温(虚线,间隔:0.5 ℃)与风场特征(粗断线为风速辐合线)

地面风场出现向城区辐合的现象,风速辐合线与温度梯度走向一致。随着南北方向温度梯度的加强,风场辐合线中段缓慢北抬,在 14 时前后越过城市中轴线,城区已经形成"开口向下的月牙型"分布的风速辐合线,这条风速辐合线一直维持到最大降水时段。2 h 后开始的局地暴雨最大降水落区基本上分布在风速辐合线上。

这条风速辐合线是否只在近地面存在呢? 根据 VAP(Velocity Azimuth Process)方法,利用 1.5°仰角多普勒雷达速度资料反演得到的二维低空风场表明(图 3.2.13,每圈的距离为 30 km),这条在地面观测可以看到的风速辐合线在低空流场中同样存在。也就是说,城近郊区热力差异强迫产生的风速辐合线可能影响到整个边界层。

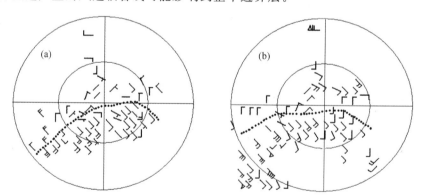

图 3.2.13　根据 VAP 方法反演的暴雨发生前两个时次(a.14:11,b.15:33)
的二维低空风场(断线为风速辐合线位置)

3.2.4　城市下垫面热力差异对垂直切变的可能影响

我们知道,对流是由于垂直切变造成不同性质气团垂直翻转形成的,低空垂直切变的强弱直接影响到对流的强度。那么,城乡热力差异是否还会影响到垂直切变的分布呢? 我们先从理论上分析这种垂直切变在城区加强、城外减弱的可能性。

取 x 坐标沿天气尺度环境风场方向（由西南指向东北），不考虑科里奥利力影响的 Boussinesq 近似扰动方程：

$$\frac{\partial u}{\partial t} + u\frac{\partial u}{\partial x} + w\frac{\partial u}{\partial z} = -\frac{\partial \pi}{\partial x} + k\frac{\partial^2 u}{\partial z^2}, \tag{3.2.1}$$

$$\frac{\partial \theta}{\partial t} + u\frac{\partial \theta}{\partial x} + w\frac{\partial \theta}{\partial z} = k\frac{\partial^2 \theta}{\partial z^2}, \tag{3.2.2}$$

$$\frac{\partial \pi}{\partial z} = \lambda\theta, \tag{3.2.3}$$

$$\frac{\partial u}{\partial z} + \frac{\partial w}{\partial z} = 0。 \tag{3.2.4}$$

其中，λ、π、k 都是常用参量，这里不再赘述。

对 3.2.1、3.2.3 式分别作 z、x 的偏微商，可以得到：

$$\frac{\partial}{\partial t}\left(\frac{\partial u}{\partial z}\right) = -\frac{\partial}{\partial z}\left(u\frac{\partial u}{\partial x} + w\frac{\partial u}{\partial z}\right) - \frac{\partial}{\partial x}\left(\frac{\partial \pi}{\partial z}\right) + k\frac{\partial^3 u}{\partial z^3}, \tag{3.2.5}$$

$$\frac{\partial}{\partial x}\left(\frac{\partial \pi}{\partial z}\right) = \lambda\frac{\partial \theta}{\partial x}, \tag{3.2.6}$$

利用 3.2.5 和 3.2.6 式，并略去 $\frac{\partial^3}{\partial z^3}$ 项的影响，有

$$\frac{\partial}{\partial t}\left(\frac{\partial u}{\partial z}\right) \cong -\lambda\frac{\partial \theta}{\partial x} - \frac{\partial}{\partial z}\left(u\frac{\partial u}{\partial x} + w\frac{\partial u}{\partial z}\right)。 \tag{3.2.7}$$

我们首先对 3.2.7 式等号右边两项进行简单的量级分析。在如图 3.2.11～3.2.13 的地面气温和风场结构情况下

$$\partial\theta/\partial x \sim 10^{-4}\ \text{K/m}, \partial u/\partial x \sim 10^{-4}/\text{s}, \partial u/\partial z \sim 10^{-3}/\text{s}。$$

其他物理参量的特征尺度为

$$z \sim 10^4\ \text{m}, w \sim 10^0\ \text{m/s}, \lambda = g/T \sim 3\times10^{-2}\ \text{m/(s}^2\text{K)}。$$

利用上面各项的特征尺度，可以得到

$$\lambda\frac{\partial \theta}{\partial x} \sim 3\times10^{-6}/\text{s}^2, \frac{\partial}{\partial z}\left(u\frac{\partial u}{\partial x} + w\frac{\partial u}{\partial z}\right) \sim 10^{-7}/\text{s}^2。$$

因此，我们可以在忽略 $\frac{\partial}{\partial z}\left(u\frac{\partial u}{\partial x} + w\frac{\partial u}{\partial z}\right)$ 项的影响情况下来讨论垂直切变随时间的变化，也就是说，风速垂直切变加强或减弱主要是由温度水平梯度的强迫作用造成的。从图 3.2.11 和 3.2.12 可以看到，在靠近城区中轴线的南侧，水平温度梯度 $(\partial\theta/\partial x) < 0$。中轴线附近南北方向温度梯度绝对值最大，离中心城区南北方向越远，水平温度梯度绝对值越小，甚至与中心城区的温度梯度方向相反，例如 16 时，北四环附近的气温接近甚至高于北二环（图 3.2.11）；南部平原大兴区气象站（位于南六环附近，图中没有给出）14 时、16 时的气温分别为 28.7 ℃、28.1 ℃，比中心城区天坛附近的气温分别偏低 0.6 ℃、1.0 ℃。也就是说，城区两侧的温度梯度 $(\partial\theta/\partial x) > 0$。

根据上述理论分析，由于环境风场是南风（$u > 0$），因此，垂直于环境风场的温度梯度绝对值最大的中心城区，垂直切变将随时间明显地加强，而城区南北两侧的垂直风切变将减弱。这种垂直风切变随时间变化应该表现为：城区中心轴附近的边界层顶的南风加大，边界层低层的南风气流将减弱；而在南部郊区，则是边界层上层南风将减弱，边界层低层的南风气流将加大。

从理论上来说,最强烈的低空垂直切变将出现在城市中轴线附近,中心轴两侧的垂直切变将随时间逐步减弱。事实是否如此呢? 从雷达反演的城区风场分布(图 3.2.13)可以看到,在城区,水平辐合线的南侧,15 时 33 分比 14 时 11 分的南风分量明显加大,在本站西南 30~70 km 处的东南风(垂直于温度梯度方向)加强尤其明显,这种变化与地面温度梯度的强弱分布具有很好的一致性。再来看东南郊区的观测事实。从南郊观象台的风廓线仪的连续观测(图 3.2.14)可以看到:与雷达观测到的城区风场变化不同,从 12—16 时,1700 m 以上的西南风在逐渐减弱,而低层的东南风在逐渐加强,即由 $(\partial u/\partial x)>0$ 转为 $(\partial u/\partial x)<0$,垂直切变在减弱。这种城区与郊区风场垂直分布变化上的差异不仅证实了城郊温差强迫在垂直切变强弱变化上的差异,而且保证了在强对流开始阶段所需的局地低空水汽在较大范围内向对流体中流入。通过这种风场分布特征我们可以比较清晰地勾勒出这次局地暴雨中对流系统开始阶段的流场结构(图 3.2.15)。

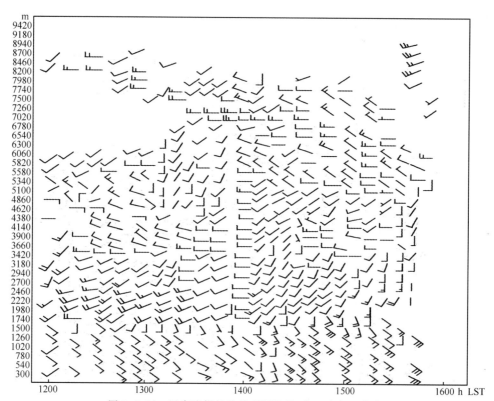

图 3.2.14　风廓线仪的连续观测结果(位于南郊观象台)

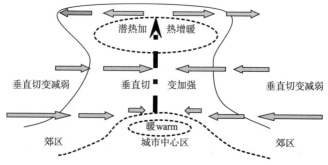

图 3.2.15　对流系统形成初期的空间结构模型

综上所述，"04710"暴雨是在偏南暖湿气流中，首先可能是位于北京西南的河北涞水和易县附近强雷暴群激发的重力波传播，触发对流不稳定能量释放，形成线形分布的、孤立的 γ 中尺度对流单体，这些对流单体在城市中尺度风场辐合线的组织下，形成的一个 β 中尺度对流系统。而城市与郊区下垫面物理属性造成的热力差异，不仅形成了城市中尺度低空风场辐合线，同时，边界层内中心城区风场垂直切变加强，郊区低空风速加大，造成大范围低空水汽在较大范围内向对流体中流入，维持对流降水的持续。

3.2.5 小结

本小节从大量的观测事实入手，结合简要的理论分析，揭示了北京"04710"暴雨对流系统的启动机制以及城市边界层在这次局地暴雨过程中的作用。主要结论如下：

"04710"暴雨是一次典型的 β 中尺度对流暴雨天气过程。暴雨前，局地水汽和天气尺度低空水汽输送条件是非常有利的，但是天气尺度系统的垂直运动对这次北京局地暴雨是存在抑制作用的，至少没有明显的帮助。这一点与区域性降雨带中出现的中尺度暴雨中心具有明显区别。

"04710"暴雨是在大范围偏南暖湿气流中，位于北京西南的河北涞水和易县附近发生的强雷暴群激发重力波传播，触发对流层中低层强烈的对流不稳定能量释放，形成线形分布的、孤立的 γ 中尺度对流单体，这些对流单体在城市中尺度风场辐合线的组织下，第一次形成 β 中尺度对流系统，出现最大雨强。

北京局地强雷暴激发的重力波，再次形成线形分布的、孤立的 γ 中尺度对流单体，当这些单体再次形成 β 中尺度对流系统时，由于对流不稳定能量减弱，北京城区出现的第二个降水峰值明显减弱。

城市与郊区下垫面物理属性造成的热力差异，不仅形成了城市中尺度地面风场辐合线，这条风速辐合线可能存在于整个边界层内，对对流单体具有明显的组织作用。同时，边界层内中心城区风场垂直切变加强，郊区低空风速加大，这种强迫有利于暴雨中心区强烈的上升运动得以维持，保证了低空水汽在较大范围内向对流体中流入，维持对流降水的持续。

第4章　北京地区暴雨形成的环境条件

在一定的天气形势下,暴雨的产生与其环境条件密切相关。一场暴雨的发生涉及不同尺度天气系统的相互作用,大尺度环境条件不但制约了暴雨天气的性质和演变过程,而且还可以影响暴雨天气系统内部的结构、强度、运动和组织程度。在大尺度环境中,暴雨不是随机发生和分布的,而是出现在一定的地区和时间内,这主要是中小尺度环境条件影响的结果。本章将简要介绍北京地区暴雨形成的大、中尺度环境条件及其对暴雨天气的影响。

4.1　大尺度环境条件

4.1.1　充沛的水汽供应

北京地区暴雨过程的水汽来源由当时的大范围大气环流形势决定。当副热带高压西伸,其西侧盛行西南气流,若西南地区有低涡发展,则更加强西南气流,在这种天气形势下,水汽输送来源主要来自南海或孟加拉湾。例如 1963 年 8 月上旬的特大暴雨过程,其水汽来源就是来自西南方向,但在后期由于东南方向的东海和黄海的水汽输送加强,使得减弱后的暴雨又得到加强,并在朝阳区来广营形成一个更大的暴雨中心。

持续的水汽供应是形成暴雨的主要条件之一,输送水汽的机制主要是低空急流。在 1992—1994 年 8 次西来槽型强雷暴雨过程中,有 4 次在北京以南地区存在低空急流,其中有 2 次同时伴有中空急流。强雷暴雨天气前北京地区低层潮湿,850 hPa 至地面层的 $T-T_d$ 有时仅 1~2 ℃,甚至只有 0.4 ℃(1994 年 7 月 7 日),这正是偏南风低空急流对水汽输送的结果。低空急流的强度通常为 14~16 m/s,在持续性大暴雨过程中,其强度达 30 m/s(1994 年 7 月 12 日)。急流的尺度可达上千千米,往往从贵阳经郑州伸向华北地区;其中可同时存在 2~3 个强风核,它们随基本气流向前传播,北京位于强风核的左前方。中低空急流对北京地区暴雨的作用并不仅仅表现在槽前类型中,对于如西北涡等天气型同样有重要作用。如"91610"特大暴雨过程,中低空宽广的偏南风和低空强劲的偏南风急流,保证了空中水汽含量十分充沛且范围很大,水汽含量的层次也很厚,一直到 500 hPa,这与 500 hPa 宽广的偏南风和急流有关(参见图 3.1.4)。

北京地区暴雨过程中的低空急流有两个明显的特点:一是强度大(如前述,最强达 30 m/s);二是维持时间长(850 hPa 低空急流维持 12 h 以上)。对持续性暴雨而言,在强风核左前方水汽通量辐合比强雷暴雨过程约大一个量级,达 -1.9×10^{-7} g/(s · cm² · hPa)(1994 年 7 月 12 日)。显然,这种持续性的水汽供应和集中,对持续性暴雨过程十分有利。

4.1.2　层结稳定度和中尺度不稳定性

对流性暴雨是一种热对流现象。大气中有两种类型的对流,垂直对流和倾斜对流。它们形成的暴雨系统形态有明显的差别,前者多形成暴雨雨团、强风暴单体、中尺度对流复合体

（MCC）、中尺度对流系统（MCS）等,后者主要形成与锋区有关的对流雨带。垂直对流和倾斜对流在物理条件上不完全相同,前者主要依靠大气的层结稳定度,后者除层结稳定度条件外,还必须考虑动力不稳定条件。在实际工作中,通常用条件不稳定和对流不稳定(潜在不稳定)进行判断。对于条件不稳定通常用 K 指数、沙氏指数等指数度量,但目前较为准确的度量是采用对流有效位能（CAPE）值进行度量。对于对流不稳定(潜在不稳定)的度量,500 与 850 hPa θ_{se} 差是常用和简便的度量方式。

北京地区暴雨天气发生前,通常对流不稳定已经建立。其强度$(\Delta\theta_{se(500\sim50)})$在持续性暴雨过程中较弱(平均 -5.5 ℃),在强雷暴雨过程中较强(平均 -13.3 ℃),最强达 -20 ℃(1992年 7 月 25 日)。这种强不稳定的建立,虽有温度差动平流的贡献,但作用更大的是中、低层湿度的差异。根据计算,对于多造成暴雨的西来槽型而言,其平均的水汽通量散度 850 hPa 为 -13.5×10^{-8} g/(s·cm^2·hPa),而 500 hPa 仅为 -1.9×10^{-8} g/(s·cm^2·hPa),两者差达一个量级,反映湿度差动平流是这类暴雨对流不稳定建立的主要机制(详见第十二章)。

表 4.1.1 中分别列出了北京地区暴雨天气条件不稳定和对流不稳定的不同物理量参数的区间、中值及中值权重以及物理量权重,及其 3 h 变量条件。

表 4.1.1　短时暴雨物理量参数/时间变量及特征量

物理量条件	区间	中值及中值权重	物理量权重	备注
CAPE(J·kg)	[300,2000]	1000(0.8)	1	对流有效位能
KI(℃)	[25,40]	35(0.65)	4	K 指数
SI(℃)	[-2.5,2.5]	0(0.6)	2	沙氏指数
ΔT(℃)	[-25,-35]	-28(0.7)	2	500~850 hPa
$\Delta thetase$(K)	[-20,0]	-5(0.7)	2	500~850 hPa
$(T-T_D)_{850}$(℃)	[2,10]	3(0.85)	4	850 hPa 的温度露点差
3 h 变量条件	区间	中值及中值权重	物理量权重	备注
$\Delta_3(T-T_D)_{850}$(℃)	[-2,-6]	-3(0.7)	2	850 hPa 温度露点差减小
$\Delta_3 SI$(℃)	[-2,-8]	-4(0.7)	2	沙氏指数减小
$\Delta_3 SWEAT$	[100,300]	150(0.8)	2	强天气威胁指数增大
特征量	取值	中值及中值权重	物理量权重	备注
V_{700}(m/s)	1/0	/	0.8	700 hPa 南风为 1
V_{850}(m/s)	1/0	/	0.8	850 hPa 南风为 1
$\Delta_3(T-T_d)_{500}$(℃)	1/0	/	0.8	高层增湿
$\Delta_3(T-T_d)_{850}$(℃)	1/0	/	0.8	低层增湿
Rain3(mm)	1/0	/	0.8*4	格点 3 h 预报雨量>6 mm
$\Delta_3 V_{850}$(m/s)	1/0	/	0.8	850 hPa 东风或南风增强
Z_0(gpm)	>3800	/	0.8	0 ℃层高度
Z_{-20}(gpm)	>7000	/	0.8	-20 ℃层高度

4.1.3　上升运动

降水发生在上升运动区,地面或低层的空气只有通过抬升才能达到饱和,从而产生凝结,降落成雨。大气上升运动对降水强度的重要性决定于它的量值,而后者又取决于是什么尺度系统中的上升运动。对于大尺度而言(如锋面、气旋、高空槽等),上升速度只有 10^0 cm/s。由这种上升速度引起的降水量大约为 $10^0\sim10^1$ mm/(24 h)。因此,只靠大尺度系统中的上升运动不能引起暴雨。但大尺度上升运动为中小尺度上升运动的形成和增强提供了必要的环流背景和环境条件,它的存在是暴雨发生发展的先决条件。同暴雨直接有关系的是中小尺度系统中的上升运动(中尺度辐合线、飑线、中低压等),中小尺度天气系统是直接造成暴雨的天气系统。对于北京地区而言,中尺度辐合线、飑线、中低压都是重要的直接造成暴雨的天气系统,尤其是中尺度辐合线的作用更加突出。下节将详细介绍有关内容。表 4.1.1 和表 4.1.2 中分别列出了与北京地区暴雨天气有关的散度、垂直速度等不同物理量参数的区间、中值及中值权重以及物理量权重,及其 3 h 变量条件。

表 4.1.2　短时暴雨物理量参数/时间变量及特征量

物理量条件	区间	中值及中值权重	物理量权重	备注
SWEAT	$[100,320]$	250(0.75)	2	强天气威胁指数
风速切变 L(m/s)	$[2,8]$	6(0.4)	1	1000～700 hpa 风切变
风速切变 H(m/s)	$[2,6]$	3(0.5)	1	700～500 hpa 风切变
风向切变 L(°)	1/0	1/0	1	低空是否存在风向切变
风向切变 H(°)	1/0	1/0	1	高空是否存在风向切变
$(T-T_d)$(℃)	$[0,10]$	5(0.75)	3	$(T-T_d)$850 hPa 与 500 hPa 的差
DIV_{850}(/s)	$[-1.5,1]$	0(0.75)	1	850 hPa 的散度
DIV_{300}(/s)	$[-1,2]$	0(0.75)	1	300 hPa 的散度
W_{700}(hPa/s)	$[0,2]$	1(0.7)	1	700 hPa 垂直速度
3 小时变量条件	区间	中值及中值权重	物理量权重	备注
$\Delta_3 KI$(℃)	$[0,15]$	5(0.8)	4	K 指数增加
Δ_3 风切变 H(m/s)	$[0,5]$	2(0.7)	3	700～500 hpa 风切变增大

4.1.4　风的垂直切变

许多国内外学者研究了风垂直切变对局地强风暴的影响,并进行了比较全面的总结。但风切变对暴雨系统的影响研究并不多,大多数的研究都是直接针对强风暴的。由于强风暴也是引起暴雨,尤其是突发性暴雨的主要天气系统,因而讨论垂直切变对风暴的影响也是十分重要的。对北京地区而言,风的垂直切变与高、中、低空的急流关系密切。同时,在暴雨中垂直切变不能太强。在积雨云中如果垂直切变很大,对流层上层风速甚强,大量的水滴会被风吹走,对形成暴雨不利。如"91608"过程,7 日晚至 8 日晨,受高空槽和地面冷锋影响,产生大暴雨(四合堂乡、张家坟降水量分别达 162.5 mm 和 174.2 mm),8 日 08 时,北京地区纬向风的垂直切变为 1.4×10^{-3}/s,处于暴雨末期,随着中高层急流中心的移近,北京地区纬向风的垂直切变逐渐增大到 14 时(强风暴前 2 h)的 3.2×10^{-3}/s 和 19 时的(强风暴末期)4.1×10^{-3}/s。16—20 时北京地区遭受了强飑线袭击,出现了强雷雨和下击暴流等强烈天气,海淀、朝阳出现 8 级大风,海淀瞬时大风达 12 级,许多 25～60 cm 的杨树被拦腰斩断,海淀、温泉、门头沟等地降雹直径达 5 cm,积雹厚度达 10 cm。由此可见,北京地区暴雨和强对流天气对风的垂直切变强度要求是不同的。

4.2　中尺度环境条件

暴雨的产生与大、中尺度环境条件密不可分。本小节以 1992 年 8 月 2 日午后北京地区先后出现的两次强雷暴雨过程,以及 1986 年 7 月 7 日和 1986 年 8 月 9 日暴雨过程为例,介绍北京地区暴雨的中尺度环境条件。

4.2.1　地面和边界层流场

1992 年 8 月 2 日午后,北京地区先后出现两次强雷雨过程。一次发生在 13—15 时,始于房山,影响丰台、大兴至朝阳地区,最大 1 h 降水量 21.8 mm(丰台,14 时),过朝阳迅速减弱消失,历时 3 h;另一次发生在它的北面,时间 17—18 时,主要影响海淀、城区、通县和顺义地区,最大 1 h 降水量 32.2 mm(顺义,18 时),过顺义迅速消失。最大日降水量达到 195.7 mm,降水中心位于西集。

大尺度环流分析表明,1992 年 8 月 2 日,东亚中纬度地区受强大的副热带高压控制,在 500 hPa 图上(图 4.2.1),宽广的暖高脊覆盖我国大部分地区,暖高脊中,济南、徐州附近存在闭合高压环流。华北地区位于暖高脊的西北部,受一致的偏西南气流影响。在这种大型环流形势下,中低层形成干暖盖(14 时,940～880 hPa 层等温结构),高层存在辐散场(图略),单站(南苑)探空显示,近地层气块的凝结高度和自由对流高度很低(分别为 940 hPa 和 860 hPa),自由对流高度以上直至 240 hPa 均为正值不稳定能量,为暴雨天气的发生提供了有利条件。

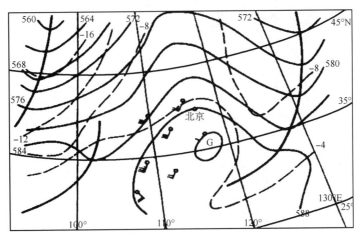

图 4.2.1　1992 年 8 月 2 日 08 时 500 hPa 环流形势

实线:等高线,间隔 40 gpm;断线:等温线,间隔 4 ℃

(1)地形强迫与中尺度辐合线

图 4.2.2a 展示了 8 月 2 日 12 时(第一次强雷雨发生前 1 h)地面中尺度流场特征,极为明显,前述大尺度环流形势高压后部深厚层次的偏南气流,在近地层仅在天津的杨村、北京的平谷以东有表现,在它们的西面、山脉东南方平原地区则是北东北气流,流线呈沿山绕流型式。显然,这是北京西、北方半月形山脉对环境偏南风地形强迫的结果。这种作用在图 4.2.2b 中表现更清楚。图中实、断线风标分别为 300 m 和 1000 m 的风向风速,实、断矢线为对应层次的流线,充分显示出环境偏南风气流在低层遇山被迫绕流的特征。加密的测风资料表明,北京西、北方的地形对偏南气流的强迫作用在 600 m 以下明显,300 m 以下最清楚,而在 1000 m 以上地形作用几乎消失,局地气流和环境风场近于一致。

地形强迫绕流的结果,使山脉东南方近地层气流辐合,形成中尺度辐合线(图 4.2.2a 双断线),位于顺义、丰台至容城一带。格距 30 km 的散度计算表明,辐合线附近速度辐合,辐合中心在房山、丰台地区,量级 -2×10^{-5}/s,且该地区边界层中辐合层次最厚,达到 1200 m 高度(图略),而在辐合区的东北方平谷至古北口地区流线辐散,辐散量级 5×10^{-5}/s。

详细分析地面温度分布表明,在辐合线西侧温度较低(25～26 ℃),东侧温度较高(28～30 ℃),这既和西侧风向偏北,空气来自西北部较冷的山区,东侧风向偏东南,空气来自较暖的平原有关,也和辐合线西侧被低云覆盖,东侧多为中高云系,从而使东西侧升温率不同联系(13—10 时的 3 h 变温东西侧升温分别为 2～3 ℃和 0～1 ℃),因此,地形强迫导致的中尺度辐合线具有中尺度锋特征,锋附近更易触发强烈天气形成。

水汽通量散度计算表明(图 4.2.2c),在强辐合区,水汽通量散度也是辐合的,辐合中心在保定、定兴地区,量级-5×10^{-6}g/(s·cm^2·hPa),其东北方平谷至古北口速度辐散区,水汽通量亦为辐散,量级2×10^{-6} g/(s·cm^2·hPa)。显然,这些中尺度的热力、动力条件,对这次强雷雨过程的生消有直接作用。1 h 后雷雨天气即出现在辐合线上条件最有利的部位(房山附近)。

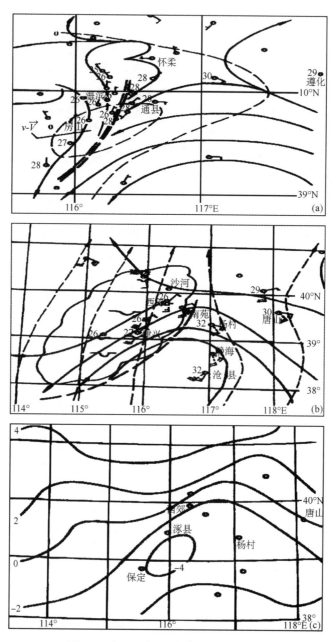

图 4.2.2　1992 年 8 月 2 日 12 时中尺度物理量场

(a)地面图断线为:散度等值线,单位 10^{-5}/s;(b)边界层风场,波状线区为低云区;

(c)地面水汽通量散度,等值线单位为 10^{-6} g/(s·cm^2·hPa)

雷雨生成后,雨区沿辐合线随基本气流向东北方移动,速度 25～30 km/h。由于雷雨区的冷出流影响,使大兴、丰台、南苑、朝阳等站由偏东北风转为偏西北风(图略),导致辐合增强,雨强增大(14 时,21.8 mm/h)。当雨区移过朝阳至顺义、密云地区,进入不利的中尺度环境而迅速减弱消失。

图 4.2.3 是雨区移动方向上定县至兴隆的散度和垂直速度剖面,在涿县、顺义之间,低层辐合上升,而顺义东北至兴隆地区辐散下沉,在辐合、辐散区有相同符号的水汽通量散度。因此,在涿县至顺义之间有利于强天气发生发展,而顺义至兴隆地区,犹如掉入陷阱,缺乏水汽和能量供应,云体消散。在这样短的距离内,中尺度环境如此不同,是这次局地短生命强雷雨过程的主要原因。

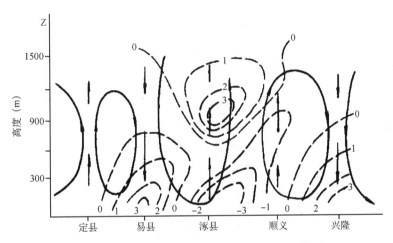

图 4.2.3　1992 年 8 月 2 日 12 时定县至兴隆的垂直剖面图

(2)雷暴出流与中尺度辐合线

第一次过程结束后,残存的雷暴出流影响,使辐合线维持并南移至容城、霸县至杨村一带,由于午后的大尺度环境和中尺度条件有利,16 时辐合线附近杨村出现雷雨,霸县、静海有雷暴,其后雷雨区扩大,天气增强(图 4.2.4a),在雷雨云下方出现正变压和负变温,分别达 2.1 hPa/h 和 −2.0 ℃/h(图 4.2.4b),导致由雷雨区向北流动的冷空气出流,从涿县、房山、通县 16—17 时风向由偏北转偏南看到,冷出流向北伸展 60～70 km,比 Szoke 分析的雷暴出流可延伸 100 km 的例子偏小。图 4.2.4a 表明,向北的冷出流和北京地区的局地偏北气流相遇,形成新的中尺度辐合线,辐合量级达 10^{-4}/s。17—18 时的强雷雨天气即出现在这条辐合线的北侧,由于辐合强烈及前次降水提供的充沛水汽,这次雷雨强度较大,17 时海淀降水量 21.4 mm,18 时顺义降水量 32.2 mm。分析表明,源自霸县、杨村的雷暴出流和北京附近的偏北气流构成的中尺度辐合线是第二次强雷雨过程的重要条件。Szoke[6] 将雷暴出流和其前部来向不同的气流相遇称为碰撞,认为在碰撞部位新的对流很可能产生,这种标志对甚短期预报有重要帮助。在当前常规站网尚不足以识别这类中小尺度现象的情形下,充分利用加密的观测资料,作过细的中尺度分析,对改进强对流天气短时预报是至关重要的。

图 4.2.5 概括了两次中尺度辐合线的动态及强雷雨发生的概念模式。两次中尺度辐合线分别出现在 2 日 12 时和 17 时(图 4.2.5a),先后由地形强迫和雷暴出流引起,反映了大、中尺度和中尺度气流之间的相互作用,它们在有利的环境条件下充当了局地强天气的触发机构,强

雷雨发生在速度辐合及水汽通量辐合的最强部位(图 4.2.5b)。

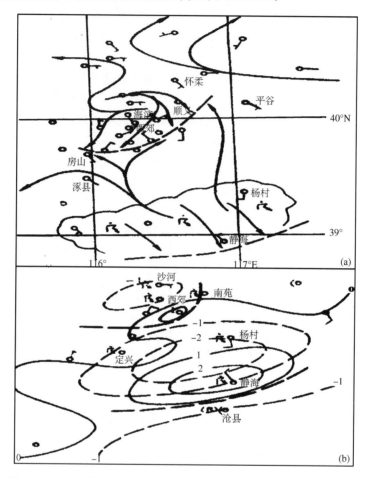

图 4.2.4　1992 年 8 月 2 日 17 时地面中尺度图和 1 h 变压和变温分布

(a)17 时地面中尺度图;(b)17 时的 ΔP_1 和 ΔT_1

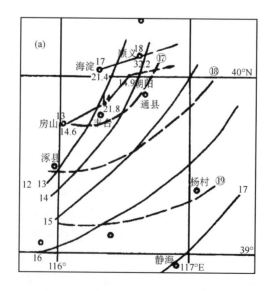

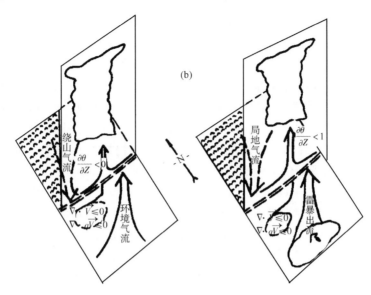

图 4.2.5　两次中尺度辐合线动态及强雷雨概念模式

(a)辐合线动态；(b)概念模式

由此可看出,北京地区边界层中的中尺度辐合线是暴雨的重要触发机制,辐合线的形成受地形强迫及雷暴出流制约,表现出不同尺度气流之间的相互作用。辐合线附近速度散度和水汽通量散度均为辐合,强雷雨出现在辐合最强的部位。在注意大尺度环境特征的前提下,以北京地区的地形影响及雷暴区的出流特征作过细的中尺度分析,有助于强对流天气短时预报能力的提高。

(3)边界层流场结构

为揭示 1992 年 8 月 2 日第一次辐合线附近的流场结构特征,分别在其东西两侧制作边界层南北向测风剖面(图 4.2.6a),在辐合线东侧(图 4.2.6b),300～900 m 高度沧县为南偏东风,而其北面的静海、杨村为北偏东风,杨村偏东风成分更大,表现出环境风向向北逆转的特征。从地面沧县、静海为东北风,而杨村为北风可以看出,这种逆转特征在近地层首先表现出来。由于此剖面离山较远,看不到受迫沿山绕流的偏北气流。西侧剖面上的流场结构与此不

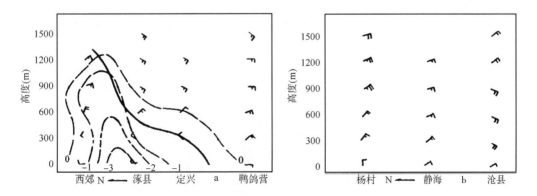

图 4.2.6　1992 年 8 月 2 日雷雨区流场结构图

(实线:风向切变线,断线:等散度线)

同(图 4.2.6a),除南部鸭鸽营地面至 1500 m 整层风向和环境流场接近一致外,北面各站均受到地形影响,影响最大在 600 m 高度以下,出现地形强迫绕流的偏北气流,其南界达到定兴附近。在河北涿县和北京西郊之间,600 m 以上存在气旋式切变,叠加在辐合线西侧偏北气流的上方。散度计算表明,在叠加区辐合层次最厚(达 1000 m,见图 4.2.5a 断线),强度最大($-3×10^{-5}$/s),1 h 后雷雨天气即出现在涿县、西郊之间的房山地区。本例表明,北京地区山脉对环境偏南气流的影响,主要表现在边界层中,在 600 m 以下最明显,其形式是强迫环境气流产生气旋性扰动,使近山地区近地层出现偏北气流,构成中尺度辐合线,其水平尺度约150 km。这种中尺度流场结构是决定强对流天气落区的内在根据。

此外,根据何齐强等人[7]的研究,以 40°N 附近和 116°—117°E 关键区强对流天气发生前6~4 h 地面风场特征分型,风向在 SW—SE 之间为偏南风型(S);风向在 SE—NE 之间为偏东风型(E 型);风向分布不属于上述两者,但在关键区内存在切变线或辐合线为切变型(Sn 型)。以此为标准,上面介绍的 1992 年 8 月 2 日是切变型(Sn 型)的典型代表(图 4.2.2,图 4.2.4)。偏南风型和偏东风型的地面中尺度流场以及地形强迫导致的中尺度辐合线特征有着不同的特点。1986 年 7 月 7 日和 1986 年 8 月 9 日,北京地区分别出现了降水量为 55.4 mm 和57.8 mm 的局地暴雨过程,这两次过程分别是偏东风型和偏南风型。下面将对偏东风型和偏南风型不同的中尺度特征进行对比分析。

图 4.2.7 是 7 月 7 日雷暴雨过程前 3 h 的中尺度地面图。强对流天气前地面流场为典型的偏东风型,由于地形影响,在北京地区,40°N 以北为东偏北风,以南为东偏南风,因而偏东气流在向西部山区流动中表现出辐合特征,且在西斋堂和霞云岭地区存在气旋性涡旋。格距为15 km 的散度计算表明(图 4.2.7 a 断线),在顺义、通县以西为速度辐合,强度向山区增大,辐合中心在西斋堂和霞云岭之间,量级为$-4×10^{-5}$/s。实况表明,西斋堂和霞云岭地区是 3 h 后首先观测到对流性降水的测站。06—07 时,偏东气流中辐合线东移到海淀、石景山附近

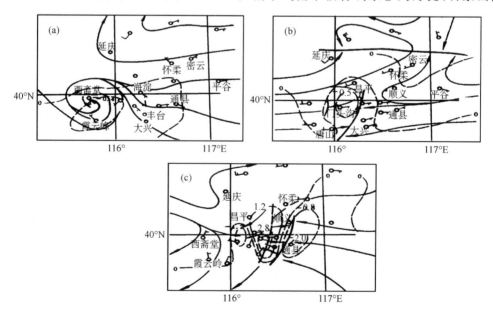

图 4.2.7　7 月 7 日雷暴雨过程的地面中尺度特征

实矢线:流线;粗实、断线:中尺皮辐合、辐散线;细断线:等散度线,单位 10^{-4}/s

（图 4.2.7b），由于其东侧偏东风成分加强，使辐合加强（辐合中心区增强一倍），加之北京地区大气层结位势不稳定，因而提供了雷雨系统东移加强的条件，导致 08 时雨团出山加强，在海淀、石景山地区 1 h 雨量增强为 31.5 mm 和 30.3 mm。

09 时是这次过程降水强度最大的时次（通县 1 h 降水量 46.0 mm），标志雷雨系统发展到鼎盛阶段。从 08 时中尺度图（图 4.2.7c）看到，突出的特征是在辐合线东西两侧出现强度达 -2.0×10^{-4}/s 和 2.8×10^{-4}/s 的辐合、辐散中心，辐合线西侧的强辐散位于 08 时强降水的下方，是雷雨云中降水下沉的结果。这种下沉辐散外流在中尺度风场上也清晰地表现出来（图 4.2.7c），外流向前的分支正点观测的风速为 6～8 m/s。由于对流尺度外流的加入，使辐合区辐合强度增大了一倍（图 4.2.7b）。这种对流尺度和中尺度的相互作用是雷雨系统增强的机制，为后 1 h 降水达极大值提供了条件。09 时后，雷雨系统移到 850 hPa 和地面辐散地区，天气迅速减弱。

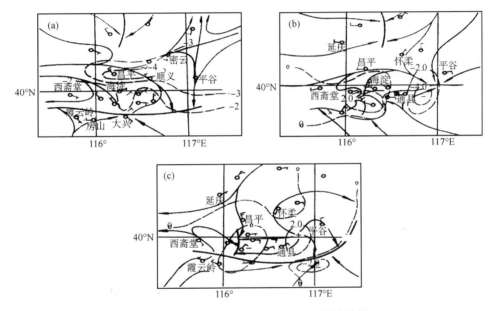

4.2.8　8 月 9 日雷暴雨过程的地面中尺度特征

(a)中断线为(18—15 时)时变温分布，(b)、(c)中细断线为 22、23 时等散度线，单位 10^{-4}/s

8 月 9 日雷暴雨过程的地面中尺度特征和 7 月 7 日不同，雷雨系统发生在东西向的切变线上（与 1992 年 8 月 2 日过程相同），并沿切变线东移加强。在雷雨过程前 6 h（15 时），地面流场为偏南风型。偏南风区中的切变线在北部山脉南侧的海淀、顺义和昌平、怀柔之间（图略）。15 时后，山坡降温强于平原，图 4.2.8a 中细断线是 18—15 时的 3 h 变温分布，负变温中心在昌平地区（-4.2 ℃），其南面的门头沟、石景山、通县等地区变温为 -1～-2 ℃。于是，由变温梯度导致的变压梯度（图略）使山风发展，18 时（图 4.2.8a）昌平、顺义至门头沟、通县等地区由偏南风转向偏北风，使切变线南压至西斋堂、丰台、通县和霞云岭、房山、大兴之间。在切变线附近速度辐合，辐合中心位于门头沟和石景山附近，量级 10^4/s（图略）。在这种中尺度辐合和有利的环境条件配合下，门头沟地区 21 时出现 11.1 mm 的雷阵雨天气。

和 7 月 7 日过程相同，由于较强的中尺度辐合位于雷雨系统的东方，因而使其东移加强，22 时大兴、朝阳 1 h 降水分别达 20.5 mm 和 31.6 mm。图 4.2.8b 表明，雷雨系统发展引起切变线变形,在强雷雨区,风场呈辐散外流型式,辐散量达 $2×10^4/s$。由于雷暴外流的加入、北部山风的增强(密云、怀柔均转偏北风)及切变线南侧偏南风的加大(通县南西风 11.2 m/s),使雷雨区东侧辐合加强(达$-4×10^4/s$),构成下一时次通县 1 h 雨量 48.1 mm 的有利条件。图 4.2.8c 是这次过程降水最强的时次,和图 4.2.8b 比较,强雨区虽仍受辐散外流控制,但辐散气流的范围大为扩大,标志着雷雨系统已趋衰弱;其前方亦无中尺度辐合区存在,并且和 7 月 7 日过程相同,雷雨系统将移入 850 hPa 辐散区中(图 4.2.8b),因而 23 时后雷雨天气迅速减弱。

4.2.2　暴雨区的温、压场结构

图 4.2.9 展示了 1992 年 8 月 2 日午后第一次强雷雨区近地层的温度场特征。雷雨区温度降低,出现冷温中心,闭合等温线的水平尺度约 15 km,且和暴雨区的位置吻合,表明雷雨云下的降水蒸发致冷是形成低温区的主要原因。在冷中心外围水平温度梯度很强,尤以其东南方中尺度辐合线附近最强,达 6 ℃/20 km,因而辐合线具有中尺度锋特征,锋区的辐合上升提供了强对流天气发展的动力条件。值得注意的是,1 h 变温分析显示,在强雷雨和强冷温区,并非降温最强,降温最强在其东北方的朝阳地区($\Delta T_1 = -3.0$ ℃),如图 4.2.9 断线所示。而在雷雨区 ΔT_1 仅-1.7 ℃,表明雷雨云下方的强冷空气可以随非地转辐散外流冲到雨区前方较暖的环境中,使强降温和强冷中心位置不一致。以丰台和朝阳为例,13 时(强雷雨前)其温度分别为 26.1 ℃和 28.2 ℃,而 14 时(丰台强雷雨后,朝阳强雷雨前)它们的温度分别为 24.4 ℃和 25.2 ℃,这个事实使人们对强对流天气区的温度场结构得到进一步认识。由于强降温区是强辐散外流的标志,因而它的位置对强天气区的移动有指示意义。

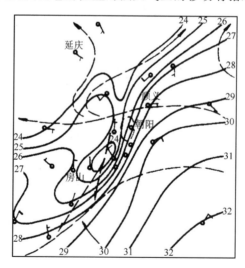

图 4.2.9　1992 年 8 月 2 日午后第一次强雷雨区近地层的温度场特征

1992 年 8 月 2 日午后第二次强雷雨区的温度场结构和第一次有相似,也有区别。雷雨区出现闭合冷温区,在南面的定兴、静海和北面的海淀、北京观象台两片雷雨区都如此,这是二者相似之处(图略)。它们的区别之一是,在中尺度辐合线附近水平温度梯度不同,由于第二次辐合线南侧的偏南气流是其南面雷暴区的冷出流,因此在辐合线附近温度对比较小,水平温度梯度仅 2 ℃/(20 km),只是第一次的 2/3;另一个重要的区别是第二次强雷雨前后 1 h 变温很小。由表 4.2.1 看到,北京观象台 16—17 时、古观象台 17—18 时 ΔT_1 分别为 -0.5 ℃ 和 0.1 ℃,即使在强雨中心的顺义,雷雨前后(17—18 时)1 h 降温也仅为 1.3 ℃,而第一次雷雨前后(13—14 时)1 h 降温较多,如丰台降温 1.7 ℃,北京观象台和古观象台降温分别为 2.0 ℃ 和 2.4 ℃(朝阳降温 3.0 ℃),其原因是第一次雷雨后低层水汽增加,相对湿度增大(普遍增至 90% 以上),因而云下降水蒸发致冷的效应明显减弱。由此看到,强雷雨区附近的变温强度主要由两方面因素确定,一是降水区低层的相对湿度,二是冷出流影响前的地面温度。

表 4.2.1　两次雷雨期的温、湿度特征

台站	项目	13 时	14 时	15 时	16 时	17 时	18 时
丰台	温度(℃)	26.1	24.4	24.2	24.8	24.7	24.1
	露点温度(℃)	23.5	23.7	23.6	24.3	24.2	23.5
	相对湿度(%)	86	96	97	97	97	97
北京观象台	温度(℃)	26.1	24.1	23.8	24.2	23.7	24.4
	露点温度(℃)	22.9	23.4	23.1	22.8	22.9	23.6
	相对湿度(%)	83	96	96	92	95	95
古观象台	温度(℃)	27.9	25.5	24.0	24.1	24.3	24.4
	露点温度(℃)	23.5	24.1	22.9	23.0	23.5	23.6
	相对湿度(%)	77	92	94	94	95	95
顺义	温度(℃)	28.4	28.5	24.8	25.5	25.0	23.7
	露点温度(℃)	23.5	23.9	24.0	24.7	24.5	23.3
	相对湿度(%)	75	76	95	95	97	98

　　南苑 2 日 12 时和 20 时的探空表明,两次强雷雨过程前后对流层高、低层变温不同。低层(850 hPa 以下)降温,900 hPa 和地面层降温分别为 2.0 ℃ 和 3.8 ℃;中高层增温,400 hPa 和 300 hPa 增温分别为 2.5 ℃ 和 3.0 ℃。显然,这是低层降水蒸发致冷和中高层潜热释放增暖的结果,显示出强对流天气过程变温的垂直结构特征。

　　图 4.2.10 是 1992 年 8 月 2 日 14 时 1 h 变压分布,反映第一次强雷雨区近地层的气压场特征。尽管此时正逢气压日变化的降压期,但在实际变压多为负值区中,强雷雨区(丰台)仍出现正值变压($\Delta P_1 = 0.3$ hPa)。

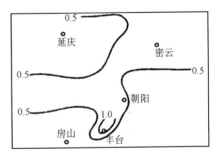

图 4.2.10　1992 年 8 月 2 日 14 时 1 h 变压分布

图 4.2.10 是作过气压日变化订正的结果,订正的公式是:

$$\delta P(t) = A_1 \sin t + A_2 \cos^3 \varphi \sin(\theta + 2t)$$

其中 $A_1 = 0.4$ hPa,$A_2 = 1.25$ hPa,$\theta = 0.12\varphi - 148°$,$\varphi$ 为纬度,t 为地方时。计算表明,在纬度 $\varphi = 40°$,地方时 14 时,气压日变化值为 -0.66 hPa。由图看到,在强雷雨区出现闭合正变压区,水平尺度约 15 km,扰动值约 1 hPa。和同时间的风场对照(图 4.2.9),扰动高压区呈现很强的非地转特征。

　　在第二次雷雨区,由于降温很小,扰动气压也很弱,经日变化订正,仅为 0.3～0.6 hPa,但在其南面的雷雨区(杨村、静海附近),由于未经历两次雷雨过程,1 h 变温、变压分别达 -2.0 ℃ 和 2.1 hPa,可见雷雨区的变压特征是和其变温紧密联系的。我们曾分析过北京地区飑线类强对流天气过程,强对流天气区 1 h 变温变压可达 -7 ℃和 4 hPa,与其对比,本例强雷雨区的 1 h 变温变压均小得多,说明两类强对流天气过程中温、压场的结构是不同的。

4.2.3　暴雨区的散度和涡度场结构

我们取格距 15 km,格点数 15×15,计算了 1992 年 8 月 2 日两次强雷雨期近地层的散度和涡度(图 4.2.11),在第一次雷雨期中,和强雷雨区匹配的是速度辐散(图 4.2.11a),但强辐散中心(量级 $3×10^{-4}/s$)不和降水中心吻合,而是偏离在它的后方;强辐合区和中尺度辐合线北段位置一致,位于强雨区的前方,和雷雨区的移向一致。涡度计算表明(图 4.2.11a 断线),正、负涡度中心(量级 $2×10^{-4}/s$)分别位于辐散、辐合中心的前方,二者位相差约 $\frac{\pi}{2}$,根据移动性重力波的结构模式,雷雨区附近涡、散度的这种配置,表明和第一次强雷雨联系的扰动系统具有重力波特征。将图 4.2.11a 和图 4.2.10 对照,雷雨区附近扰动高、低区分别和正、负涡度区重合,而强辐合则位于扰动的槽后、脊前位置,那里正是后 1 h 强雨出现的部位,显然这是非地转重力波的又一佐证。图 4.2.11b 是沿强雨区移动方向上涡度、散度和扰动气压的时空剖面,重力波特征显示更清楚,其气压扰动的波长约 80 km,振幅约 1.5 hPa。

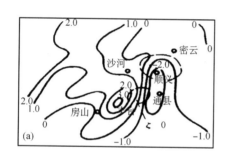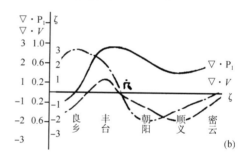

图 4.2.11　1992 年 8 月 2 日第一次雷雨期涡、散度及重力波结构特征

(a)14 时散度涡度场;(b)强雷雨区移向上的剖面

第二次雷雨区附近的散度特征和第一次类似(图略),强雷雨区对应速度辐散,强辐合区位于其前方,和雨区的移向一致,但涡度场与散度场的配置和第一次不同,辐散、辐合区分别和反气旋性和气旋性涡度对应。联系第二次雷雨期扰动气压微弱,因此和第二次强雷雨联系的扰动,不具有重力波结构特征。

值得注意的是,第二次雷雨过程的中尺度辐合线和其南面的雷暴出流联系,出流区的散度、涡度特征表明,在其主体部分为辐散区,其前缘为辐合区,辐合最强在中尺度辐合线附近。有意思的是,在辐合区中涡度符号不同,南侧为气旋性涡度,北侧为反气旋性涡度;而在出流前缘的辐合区中,涡度符号相同,均为气旋性涡度,表现出雷暴出流区动力结构的复杂性。

4.2.4　小结

北京地区暴雨(强对流天气)的地面中尺度流场可为偏南风型(S)型和偏东风型(E 型)。偏东风情形下,强雷暴雨发生在南北向的辐合线西侧,随辐合线向东移动;偏南风情形下,强雷暴雨发生在东西向的切变线北侧,并沿切变线东移。雷雨系统加强的原因除和中尺度环境风增强及山风发展有关外,雷雨区辐散外流引发的增强机制,可能是重要原因之一,因而在强对流天气分析中注意对流尺度和中尺度的相互作用是非常重要的。

　　和强雷雨过程联系的中尺度系统是中尺度辐合线,辐合线的形成和地形强迫及雷暴出流有关。在地形强迫的中尺度辐合线的东西两侧,流场的垂直结构不同;和雷暴出流联系的中尺度辐合线位于出流的前缘,强雷雨出现在辐合线的北侧,出流的主体部位为速度辐散区。

　　雷雨区温度场呈冷心结构,但 1 h 强负变温区不和冷心重合,而是位于它的前方,这对强雷雨系统的移动有指示意义。

4.3　地形与城市热力环流影响

　　暴雨与地形以及城市热力环流有密切关系,暴雨的频率分布、强度、雨量等都受到这些因素的明显影响。北京北依燕山,西邻太行山,境内又有两座较大的水库,复杂的地形和城市热力环流对暴雨的形成有明显的影响。地形对北京地区暴雨的影响,主要体现在两个方面。

4.3.1　地形影响

　　地形对过山气流的动力抬升和辐合作用。

　　一些特殊地形如山脉迎风坡、喇叭口地形对气流有明显的动力抬升和辐合作用,使气流在这里汇合、上升,从而形成强迫抬升,增强降水。北京地区的暴雨大多集中在燕山山脉的南坡和太行山余脉的东南坡迎风坡处[8],说明偏南或偏东南风迎风坡处,对暖湿空气的强迫抬升作用明显,较平原及背风坡更容易产生暴雨。如怀柔区的枣树林、八道河、沙峪、黄花城;昌平区的桃峪口、下庄、长陵、十三陵、响潭、王家园;门头沟和房山的上苇店、三家店、王平口、漫水河等地区均为大暴雨集中区。此外,在三面环山的喇叭口山谷区,有利于低空气流的辐合抬升,因而在有利的环流形势下常成为特大暴雨的相对集中区(图 1.1.1)。如怀柔、密云两地间的东西两侧是高山,北边是山地,南边是开阔的平地,呈向西南开口的喇叭口地形。平谷南部地区也是向西南开口的小地形,而昌平、沙河、王家园一带是向东南开口的喇叭口小地形。

　　地形对中小尺度系统的影响。

　　气流在一定的地形条件下会生成中小尺度的涡旋或辐合线(切变线)。对北京地区来说,如上一节所述,对于偏东风型和偏南风型气流,在地形影响下会分别形成准南北向和准东西向的由地形强迫产生的中尺度辐合线。当两种地形中尺度辐合线与上游系统靠近、合并时,时常可导致这些系统强烈的发展或组织成强烈风暴,而造成强烈的天气表现[9]。除上节所介绍的暴雨个例外,表 4.3.1 列出了这两种型的其他暴雨个例。

表 4.3.1　1980—1990 年偏南风(S)型和偏东风(E)型部分暴雨个例

型	过程日期		
偏南风(S)型	1980 年 6 月 21 日	1982 年 6 月 15 日	1982 年 7 月 14 日
	1984 年 8 月 06 日	1985 年 6 月 18 日	1986 年 7 月 14 日
	1905 年 7 月 06 日		
偏东风(E)型	1980 年 8 月 16 日	1982 年 7 月 04 日	1985 年 8 月 20 日
	1986 年 6 月 21 日	1986 年 7 月 07 日	1986 年 7 月 10 日
	1986 年 8 月 09 日	1987 年 7 月 01 日	1987 年 8 月 18 日
	1989 年 8 月 28 日	1990 年 7 月 06 日	

此外,除了上述地形的机械作用外,地形能通过播撒作用影响中小尺度系统内的造雨过程,这种作用也叫地形对降水的增幅作用。然而,这种通过云微物理过程产生的地形对降水的增幅作用的物理过程目前还没有完全搞清楚。

4.3.2　地形与城市热力环流影响

北京城市下垫面对暴雨的影响,在3.2节中已有介绍。下面将重点介绍地形与城市热力环流共同作用,对北京地区暴雨的影响。

基于观测事实,气象学家们认识到,暴雨是在有利的大尺度环流背景下引发的中小尺度天气系统发生发展的结果,直接造成出现暴雨中心的通常是一些β中尺度天气系统。最近几年来,我国的气象学家通过一系列科学试验对南方暴雨过程中的中尺度系统发生发展机理进行了比较深入的研究,取得了一些重要成果。研究结果表明,在暴雨的多尺度结构中,存在一些相对独立的β中尺度系统,这些β中尺度扰动与其他尺度系统之间构成了复杂的相互作用过程,形成了区域性暴雨过程中特大暴雨中心的出现。但是,由于受到观测能力和资料分辨率的限制,我们对β中尺度暴雨系统的结构和演变机理的认识仍然非常有限。另一方面,有关地形在降水过程中的作用一直是气象学家们关注的焦点问题。Neiman[10]等和孙继松[11]等分别利用统计学关系和动力分析方法强调了边界层急流在地形降水中的作用;Alpert[12]等和孙继松[13]等还对地形与环境风场的相互作用过程在地形雨落区中的作用问题进行了探讨。研究表明,地形对降水的影响远远比我们所了解的程度更为复杂,因为地形的作用不仅对局地风场变化产生影响,而且对水汽的分布和相变过程产生了直接影响。Jiang[14]等最近就地形降水过程中的水汽动力学过程和微物理时间尺度变化进行了研究,Smith 和 Barstad[15]在这些研究的基础上构建了一个简单的地形降水线性理论。这些研究成果有利于我们理解一般性地形降水过程,但是,对地形作用下产生的一些相对孤立的β中尺度、γ中尺度对流降水系统的预报依然是一个难题。近年来,有关城市发展在β中尺度、γ中尺度降水系统中的动力作用问题也越来越多地受到关注,有研究表明,城区及其下风方的年降水总量比周围农村地区高出10%～17%,其中雷暴的增加可达到24%,孙继松等[16]对北京城市热岛效应对冬夏季降水分布的不同影响进行研究后认为,城市热岛效应对不同季节降水分布的影响是城乡温度梯度与盛行风之间相互作用的结果。Thielen 等的数值试验表明,城市地表的感热通量、特别是降水发生前4 h内的感热通量变化对γ中尺度的对流降水有重要影响。孙继松[5]等对发生在北京城区的一次相对孤立的β中尺度对流暴雨过程进行的研究也表明,城市边界层过程在β中尺度暴雨系统的形成、发展过程中起到了决定性作用。

事实上,许多特大型城市是依山而建的,地形环流与城市环流之间必然存在相互作用过程,这种相互作用可能对中小尺度降水系统的发生、发展产生重大影响。然而,国内外有关这方面研究成果非常少,相应的观测试验研究似乎还不足以科学、系统地解释城市及其周边地区特有的中、小尺度天气系统的形成机理。本小节从中尺度天气动力学理论入手,利用尺度分析方法,揭示地形环流与城市环流共同影响下的β中尺度暴雨的某些理论特征,以观测事实为依据,进一步阐述这种相互作用过程是如何影响β中尺度暴雨系统的发生、发展的。

（1）城市热力作用与地形相互作用在对流降水过程中的作用

为了便于讨论,我们考虑一个简单的二维空间中尺度流场,假设地形位于城市西侧,并呈南北向垂直于城市中轴线,风场由城市吹向山坡（东风）。满足这种分布的中尺度 Boussinesq

近似的扰动方程组为：

$$\frac{\partial u}{\partial t} + u\frac{\partial u}{\partial x} + w\frac{\partial u}{\partial z} = -\frac{\partial \pi}{\partial x} + k\frac{\partial^2 u}{\partial z^2} \tag{4.3.1}$$

$$\frac{\partial \theta}{\partial t} + u\frac{\partial \theta}{\partial x} + w\frac{\partial \theta}{\partial z} = k\frac{\partial^2 \theta}{\partial z^2} - \alpha w + Q + Q_0 \tag{4.3.2}$$

$$\frac{\partial \pi}{\partial z} = \lambda\theta \tag{4.3.3}$$

$$\frac{\partial u}{\partial x} + \frac{\partial w}{\partial z} = 0 \tag{4.3.4}$$

其中 Q 是中尺度系统降水造成的潜热加热率，Q_0 是潜热加热以外的净加热率，$\alpha = \gamma_m - \gamma$,

$$\pi = c_p\Theta_0\left(\frac{p}{p_0}\right)^{\frac{R}{c_p}}$$

是中尺度扰动气压的 Exner 函数，λ、k 都是常用参量。

对(4.3.1)、(4.3.3)式分别作 z、x 的偏微商后进行合并，并略去 $\partial^3/\partial z^3$ 项的影响，可以得到：

$$\frac{\partial}{\partial t}\left(\frac{\partial u}{\partial z}\right) = -\lambda\frac{\partial \theta}{\partial x} - \frac{\partial}{\partial z}\left(u\frac{\partial u}{\partial x} + w\frac{\partial u}{\partial z}\right) \tag{4.3.5}$$

为了使问题进一步简化，我们假定，中尺度垂直运动完全是由于地形强迫造成的，即

$$w = u\nabla h \tag{4.3.6}$$

其中，∇h 是地形坡度。

将(4.3.4)、(4.3.6)式代入(4.3.5)式，可以证明：

$$\frac{\partial}{\partial z}\left(u\frac{\partial u}{\partial x} + w\frac{\partial u}{\partial z}\right) = 0$$

即

$$\frac{\partial}{\partial t}\left(\frac{\partial u}{\partial z}\right) = -\lambda\frac{\partial \theta}{\partial x} \tag{4.3.7}$$

对于三维流场，需要考虑科里奥利力的影响，对应的方程：

$$\frac{\partial}{\partial t}\left(\frac{\partial u}{\partial z}\right) = -\lambda\frac{\partial \theta}{\partial x} + f\frac{\partial v}{\partial z} \tag{4.3.8}$$

$$\frac{\partial}{\partial t}\left(\frac{\partial v}{\partial z}\right) = -\lambda\frac{\partial \theta}{\partial y} - f\frac{\partial u}{\partial z} \tag{4.3.9}$$

有研究表明，低空(0～3 km)垂直切变是维系强对流发生、发展的必要条件，而(4.3.7)式表明，水平温度梯度的存在可以在迎风坡强迫产生相对独立的中尺度垂直切变。孙继松[11] 曾利用这一原理很好地解释了地形热力作用下夜间边界层急流的形成机理。此处假设的流场为东风，即 $u<0$，因此，如果存在"东暖西冷"的温度梯度（即 $\frac{\partial \theta}{\partial x}>0$），在一定的高度层内，流场适应的结果将是在一定高度上的东风将越来越大。

基于上述基本方程，下面讨论城市热力作用造成的地形迎风坡对流降水系统的一些理论特征。这些讨论基于以下中尺度对流系统的特征尺度：$z\sim10^4$ m，$u\sim10^1$ m/s，$\lambda = g/\Theta\sim3\times10^{-2}$ m/(s²·K)，$\alpha\sim10^{-2}$ K/m。

下面讨论垂直切变对温度梯度响应的时间尺度。考虑两种不同水平温度梯度条件：

(i)$\dfrac{\partial\theta}{\partial x}\sim10^{-4}$ K/m,

(ii)$\dfrac{\partial\theta}{\partial x}\sim10^{-5}$ K/m。

假定,对流开始前不存在明显的风速垂直切变,对流发生时低空垂直切变的强度为 10 m·s^{-1}/3000 m,即:

$$\Delta\left(\dfrac{\partial u}{\partial z}\right)\sim3\times10^{-3}/\text{s}$$

由(4.3.7)式可以得到,对应于上述两种不同水平温度梯度条件,形成如此强度的切变所需的时间分别为 $\Delta t_1\sim10^3$ s、$\Delta t_2\sim10^4$ s。

也就是说,当水平温度梯度为 1 K/10 km 量级时,形成强对流切变环境的响应时间大体上需要十几分钟到 1 h 左右;当水平温度梯度为 1 K/100 km 时,响应时间约为 2~4 h。在大尺度条件满足降水的背景下,假定该切变环境一旦形成,对流过程就开始发生,上述时间尺度实质上是在已知温度梯度情况下(强度、地点)的对流降水开始的可预报时效。

(2)地形坡度对 β 中尺度系统水平尺度的影响

对于水平尺度小于 50 km 的 β 中尺度系统:$\partial u/\partial x\sim10^{-3}$/s,由(4.3.4)式可以得到 $w\sim10^1$ m/s。对应的该尺度对流系统产生的地形坡度环境条件为:$\nabla\sim10^0$,即坡度至少需要 $\geqslant30°$。

对于水平尺度为 100 km 左右的 β 中尺度系统:$\partial u/\partial x\sim10^{-4}$/s,由(4.3.4)式可以得到 $w\sim10^0$ m/s。这种尺度的对流系统产生的地形坡度环境条件为 $\nabla h\sim10^{-1}$。

上述尺度分析过程是可逆的,也就是说,地形坡度越大的地方,强迫产生的上升运动越强,中尺度环流系统的水平尺度就越小。而对于地形坡度较为平坦的地方,更有利于产生水平尺度较大的中尺度系统。

(3)城市热岛对中尺度对流系统发生地点、时间的影响

类似于 2004 年 7 月 10 日发生在北京城市中心的 β 中尺度对流暴雨过程(参见 3.2 节),是城市热岛影响的一个较为特殊的例子。在大多数情况下,城市热岛形成的最大温度梯度并不位于城市中轴线上,而是出现在城市边缘,如果城市一侧是山区,由于地形对热岛水平扩散的阻挡作用,山区与城区之间的水平温度梯度最强。因此,从气候状况的角度来说,离城区越近的山前地区越容易产生中尺度对流暴雨系统;从日变化的角度来看,相对于中尺度降水时间尺度,由城市热岛形成水平温度梯度是一个"慢过程":白天,由于城市与郊区下垫面物理属性上的差异,太阳辐射造成城区温度上升速度明显快于郊区,直至傍晚,容易形成最强的水平温度梯度;夜间,由于城市人为热源和建筑、地表的热量储存作用,城市与郊区大气之间的净热量差异一般在午夜时被累积到最大,也就是说,夜间形成的水平温度梯度在午夜前后有可能达到最大值。因此,地形与城市热力过程造成的中尺度暴雨过程应该多发于傍晚前后或凌晨前后。

(4)对流性强降水对流场的反馈作用

相对于城市热岛日变化而形成的水平温度梯度,对流性强降水对温度梯度的影响是"快过程":一旦迎风坡开始出现降水,由于潜热释放,在对流层中层必然造成山坡一侧的气温将高于城市一侧的气温,即 $\dfrac{\partial\theta}{\partial x}<0$,由(4.3.7)式可知,对流层中层上部将出现东风气流减速(或西风气流加速)、底部的东风气流加速的现象。而在近地面层,局地强降水造成山坡上的气温快速

下降,进一步加大了城市与山前地区的水平温度梯度,必然造成边界层内的东风风速随着高度增加而迅速加大——即边界层顶的东风气流加速将明显快于近地面层。因此,从地面至对流层下部、边界层顶部的风速垂直切变与降水强度之间将出现明显的正反馈现象。

这种正反馈过程,对尺度较小的 β 中尺度系统最终形成暴雨甚至大暴雨中心可能是至关重要的。我们知道,就孤立的天气系统而言,尺度越小,其生命史越短,因此,如果不存在这样的正反馈过程,对流就会很快衰竭,总降水量很难达到暴雨以上的标准,可能正是由于上述正反馈过程的存在,一些尺度较小的 β 中尺度对流系统往往能够维持 3 h 以上。

(5)地形与城市热岛共同作用产生的 β 中尺度暴雨实例分析

上述 β 中尺度对流暴雨理论特征是否真实地存在? 下面,我们利用北京地区稠密的观测网资料(北京城近郊区自动气象站的水平间距约为 5～10 km),结合 2006 年夏季发生的几次 β 中尺度暴雨过程进行分析。

从图 4.3.1 给出的 3 个个例可以看到,暴雨区(降水量＞50 mm 的区域)的水平尺度存在明显区别:7 月 9 日第一次过程(发生在凌晨)的暴雨区尺度≥50 km,是一次较大尺度的 β 中尺度暴雨过程;8 月 1 日傍晚的暴雨区尺度最小,水平尺度介于 β 中尺度与 γ 中尺度之间;而 7 月 9 日第二次中尺度暴雨过程(发生于傍晚)存在 3 个暴雨区,其中最强的暴雨中心位于靠近城区的香山,降水量达到 137 mm,该暴雨区的水平尺度介于上述两次暴雨过程之间。但是它们都具备以下共同特征:

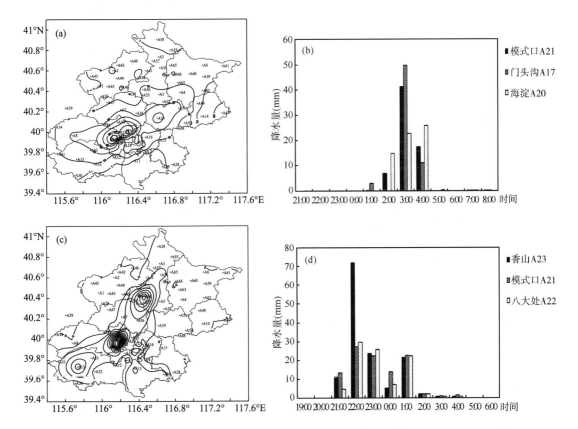

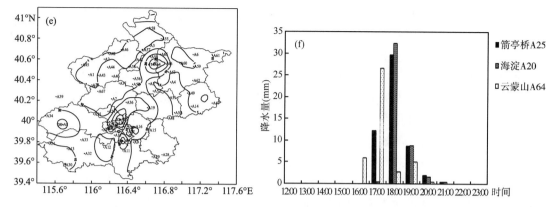

图 4.3.1　2006 年北京地区 3 次中尺度暴雨天气过程降水量分布(a、c、e)和最大降水点的逐时降水量(b、d、f)(单位:mm):(a、b)7 月 9 日 01—05 时(北京时,下同);(c、d)7 月 9 日 21 时—10 日 02 时;(e、f)8 月 1 日 16—21 时。等值线间隔:10 mm

暴雨中心都出现在 α 中尺度雨带中,最大降水中心位于北京西山最靠近城区的位置(门头沟—石景山—海淀香山),地形分布参见图 1.1.1(a),鉴于城区自动站密度为 3~5 km,大部分自动站没有标出);强降水维持的时间在 3 h 以上,最大降水强度均超过 30 mm/h。

那么,这些暴雨中心的出现是否与城市热岛环流与地形相互作用有关?

图 4.3.2—4.3.4 给出了上述 3 次中尺度暴雨天气过程前后,某些时刻平原地区平均高度上的气温空间距平分布状况。首先,利用最近时刻北京地区的探空资料(即 02 时、08 时、14 时或 20 时北京代表站探空资料)计算得到边界层气温垂直递减率,将分布在不同高度上的自动站气温订正到同一水平面上(取北京中南部平原的平均海拔高度,约为 50 m),然后,计算得到每个站点在这一高度上的气温与区域平均气温(即所有自动站订正气温的算术平均值)之间的差值。

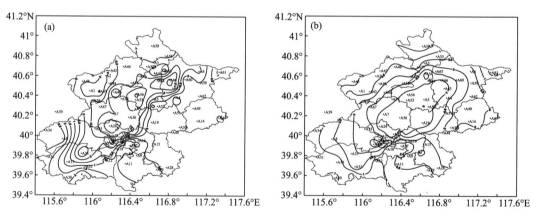

图 4.3.2　7 月 9 日第一次暴雨过程(a)开始前 4 h(8 日 21 时)及(b)最大降水时刻(9 日 03 时)北京地区 50 m 海拔高度上的气温空间距平分布。等值线间隔:0.5 ℃

从图 4.3.2、4.3.3 可以看到,7 月 9 日两次暴雨开始前 3~4 h,在城区与近郊之间形成了 ≥1 K/(10 km)的水平温度梯度,但是梯度的方向并不完全一致,其中 7 月 8 日傍晚的梯度方向呈东南至西北向,即暖区指向冷区的方向正好与西山走向垂直,西山前(暴雨中心)的温度梯度最大,这种温度梯度走向在暴雨过程中一直维持(01~04 时);而 9 日傍晚的梯度方向在降水开始前为南北方向,但是一旦山前出现强降水,温度梯度的方向迅速由城区指向西山,直到强降水结束。

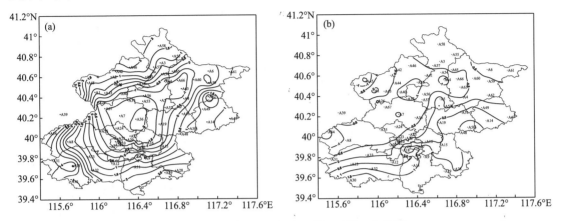

图 4.3.3　同图 4.3.2,但为 7 月 9 日第二次暴雨
(a)9 日 17 时;(b)9 日 22 时

　　8 月 1 日午后至傍晚的天气过程与上述两次暴雨过程的不同之处在于,它是一次明显的天气尺度冷空气自西北向东南方向掠过北京地区形成的,这一点可以从 8 月 1 日 15—17 时地面气温梯度的移动方向得到证实(图 4.3.4)。但是,在系统性的冷空气到达前,西山前东西向的水平温度梯度强度超过 2 K/(10 km),正是在温度梯度最大处,1~2 h 后出现了暴雨中心。不仅如此,在天气尺度锋面上,暴雨中心附近出现了一个尺度介于 β 中尺度与 γ 中尺度之间、相对独立、温度梯度≥5 K/(10 km)的强锋区,当然如此强度的地面温度梯度并不完全是由于局地强降水造成的,强烈的对流活动形成的中尺度冷堆有可能进一步加强了该区域的温度梯度。

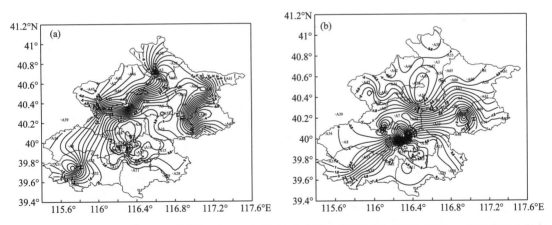

图 4.3.4　8 月 1 日暴雨(a)开始前 2 h(15 时)及(b)最大降水时(17 时)北京地区 50 m 海拔高度上的气温空间距平分布。等值线间隔:0.5 ℃

　　从分布在南郊观象台和海淀气象站的两部风廓线仪连续观测的对比结果(图 4.3.5)可以看到,在距离暴雨中心 40 km 左右的南郊,暴雨过程前后,边界层和对流层中层的风向、风速并没有发生明显的改变。但是从图 4.3.5b 可以看到,在靠近暴雨中心的海淀,边界层内以及对流层中下层的垂直切变的演变与上一节理论分析结果基本一致:

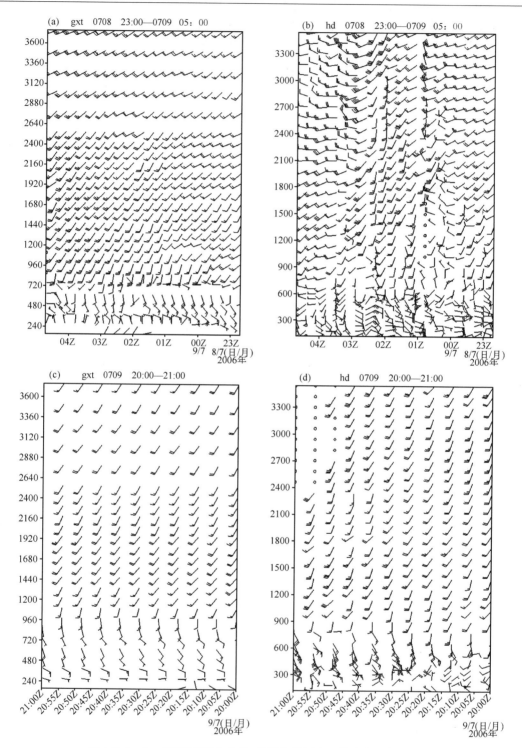

图 4.3.5 （a、c)南郊观象台和(b、d)海淀暴雨中心的垂直风廓线演变

(a、b)7月8日23：00—9日05：00(时间间隔：18 min)；

(c、d)7月9日20：00—21：00时(时间间隔：5 min)

比较 7 月 8 日 23 时前后(距离强降水开始 2 个多 h)南郊观象台和海淀低空风场,可以看到,在海淀东风高度达到 700 m,其中 400~600 m 的偏东风 6~8 m/s 明显,近地面层 2 m/s左右,南郊观象台的东风层次略偏低,而且边界层内风速的垂直切变也明显小于海淀,而两地1000 m 以上基本上维持 4~10 m/s 的西南风。正如上节所述,两者之间在边界层内的这种垂直切变的区别主要是由于城区与西山之间存在较强的中尺度温度梯度(图 4.3.3)。

强降水开始(9 日 01:20)后,靠近暴雨中心的海淀,不仅边界层内的东风明显加强,而且1000 m 以上的西南气流也明显加强,比较强降水开始后 1 h(即 02:30)南郊观象台与海淀同一高度上的风速变化可以看到:400~600 m 高度附近海淀的偏东风加强到 10 m/s,南郊仍为4 m/s 左右;在 1500~2000 m 高度,海淀的西南风加大到 12~20 m/s,南郊仍稳定在 8 m/s 左右。强降水停止后,无论是对流层中低层还是边界层,两地的风廓线逐渐趋于一致。水平距离不到 40 km 的两个站,在暴雨过程中,边界层内和对流层中低层的风速演变存在如此大的差异,反映了局地强降水通过改变边界层、对流层温度梯度,不仅造成降水一侧的风速垂直切变进一步强化,而且通过边界层风速的加大,进一步增强了迎风坡一侧的上升运动,从而形成了流场与降水之间的正反馈过程。

为了看到更精细的风场变化与上述正反馈过程,图 4.3.5c、d 给出了 7 月 9 日第 2 次 β 中尺度对流暴雨过程开始前后 1 h 内(20—21 时)、时间间隔为 5 min 的南郊观象台和海淀的风廓线变化。与前一次暴雨过程一样,远离暴雨中心的南郊,在暴雨开始前后,4000 m 以下的水平风速不存在明显变化;但是,靠近暴雨区的海淀,强降水开始前后风场的变化是非常显著的:20:16 前,整层大气基本上维持一致的西南风,边界层内不存在明显的偏东气流(这与图 4.3.3a 的温度梯度指向是一致的),但是降水开始后,边界层内偏东气流逐渐加强、高度逐渐向上扩展,至 21 时,东风层的高度到达 800 m,降水开始十几分钟后(20:30 左右),400~600 m 附近的东南风达到 8~10 m/s,此后,东风气流进一步增强到 12~14 m/s。与此同时,1000 m 附近的西南风也逐渐由 6~8 m/s 增强到 10~12 m/s。结合本次暴雨的降水强度(图 4.3.1d)和暴雨过程中地面气温梯度(图 4.3.3b),利用第前述的分析结果,我们能够很好地理解这种现象。

利用北京地区稠密的地面观测网资料以及分布于距离暴雨中心区不同距离的两部风廓线仪观测资料,对 2006 年夏季发生的 3 次 β 中尺度暴雨发生、发展、维持过程的表现特征进行了比较详尽的分析,部分证实了城市热岛与地形相互作用下产生的相对孤立的 β 中尺度暴雨的上述理论特征。其主要结论为:

主要由城市热岛形成的水平温度梯度可以在迎风坡强迫产生相对独立的中尺度垂直切变,由此产生的低空垂直切变是维系中尺度对流降水发生、发展的重要条件。另一方面,一旦迎风坡出现强降水,将形成吹向迎风坡的风速与降水强度之间的正反馈现象,这种正反馈过程对 β 中尺度暴雨中心的形成是至关重要的。

水平温度梯度的强度不同,形成低空强垂直切变的响应时间不同:当水平温度梯度为 1 K/10 km 量级时,形成强对流切变环境的响应时间大体上只需要为十几分钟到 1 h 左右;当水平温度梯度为 1 K/100 km 时,响应时间约为 2~4 h。

地形坡度越大的地方,产生的上升运动越强,中尺度系统的水平尺度越小,对于地形坡度较为平坦的地方,更有利于产生水平尺度较大的中尺度系统。对于水平尺度小于 50 km、相对孤立的迎风坡 β 中尺度暴雨,垂直于低空风(量级为 10^1 m/s)的地形坡度至少需要 ≥30°。

　　一般情况下,地形与城市热力过程相互作用造成的中尺度暴雨应该多发于傍晚前后或凌晨前后。

　　这些特征对于暴雨发生前 $1\sim4$ h 的短时预报以及局地降水开始后的临近预报是非常有价值的。当然,β 中尺度暴雨的发生离不开有利的天气尺度、次天气尺度环境条件,另外,对流性 β 中尺度暴雨的结构演变也是系统能否维持、发展的重要内在因素。

4.4　城市化影响

　　城市气候效应问题已成为目前许多学者研究的热点问题。近年来北京的城市化进程十分迅速,北京的城市气候效应问题也引起许多学者的关注。通过对 1961—2007 年北京地区包含城市化影响信息降水资料的分析(使用南苑、西郊、沙河三站资料,且三站暴雨日数独立统计,南苑代表北京城市上风向、西郊代表城区、沙河代表城市下风向),揭示出城市化效应对北京暴雨有着明显的影响,主要表现在以下几个方面[17]:一是与城市上风向区域和下风向区域相比,城区的年平均暴雨日数略多,相差不到 1 d。从三个区域暴雨日数线性变化趋势来看,城市上风向区域、城区、下风向区域暴雨日数均呈缓慢下降趋势,但城市上风向区域暴雨日数下降最为明显,城区次之,下风向暴雨日数下降最不明显,一定程度上代表了城市化对北京暴雨日数变化的影响。二是分析三个不同代表区域年平均温度差值及其变化表明,1961—2007 年间,北京城市上风向区域年平均气温上升趋势最为明显,城区下风向区域上升趋势最不明显。由于这种趋势使得城市下风向区域至城区间的年平均温度梯度明显强于城区与上风向之间的平均温度梯度。即由于北京城区的热岛效应,使城区下风向气团的斜压性明显强于城区上风向气团的斜压性,且城区与上风向区域的平均温度梯度呈减少趋势,使得上风向气团的斜压性不断减弱,而城区与下风向的平均温度梯度呈明显的增强趋势,这就使得下风向气团的斜压性不断增强,如此为暴雨提供了不同的环境条件。为了进一步解释城市化对北京不同区域暴雨变化趋势影响不同的问题,分别计算城市上风向南苑和下风向沙河年平均相对湿度,相对湿度≥70％和相对湿度≥85％的年日数变化趋势(见表 4.4.1),结果显示,这三种情况均是位于城市上风向的南苑下降趋势最为明显。因此,城市上风向与下风向平均温度梯度和相对湿度变化趋势的差异,有助于解释位于城市上风向区域暴雨日数下降最为明显,城市下风向区域暴雨日数下降最不明显的现象。或着说,城市上风向区域暴雨日数下降明显可能与其气团斜压性减弱及相对湿度的显著下降有关(图 4.4.1),1990 年前,城市上风向区域(南苑)与城区和城市下风向区域(沙河)暴雨日数变化有着完全相反的增、减变化趋势(图 4.4.2),暴雨日数有明显的周期变化规律,但城区上风向区域与城区和城区下风向区域暴雨日数变化周期并不完全一致。

　　城市化进程对天气及气候的影响有着非常复杂的物理机制。因此,就城市化进程如何具体地影响北京地区暴雨发生发展的机制问题,还有待更进一步研究。

表 4.4.1　南苑与沙河不同要素气候倾向率表

	暴雨日数气候倾向率	年平均相对湿度气候倾向率	相对湿度 70％气候倾向率	相对湿度≥85％气候倾向率
沙河	-0.121	-1.178	-5.698	-3.01
南苑	-0.542	-1.551	-8.921	-5.157

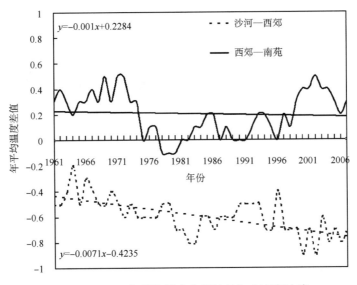

图 4.4.1　两地间平均温度差值年变化、气候倾向率

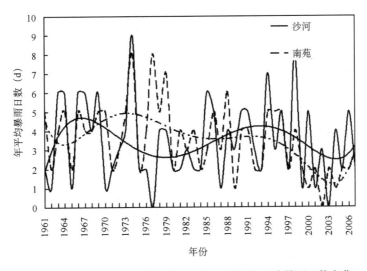

图 4.4.2　城市上风向区域与城区和城市下风向区域暴雨日数变化

　　城市的影响有使其向下风侧降水增多的现象。如海淀、朝阳一带也是多特大暴雨中心区和最大暴雨强度区之一。其原因是热岛效应使上升气流增强,高耸密集的建筑物增加了下垫面的粗糙度,使气流的湍流扰动增强。

第5章 暴雨预报动力学基础及集合动力因子预报技术

5.1 暴雨预报动力学基础

5.1.1 广义湿位温及其守恒性

暴雨是湿大气中水汽相变的综合产物,在理论和技术上解决湿大气中水汽相变的合理描述问题是做好暴雨预报的关键,而水汽相变合理描述的问题一直是国内外大气科学研究的难点问题之一,始终没有完全解决。过去只有针对干大气和饱和湿大气(相对湿度达到100%的大气)的位温和位涡,但干大气和饱和湿大气都是理想大气,而实际大气既不是处处干的,也不是处处饱和,是水汽分布不均匀的湿大气,暴雨通常发生在这种湿大气背景下。针对这个问题,Gao等提出并研发了能够准确描述湿大气动力和热力状态的广义湿位温和湿位涡预报技术,它充分体现了实际大气总处于绝对干与完全饱和之间的特性,而且这个变量的引入没有带来大量的其他变量,实现了准确刻画湿大气中水汽相变的关键技术[18~20]。对于干空气,位温是一个很重要的温度参量,它在干绝热过程中是守恒的,所以可以用来比较不同气压情况下空气质块的热力差异,分析大气的稳定度状况以及计算大气的垂直速度等[21,22]。但是在非绝热过程中,如伴有降水或有明显非绝热增温的情况下,位温不再守恒。此时,人们又引入了相当位温,它在湿绝热过程中是守恒的。因此,用它来讨论包含湿绝热过程的状态变化时是相当方便的。然而依据日常观测,在实际大气没有完全达到饱和的时候凝结现象已经发生,雾是这种现象的最好例子,而且轻雾和浓雾里的相对湿度是不一样的。通常,相对湿度越大,水汽越容易发生凝结。也就是说,凝结随着湿度的增加而增加。为了描述这样的事实并且给出实际大气非均匀饱和的特性的定量表述,Gao等在相当位温的定义式中引入一个无量纲的凝结权重函数$(q/q_s)^k$,以正确地表征湿大气中已有凝结发生的现象[19,20]。这样就得到了广义位温的概念。广义位温不但可以用于干大气、饱和湿大气的研究,还可以用于临近饱和大气的研究,而且它在干、湿绝热过程中都具有守恒性,像位温、相当位温一样可以用于大气位势稳定度、气块运动轨迹追踪,将具有更广泛的应用前景。

位温一般可以表示为:

$$\theta = T\left(\frac{p_0}{p}\right)^{R/c_p} \tag{5.1.1}$$

相当位温的表示形式则比较多样,最常用的相当位温表示是[22]:

$$\theta_e(T,p) = \theta(T,p)\exp\left(\frac{Lr_s(T,p)}{c_pT}\right) \tag{5.1.2}$$

其中r_s为饱和混和比。这里的T、P都是指初始饱和气块的T、P。该种表示其实早在1973

年 Betts 和 Dugan 就已经指出,当时他们定义此种相当位温为饱和相当位温,同时还指出如果用混和比 r 代替 r_s,则可得未饱和气团的相当位温[23]:

$$\theta_e(T,p) = \theta(T,p)\exp\left(\frac{Lr(T,p)}{c_pT}\right) \tag{5.1.3}$$

当时此种表示是没有实际意义的,Betts 和 Dugan 也没有对其进行详细介绍[23]。可能那时候认为宏观未饱和大气是没有潜热释放的,未把分子统计理论引入到气象当中。

混和比 r 和比湿 q 数值上相差不大$(r=0.622\frac{e}{p-e},q=0.622\frac{e}{p-0.378e},p\gg e)$国内学者通常采用比湿 q 进行计算$(r_s$ 与 q_s 关系同)。因此这里也用比湿 $q(q_s)$ 来代替混和比 $r(r_s)$,可得饱和相当位温与未饱和相当位温的表示分别为:

$$\theta_e = \theta\exp\left(\frac{Lq_s}{c_pT}\right) \tag{5.1.4}$$

$$\theta_e = \theta\exp\left(\frac{Lq}{c_pT}\right) \tag{5.1.5}$$

由前面的分析可见,式(5.1.4)是有一定可行性的。为了反映凝结随着湿度的增加而增加的事实,在相当位温的定义式中引入一个权重函数$(q/q_s)^k$,得到如下的表达式:

$$\theta^* = \theta\exp\left[\frac{Lq_s}{c_pT}\left(\frac{q}{q_s}\right)^k\right] \tag{5.1.6}$$

定义 θ^* 为广义位温。下面我们给出广义位温的物理意义的解释。

非均匀饱和大气中释放的凝结潜热可以表示为:

$$\delta Q = -L\delta(q_s\cdot(q/q_s)^k) \tag{5.1.7}$$

代入热力学第一定律 $\delta U = \delta Q + \delta W$ 中,视该过程可逆的,则 $\delta Q = T\delta S$。由于凝结掉出气团的液态水释放的潜热很少,故虽有热量流失,仍可视为绝热的,或者称为"假绝热"(Andrews[24])。这样,得到了热力学第一定律的如下形式

$$c_{pm}\delta(\ln T) - R_v\delta(\ln p) = \frac{\delta Q}{T} = -\frac{L\delta(q_s\cdot(q/q_s)^k)}{T}, \tag{5.1.8}$$

这里 c_{pm} 和 R_v 分别是湿空气的等压比热和气体常数。

当 $Lq_s/(c_{pm}T)\ll 1$ 时,式(5.1.8)最右端项就可以用$-\delta(Lq_s\cdot(q/q_s)^a)$近似代替了。由于实际的低层大气温度通常有 $L/(c_{pm}T)\lesssim 10$,因而只要满足 $q_s(q/q_s)^k\ll 100$ g/kg,该近似就成立了。至于这一饱和比湿条件成立与否,一方面可以依据实际大气 $q_s(T,p)$ 的分布廓线可见,另一方面也可以从相当位温的引入过程中 $q_s\ll 100$ g/kg 成立得到验证。进一步忽略 c_{pm} 随时间变化,式(5.1.8)变成如下形式

$$\delta\left(c_{pm}\ln T - R_v\ln p + \frac{L(q_s\cdot(q/q_s)^k)}{T}\right) = 0。 \tag{5.1.9}$$

从地面做积分,利用 $\kappa = R_v/c_{pm}$,并取指数运算,得到

$$\theta^*(T,p) \equiv T\left(\frac{p_0}{p}\right)^\kappa \exp\left(\frac{Lq_s\cdot(q/q_s)^k}{c_{pm}T}\right) = \text{const}。 \tag{5.1.10}$$

代入位温的表达式,便得到如式(5.1.6)所示的广义位温的定义式。

从式(5.1.8)不难得到非均匀饱和大气的热力学方程

$$c_{pm} \frac{T}{\theta^*} \frac{\mathrm{d}\theta^*}{\mathrm{d}t} = Q_d \tag{5.1.11}$$

可见,在湿绝热过程中,即 $Q_d = 0$ 时,广义位温是守恒的。

另外指出,各种相当位温的表示,以及广义位温、热力学方程中有关潜热的表示都假定一旦饱和,水汽全部凝结,且凝结产生的所有的潜热全部释放(凝结而产生的液态水全部脱离气块),而实际大气中这是不大可能的。当还有部分潜热保留在气团中时,以上得到的相当位温、广义位温及其它们的守恒性还需进一步的探讨。

5.1.2　广义湿位涡及其倾向方程

(1)广义湿位涡及其倾向方程

前面引进了表征实际大气非均匀饱和特性的凝结权重函数,并且导出了广义位温。由于湿位涡在暴雨研究中有广泛应用,而湿位涡与相当位温息息相关,既然前面已经得到了广义位温,且证明了其比相当位温具有更好的性质。下面将用广义位温代替相当位温导出广义湿位涡。

$$\frac{\mathrm{d}P_m}{\mathrm{d}t} = -\alpha(\nabla\alpha \times \nabla p) \cdot \nabla\theta^* + \alpha\vec{\omega}_a \cdot \nabla Q \tag{5.1.12}$$

这里 $P_m = \alpha\vec{\omega}_a \cdot \nabla\theta^*$ 是广义湿位涡(GMPV),且忽略了牵连涡度的影响。

由 $\alpha = \dfrac{R}{p}\theta(p_0/p)^{-R/c_p}$,可得

$$\frac{\mathrm{d}P_m}{\mathrm{d}t} = \alpha(\nabla p \wedge \nabla\alpha) \cdot \nabla\theta^* + \alpha\vec{\omega}_a \cdot \nabla Q$$
$$= A(\nabla\theta \wedge \nabla p) \cdot \nabla q + \alpha\vec{\omega}_a \cdot \nabla Q, \tag{5.1.13}$$

这里

$$A = -\frac{L}{c_p}k\frac{R_d^2}{p^2}\left(\frac{p_0}{p}\right)^{-\frac{R_d}{c_p}}\left(\frac{q}{q_s}\right)^{k-1}\theta\exp\left[\frac{L}{c_p}\frac{q_s}{T}\left(\frac{q}{q_s}\right)^k\right]$$
$$= -\left\{\frac{LR_d^2}{c_p p^2}\left(\frac{p_0}{p}\right)^{-\frac{R_d}{c_p}}\right\}\left[k\left(\frac{q}{q_s}\right)^{k-1}\theta_e^*\right]$$

可见,广义湿位涡的倾向由式(5.1.13)右边两项决定:斜压与湿度梯度相互作用项记做 R1,以及非绝热加热项记做 R2。在绝热大气中,广义湿位涡的变化率依赖于斜压矢量 $\nabla\theta \wedge \nabla p$ 和比湿梯度 ∇q 的配置。具体来说,如果有负(正)的广义湿位涡生成,$(\nabla\theta \wedge \nabla p) \cdot \nabla q$ 就取正(负)值,意味着在比湿梯度方向上的斜压性增加(减少)。所以,非均匀饱和大气中 GMPV 的生消与绝对涡度的变化密切相关。

(2)热力、质量强迫下的湿位涡异常

人们早就注意到在外源强迫存在时,位涡守恒性被破坏,并会引起位涡的异常[25~28]。对大尺度系统来说,外源强迫主要是热力强迫及摩擦耗散。对中尺度暴雨对流系统而言,引起位涡异常变化的不仅有同大尺度类同的热力强迫,更重要的还要考虑质量强迫。因为在研究中尺度对流系统时,对流系统内带有强降水,使得对流系统内部质量场的变化既受大尺度环境场辐合、辐散的制约,还要受到强降水造成的质量明显减少的制约,所以运用位涡概念对暴雨系统进行研究时,必须注意到有两个主要强迫源会引起位涡异常。一是同大尺度外源强迫类同的热力强迫;二是大尺度现象中不予考虑的而在中尺度现象中却特别重要的质量强迫。正是

由于这两个强迫,使得暴雨系统内的湿位涡物质和湿位涡发生异常。

中尺度对流系统中的位涡异常早已被气象学家们所发现,如 Fritsch 等[29]指出中尺度对流系统与位涡的异常相联系,常在对流层上层表现为负位涡,对流层中层表现为正位涡;而 Davis[30]和 Gray[31]等则认为对流层中层位涡正异常与中层气旋涡有关。同时部分学者认为由对流引起的关于质量场再分布的动力调整也会导致对流层中的位涡异常[32,33]。Raymond 等[34]对长寿命中尺度对流系统给出了一种位涡异常理论,但是他们当时没有考虑到质量外源强迫。Gray[35]利用质量强迫模式研究了仅有质量强迫引起的位涡异常,但 Gray 的质量强迫模式中只考虑了对流系统质量输送的效应,指出由于对流活动向上(下)的输送会在高层产生一个质量源(汇)区,同时在低层产生一个质量汇(源)区,但总的质量是守恒的。由于凝结形成降水而导致湿空气质量的净亏损在 Gray[35]和 Shutts[32]等的研究中并没有体现出来。在此提出的暴雨系统中的质量强迫不仅有水汽质量的输送效应,还包括了由于强降水引起的湿空气质量减少的效应,即本节中所说的质量强迫。

下面给出无摩擦绝热饱和湿空气的质量强迫下的湿位涡方程。

$$\frac{\partial}{\partial t}\left(\frac{\vec{\omega}_a \cdot \nabla \theta_e}{\rho}\right) = \frac{1}{\rho}\vec{\omega}_a \cdot \nabla \dot{\psi} - \vec{v} \cdot \nabla \left(\frac{\vec{\omega}_a \cdot \nabla \theta_e}{\rho}\right) - \frac{Q_m}{\rho}\left(\frac{\vec{\omega}_a \cdot \nabla \theta_e}{\rho}\right) - \frac{1}{\rho}\nabla \theta_e \cdot \nabla \wedge \vec{F}$$

$$(5.1.14)$$

方程(5.1.14)为带有热力、摩擦、质量强迫的湿位涡方程。这里,$\frac{1}{\rho}\vec{\omega}_a \cdot \nabla \dot{\psi}$ 为扣除潜热加热之外的热力强迫项,$-\vec{v} \cdot \nabla \left(\frac{\vec{\omega}_a \cdot \nabla \theta_e}{\rho}\right)$ 为平流项,$-\frac{Q_m}{\rho}\left(\frac{\vec{\omega}_a \cdot \nabla \theta_e}{\rho}\right)$ 为质量强迫项,$-\frac{1}{\rho}\nabla \theta_e \cdot \nabla \wedge \vec{F}$ 为摩擦项。对无摩擦绝热饱和湿空气,有 $-\frac{1}{\rho}\nabla \theta_e \cdot \nabla \wedge \vec{F} = 0$,$\frac{1}{\rho}\vec{\omega}_a \cdot \nabla \dot{\psi} = 0$。方程(5.1.14)可简化为

$$\frac{\partial}{\partial t}\left(\frac{\vec{\omega}_a \cdot \nabla \theta_e}{\rho}\right) = -\vec{v} \cdot \nabla \left(\frac{\vec{\omega}_a \cdot \nabla \theta_e}{\rho}\right) - \frac{Q_m}{\rho}\left(\frac{\vec{\omega}_a \cdot \nabla \theta_e}{\rho}\right)$$

$$(5.1.15)$$

公式(5.1.15)就是无摩擦绝热饱和湿空气的质量强迫下的湿位涡方程。

(3)质量强迫下的湿位涡的不可渗透性原理

位涡本身具有三大特性:即在无外源、汇情况下的守恒性;准地转和半地转理论框架下的可逆性以及位涡物质的不可渗透性。前两个特性是大家比较熟悉的,但位涡物质的不可渗透性相对比较生疏。所谓位涡物质的不可渗透性是指它本身不可能从一个等熵面向另一个等熵面扩散或渗透,它只能在其所包围的等熵面内变化。Haynes 和 Mcintyre[36]曾证明了干空气位涡物质的不可渗透性,Gao 等[37]也证明了对具有热力、质量强迫的湿空气的湿位涡物质的不可渗透性。因为这一原理在暴雨预报中有特殊的应用,下面将介绍湿位涡的不可渗透性原理。

在暴雨落区预报中湿位涡物质的不可渗透性可以被很好地利用,因为如果湿位涡物质像其他化学物质一样很容易同上下层的环境混合,那么由暴雨造成的湿位涡物质异常就会很快同周围混合,而使我们很难分清哪一部分湿位涡物质是由暴雨造成的,或是由其他原因造成的。但是,有了湿位涡物质的不可渗透性,则可使我们很容易分辨由暴雨造成的湿位涡物质异常(通常云体凝结潜热释放或形成雨滴的高度一般在 850~400 hPa 之间,所以由湿位涡方程

得到的湿位涡物质异常一定是在这样的一个高度范围,并不会同邻近的湿等熵面上其他的湿位涡物质发生混合,这样发生在这个高度间的湿位涡物质异常就可以作为很好的暴雨区的动力示踪物)。

湿位涡物质同化学物在空气中的混合率之间存在部分类似已经被人们所认识[38],是因为湿位涡物质本身在绝热及缺乏其他非守恒力作用的情况下是守恒的,完全同于化学物质在空气中的混合比在没有化学源、汇及扩散的情况下也是物质守恒的。但不同的是,化学物质可以穿过湿等熵面,但"湿位涡物质"不能穿过湿等熵面,只能在夹挟它的湿等熵面之间变化。

5.1.3　对流涡度矢量

位涡是一个广泛应用于短期天气预报的重要物理量,在绝热无摩擦条件下,大气动力学,热力学和质量连续性方程可以完全等价地合成为位涡方程,故一些发达国家(如法国)已直接用位涡图制作短期天气预报。以往在暴雨诊断分析和预报中常用到湿位涡(涡度与相当位温梯度的标量积),它只能反映涡度矢量在相当位温梯度方向上的投影与大气斜压性(由相当位温梯度表示)的耦合作用,但不能反映与相当位温梯度方向垂直的涡度分量与大气斜压性的耦合作用。为体现后者的这种耦合作用[19,20]引入涡度与相当位温梯度的矢量积,研发了对流涡度矢量(CVV)暴雨预报技术,弥补了当前用位涡做天气预报的不足。大量暴雨个例的检验表明,该技术对深对流引发的暴雨预报十分有效。

（1）对流涡度矢量(CVV)

大尺度天气系统等位温面的分布是准水平的(锋区除外),且通常位温(θ)随高度而增加,因此位温梯度($\nabla\theta$)的方向主要呈垂直向上方向;另外大尺度运动是准水平运动,由牵连涡度和相对涡度构成的绝对涡度也主要是在垂直方向上。这就使得 Ertel 位涡(用 P_E 表示,$P_E = \dfrac{\vec{\omega}_a \cdot \nabla\theta}{\rho}$)有较大的量值,成为大尺度系统中一个较为显著的物理量。同时由于绝热无摩擦大气位涡的守恒性以及在平衡系统中的可逆性,使得它在大尺度系统中得到了广泛的应用,成为平衡系统动力学的核心[38~40]。然而对于与暴雨有关的中尺度深对流系统,强烈的对流及湿饱和使得等相当位温面的分布近于垂直,导致相当位温梯度($\nabla\theta_e$)转为近水平方向,这时绝对涡度与相当位温梯度的点积成为小量(如图 5.1.1 所示)。在这种情况下,位涡就不能很好地示踪大气运动。另外,位涡是一个标量,它始终不能完整地传递主要矢量场的所有信息。因此,高守亭等[19,20]提出了用对流涡度矢量(定义为:$\vec{C} = \dfrac{\vec{\omega}_a \times \nabla\theta}{\rho}$)来描述中尺度深对流系统的发生发展。研究表明,在深对流系统中,对流涡度矢量有较大的量值,是个较为显著的物理量,且包含了矢量场的重要信息。如图 5.1.1,A 处有 $P_E = \dfrac{\vec{\omega}_a \cdot \nabla\theta_e}{\rho} = 0$、$\vec{C} = \dfrac{\vec{\omega}_a \times \nabla\theta_e}{\rho} \neq 0$;B 处有 $P_E = \dfrac{\vec{\omega}_a \cdot \nabla\theta}{\rho} \neq 0$、$\vec{C} = \dfrac{\vec{\omega}_a \times \nabla\theta}{\rho} = 0$;

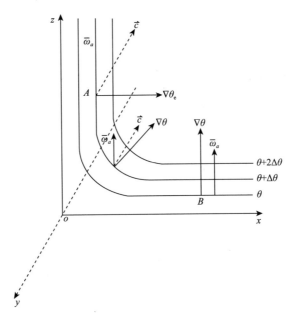

图 5.1.1　绝对涡度与相当位温梯度的点积示意图

为了寻找对流涡度矢量与降水强弱的相关性，这里选取了 2004 年 8 月 12 日 00UTC 到 13 日 12 UTC 的一次华北降水过程，先用 ARPS 模式对该过程进行数值模拟，再对模拟结果进行诊断分析[19]。

为方便分析，将对流涡度矢量分解，写为：

$$\vec{C} = \frac{\vec{\omega}_a \times \nabla \theta_e}{\bar{\rho}} = C_x \vec{i} + C_y \vec{j} + C_z \vec{k} \qquad (5.1.16)$$

其中 $C_x = \frac{1}{\bar{\rho}}\left(\eta \frac{\partial \theta_e}{\partial z} - \zeta \frac{\partial \theta_e}{\partial y}\right), C_y = \frac{1}{\bar{\rho}}\left(\zeta \frac{\partial \theta_e}{\partial x} - \xi \frac{\partial \theta_e}{\partial z}\right), C_z = \frac{1}{\bar{\rho}}\left(\xi \frac{\partial \theta_e}{\partial y} - \eta \frac{\partial \theta_e}{\partial x}\right)$ 分别为对流涡度矢量的纬向、经向和垂直分量，$\bar{\rho} = \bar{\rho}(z)$ 为大气基本密度。

绝对涡度定义为：

$$\vec{\omega}_a = \nabla \times (u\vec{i} + v\vec{j} + w\vec{k}) = \xi \vec{i} + \eta \vec{j} + \zeta \vec{k} \qquad (5.1.17)$$

其中，$\xi = \frac{\partial w}{\partial y} - \frac{\partial v}{\partial z}, \eta = \frac{\partial u}{\partial z} - \frac{\partial w}{\partial x}, \zeta = \frac{\partial v}{\partial x} + f - \frac{\partial u}{\partial y}, f$ 为科氏参数。

将对流涡度矢量的各个分量作垂直积分有：

$$[C_x] = \int_{z_1}^{z_2} \bar{\rho} C_x \mathrm{d}z, \quad [C_y] = \int_{z_1}^{z_2} \bar{\rho} C_y \mathrm{d}z, \quad [C_z] = \int_{z_1}^{z_2} \bar{\rho} C_z \mathrm{d}z \qquad (5.1.18)$$

其中，$z_1 = 600$ m，$z_2 = 17000$ m。

若用各种云中粒子的垂直积分之和代表对流系统的强弱，则有：

$$[CH] = \int_{z_1}^{z_2} \bar{\rho}[q_c + q_r + q_s + q_i + q_g]\mathrm{d}z \qquad (5.1.19)$$

其中，q_c, q_r, q_s, q_i, q_g 分别代表云水、雨滴、雪花、云冰和霰。另外计算了位涡的垂直枳分 $[PV]$，以便和对流系统的强度、对流涡度矢量的各分量进行比较。

通过使用这次个例的资料计算 2004 年 8 月 13 日 00UTC 的 $[C_x]$、$[C_y]$、$[C_z]$、$[PV]$ 以及 $[CH]$ 的水平分布，如图 5.1.2 所示。可见，对流强弱 $[CH]$ 的分布呈东北至西南走向，这和实际观测到的雨带走向(图略)是一致的,且中心位于(36°N,112.5°E)和(38°N,117°E)。尽管对流涡度矢量的各分量和位涡的垂直积分也呈类似的东北—西南走向分布,但对流涡度矢量各分量的极值中心与对流强度的极值分布对应很好(图 5.1.2a,b,c),而位涡的极值中心和对流强度[CH]的极值位置有所偏差(图 5.1.2d),说明了对流涡度矢量比位涡有更好地指示对流系统强弱的意义。

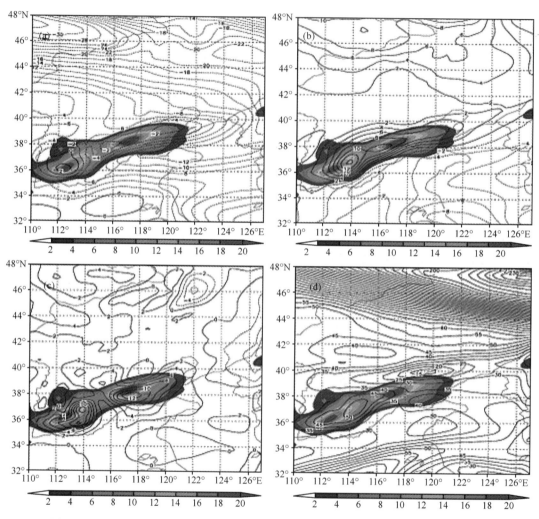

图 5.1.2　2004 年 8 月 13 日 00UTC(a)[C_x](10^{-2}/(s·K)),(b)[C_y](10^{-2}/(s·K)),
(c)[C_z](10^{-4}/(s·K)),(d)[PV](10^{-4}/(s·K))以及[CH](图中阴影区,10^{-1} kg/m^2)的水平分布图

　　图 5.1.3 为在纬度(32°—48°N)上做经度带(112°—119°E)平均后的[C_x]、[C_y]、[C_z]以及[CH]从 2004 年 8 月 12 日 00UTC 到 2004 年 8 月 13 日 12UTC 的时间变化图。可见,CVV 的经向分量[C_y]和垂直向分量[C_z]的最大值,都与[CH]的最大值对应,都是随着时间向南传播(图 5.1.3b,c)。

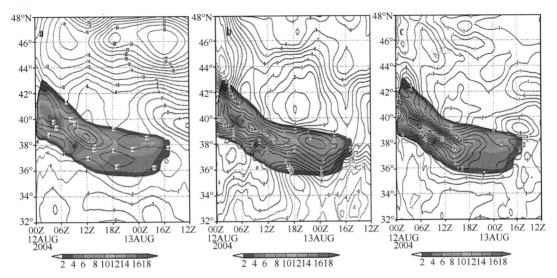

图 5.1.3　2004 年 8 月 12 日 00UTC 至 2004 年 8 月 13 日 12UTC 沿 112°—119°E 纬圈平均的
(a)$[C_x]$(10^{-2}/(s·K)),(b)$[C_y]$(10^{-2}/(s·K)),(c)$[C_z]$(10^{-4}/(s·K))以及$[CH]$
(图中阴影区,10^{-1} kg/m^2)时间演变和经向分布图

　　为进一步比较对流涡度矢量、位涡以及云水的相关性,计算了(37°—42°N,112°—119°E)区域平均的$[C_x]$、$[C_y]$、$[C_z]$、$[PV]$、$[CH]$以及降水率的时间变化,如图(图 5.1.4)。且可得$[C_x]$和$[CH]$、$[C_y]$和$[CH]$、$[C_z]$和$[CH]$、$[PV]$和$[CH]$的线性相关系数分别为-0.44、0.52、0.89 和-0.7。$[C_x]$和降水率 pr、$[C_y]$和 pr、$[C_z]$和 pr、$[PV]$和 pr 的线性相关系数分别为-0.2、0.55、0.91 和-0.85。

　　另外,对相关系数的重要性进行 t 测试,在 70 个自由度下,1% 显著水平的临界系数为 0.3。由此可见,$[C_y]$和$[CH]$、$[C_z]$和$[CH]$在统计上是显著的。又由计算可得,$[C_x]$和$[CH]$、$[C_y]$和$[CH]$、$[C_z]$和$[CH]$、$[PV]$和$[CH]$的均方差分别为 0.19、0.27、0.79 和 0.49;$[C_x]$和降水率 pr、$[C_y]$和 pr、$[C_z]$和 pr、$[PV]$和 pr 的均方差分别为 0.04、0.30、0.82 和 0.72。可见,对流涡度矢量的垂直分量与地面降水率有最大的线性相关系数,故代表了水平涡度和水平位温梯度之间的相互作用。另一方面,尽管对流涡度矢量的经向分量在统计上是显著的,然而它与降水率的相关系数比位涡和降水率的相关系数要小。因此下面将通过分析$[C_z]$的影响因子,即根据垂直对流涡度矢量的倾向方程,把垂直对流涡度矢量用到实际大气的临近动力预报中。

　　(2)对流涡度矢量的动力预报方法

　　前面已经给出了对流涡度矢量(CVV)和对流系统发生发展的密切关系,那么如何把它用到实际大气的动力预报中呢?这里通过对一个实际诊断个例的分析,给出对流涡度矢量在临近动力预报上的应用。

　　对流涡度矢量垂直分量倾向方程:

$$\frac{\partial}{\partial t}C_z = -\vec{V} \cdot \nabla C_z + \frac{1}{\bar{\rho}}\left(\eta\frac{\partial u}{\partial x} - \xi\frac{\partial u}{\partial y} - \vec{\omega} \cdot \nabla v + \frac{\partial p'}{\partial x}\frac{\partial}{\partial z}\left(\frac{1}{\bar{\rho}}\right) + \frac{\partial B}{\partial x}\right)\frac{\partial \theta_e}{\partial x}$$

$$+ \frac{1}{\bar{\rho}}\left(\eta\frac{\partial v}{\partial x} - \xi\frac{\partial v}{\partial y} + \vec{\omega} \cdot \nabla u + \frac{\partial p'}{\partial y}\frac{\partial}{\partial z}\left(\frac{1}{\bar{\rho}}\right) + \frac{\partial B}{\partial y}\right)\frac{\partial \theta_e}{\partial y}$$

$$+\frac{1}{\bar{\rho}}\Big(\eta\frac{\partial w}{\partial x}-\xi\frac{\partial w}{\partial y}\Big)\frac{\partial\theta_e}{\partial z}+\frac{1}{\bar{\rho}}\Big[\xi\frac{\partial}{\partial y}\Big(\frac{\theta_e}{c_pT}Q\Big)-\eta\frac{\partial}{\partial x}\Big(\frac{\theta_e}{c_pT}Q\Big)\Big] \qquad (5.1.20)$$

在上述方程中,左端项(CZT)表示对流涡度矢量垂直分量的局地变化,右边是它的决定因子:第一项(CZ1)是[CVV]垂直分量的平流项,第二项(CZ2)、第三项(CZ3)、第四项(CZ4)是相当位温的垂直梯度与动力场的相互作用,分别与大气的动力、热力、微物理过程有关,第五项(CZ5)与非绝热加热有关。

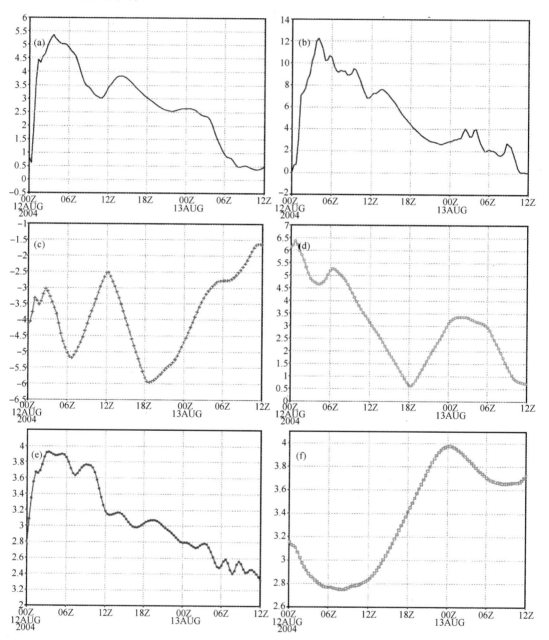

图 5.1.4 2004 年 8 月 12 日 00UTC 至 2004 年 8 月 13 日 12UTC 沿(37°—42°N,112°—119°E)区域平均的
(a)[CH](10⁻¹ kg/m²),(b)降水率(mm/h)(c)[C_x](10⁻²/(s·K)),(d)[C_y](10⁻²/(s·K)),
(e)[C_z](10⁻⁴/(s·K)),(f)[PV](10⁻⁴/(s·K))的时间变化图

图 5.1.5(另见彩图 5.1.5)是从 2004 年 8 月 12 日 00UTC 到 8 月 13 日 12UTC 时段内 CTZ、CZ1～CZ5 在区域(34°—43°N,112°—119°E)内的平均值随时间的演变。CZ1 和 CZT、CZ2 和 CZT、CZ3 和 CZT、CZ4 和 CZT、CZ5 和 CZT 的线性相关系数分别为:−0.29、0.39、0.46、−0.24 和 0.36,均方差分别为:0.77、1.82、2.35、2.13 和 0.51,量级为 $10^{-8}/(s^2 \cdot K)$。CZT 的标准差为 $0.53 \times 10^{-8}/(s^2 \cdot K)$。由相关系数要超过 1% 的显著水平且均方差低于标准差可得,非绝热加热项在 $[C_z]$ 的发展过程中起了主要的作用。

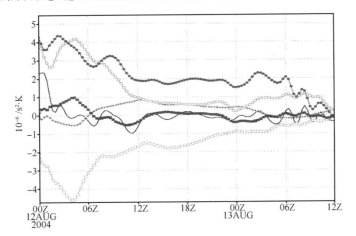

图 5.1.5　2004 年 8 月 12 日 00UTC 至 2004 年 8 月 13 日 12UTC 沿(37°—42°N,112°—119°E)区域平均的 CZT(黑色),CZ1(红色),CZ2(绿色),CZ3(蓝色),CZ4(青色),和 CZ5(粉色)的时间变化图

图 5.1.6 给出了 2004 年 8 月 12 日 00—13 日 00UTC 的 6 h 累积降水量和对流涡度矢量(CVV)垂直分量的时间演变图。可见,二者在分布形态上具有很大的相似性;而且在这个时段里,CVV 垂直分量极值的位置一直偏东于同时刻的 6 h 累积降水量极值的位置,即对流涡

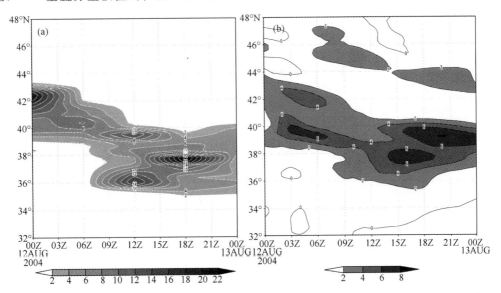

图 5.1.6　2004 年 8 月 12 日 00—13 日 00UTC 116°E 处的 6 h 累积降水量(a,等值线间隔 2 mm)和对流涡度矢量(CVV)垂直分量(b,$10^{-4}/(s \cdot K)$)的时间演变图

度矢量的垂直分量对地面 6 h 降水量有预报意义。可见,CVV 垂直分量通过倾向方程做时间积分便可成为降水临近预报的一种动力方法。

由以上分析可知,对流涡度矢量可以做为在二维和三维对流发展分析中一个重要的物理参数,可以用到热带、中纬度对流系统的临近预报中,通过对对流涡度矢量垂直分量的倾向方程的短时间积分可以作暴雨系统发生发展的临近预报。

5.1.4　广义标量锋生

$$F = \frac{\mathrm{d}}{\mathrm{d}t} \mid \nabla \theta^* \mid \tag{5.1.21}$$

θ^* 为广义位温。

我国很多暴雨的发生都与南北两个方向的气流汇合有关(暖湿偏南气流与高纬来的偏干气流的汇合),这种气流汇合的强弱程度一般用锋生来表示。而以往只有干大气锋生的描述,所有锋生预报主要是建立在干大气的基础上,但与降水和暴雨紧密相连的锋生是在湿大气环境下产生的,温度梯度对比和湿度梯度的对比都存在,而且通常湿度梯度对比更明显。以往国际上用干位温梯度的个别变化来描述锋生过程,因为不能反映水汽效应,如何确切地描述锋生及其引发的暴雨一直是困惑气象理论学家和预报人员的难点问题。通过大量的个例分析和研究发现,用广义湿位温梯度的个别变化代替干位温梯度的个别变化来刻画锋生,能起到很好的效果。这样,既能体现温度梯度的加强,又能体现水汽梯度的变化。在此基础上研发的广义标量锋生预报技术,可很好地用于暴雨预报(图 5.1.7)。

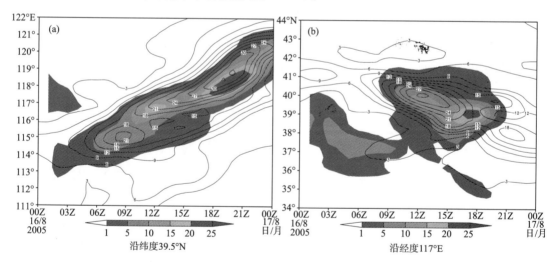

图 5.1.7　2005 年 8 月 16 日 00—17 日 00UTC 模式模拟的 700 hPa 高度上广义锋生函数(等值线)及 1 h 降水量场(阴影区)时空剖面图

5.1.5　湿热力平流参数

$$G = \nabla_h(-V \cdot \nabla \theta) \cdot \nabla_h \theta^* \tag{5.1.22}$$

式中 $V = (u, v, w)$ 为速度矢量,θ 为位温,θ^* 为广义位温。

我国华北地区和西北地区地处中纬度,高空以西风带为主体。在西风绕地球自西向东运动的过程中,西北、华北地区的上空,经常有明显的波动及西风槽脊经过,夏季常在西风槽前形成大的降水或暴雨对。对于北京地区而言,西风槽类(包括切变线和西来槽)造成的暴雨占暴雨总数的 25.4%(见表 2.1.1)。西风槽类暴雨具有移动性明显,强度大,局地性强等特点,给预报员的预报带来极大困难。而这类暴雨主要是由槽后的冷平流同槽前的暖平流相互作用而引发的,按照传统的冷暖平流交绥的观点去报此类暴雨,很难准确预报暴雨的落区,因为交绥的区域在空间上比较狭长,槽前暖区经常是范围比较大,暴雨究竟下在槽前暖区的什么位置很难判定。针对这样的瓶颈问题,通过对大量个例的分析和研究,发现凡是在交绥区上空,垂直运动比较明显的地方,一定对应于等熵面的明显倾斜。所以,用等熵面的水平梯度的大小(能表明等熵面的垂直倾斜的程度,水平梯度越大,等熵面倾斜越明显)来表示气流垂直运动强弱的程度(因为在绝热条件下空气流只能在等熵面上运动),另一方面,用广义湿位温梯度的大小来表示水汽的集中程度。通过这两个梯度因子的组合,设计了用广义湿位温梯度因子与干冷平流梯度因子相结合的湿热力平流参数预报新技术,来做西风槽暴雨落区的预报。近几年来的使用实践表明,该预报技术对西风槽前暴雨预报的效果非常好,明显提高了西风槽暴雨落区预报的准确率(图 5.1.8)。

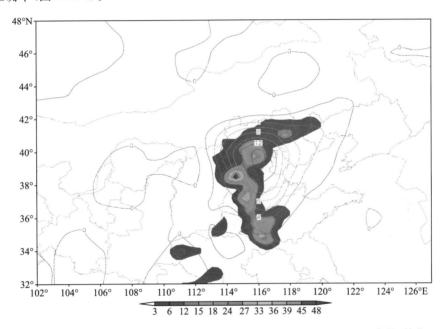

图 5.1.8　2005 年 7 月 23 日 00—06UCT 垂直积分的湿热力平流参数(等值线)与降水实况(阴影区)

5.1.6　水汽垂直螺旋度

$$Ghelqv = \frac{\omega}{\rho}\left[\frac{\partial}{\partial x}(vq_v) - \frac{\partial}{\partial y}(uq_v)\right] \qquad (5.1.23)$$

就北京地区来说,低涡类(包括蒙古低涡低槽、内蒙古低涡、西北低涡、东北低涡和西南低涡五种)暴雨占暴雨总数 66.9%,是所有暴雨天气系统类别中出现频率最高的天气系统类别(表 2.1.1)。低涡暴雨的特点是在大气的中低层,涡旋结构比较明显,系统相对也比较稳定。在低涡的东南象限常有较大的暴雨发生(其他象限有时也会有暴雨发生)。对这类暴雨,预报员虽有一定的预报经验,但预报难度仍然很大。难就难在低涡初始形成阶段,低涡系统不明显,容易漏报。针对这种预报难点,经过对低涡暴雨个例的大量模拟和分析后发现,在低涡的初始期,湿热力效应是一个很重要的特点,即大气低层主要表现为暖湿,以往对这种暖湿效应通常用湿能量来表示(即用 CAPE 表示),但能量释放还需触发机制。因为在低涡初始期,垂直涡度一定随时间加强(否则不会出现低涡),在边界层内,它对暖湿空气有明显的动力抽吸作用,这就是它的触发机制。通过对涡度、比湿及垂直速度的组合,高守亭等创新地研发了适用于低涡暴雨预报的水汽垂直螺旋度预报新技术。该技术既体现了低涡对暖湿气流的抽吸作用,也反映了水汽的垂直输送效应。预报实践表明,水汽垂直螺旋度预报技术对低涡暴雨预报的效果很好,提高了低涡暴雨预报的准确率(图 5.1.9)。

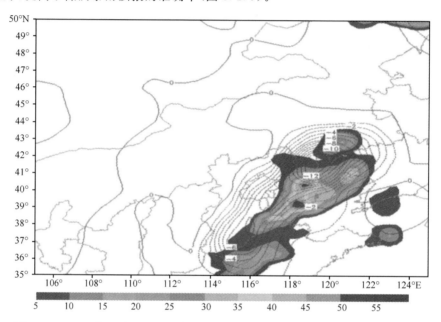

图 5.1.9   2008 年 7 月 5 日 06Z 水汽垂直螺旋度(等值线)与降水实况(阴影色区)

5.1.7   波作用密度

$$A_{we} = \frac{\partial w_e}{\partial y} \frac{\partial \varphi_e}{\partial x} - \frac{\partial w_e}{\partial x} \frac{\varphi_e}{\partial y} \tag{5.1.24}$$

大气中存在着各种波动(由地形、风切变、加热等因素引起的)。为描述这些波动,气象上专门发展了波谱数值天气预报模式(简称谱模式)来做天气及暴雨预报。目前,国家气象中心就是利用 T639 谱模式来做天气及暴雨预报。由于大气中存在各种不同空间尺度的波动,有波长上万千米的超长波,也有由地形引起的重力波,还有波长为毫米量级的短波。而目前的 T639 谱模式还不能完全表征所有的波动效应,这也是造成暴雨预报准确率不高的一个原因。针对大气中由波动引发的暴雨及谱模式在目前发展阶段的不足,高守亭等首先从理论上建立了适合表征暴雨天气系统中波动发展的波作用方程,并在此基础上研发了波作用密度暴雨预报技术。该项技术的最大优势在于:它不局限于波动的数目,可涵盖较充分的波动信息,能反映各种波动效应对诱发暴雨的贡献。预报实践证明,这种预报技术对波动引起的暴雨(含地形暴雨)预报十分有效。

我国地形十分复杂,由地形抬升引起的波动又相互叠加,这种叠加的波动究竟在何处造成暴雨,也一直是暴雨预报中的一大难题。高守亭等利用波作用密度暴雨预报技术对华北及贵州地区的地形暴雨做了大量的预报检验,检验结果证实:这种预报技术对地形暴雨预报十分有效(图 5.1.10)。

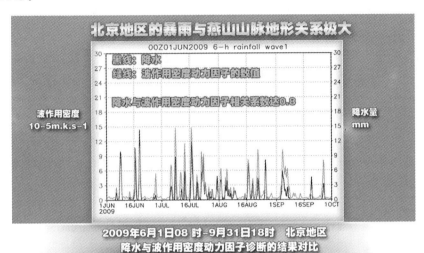

图 5.1.10　2009 年 6 月 1 日 08 时—9 月 31 日 18 时北京地区降水与波作用密度动力因子诊断结果对比

5.2　暴雨集合动力因子预报技术

在前一节暴雨预报动力学基础上,高守亭等研发了"集合动力因子暴雨预报技术",该技术先后在陕西、北京、贵州等 14 个气象业务部门推广应用,效果良好。

当前气象部门的暴雨预报主要依靠数值模式,模式降水预报包括可分辨尺度降水和次网格尺度降水两部分,其中可分辨尺度降水与降水粒子(雨水,雪和霰等)的下落末速度有关,主要是由云微物理参数化方案计算产生的,该参数化方案把近地面层的降水粒子下落末速度通量作为单位时间内可分辨尺度的地面降水量,因此数值模式预报的可分辨尺度降水主要是由云微物理过程决定的;而次网格尺度降水主要是由积云对流参数化方案计算产生的,取决于积云对流参数化方案中降水效率和水汽供应量。实际上,降水是一个非常复杂的物理过程,数值模式中云微物理参数化方案和积云对流参数化方案都有一定的经验性和主观性,受到人为因素影响,并且这些参数化方案对物理过程的描述并不完善,例如,对水汽相变过程的描述不够准确,所有这些因素造成数值模式预报的可分辨尺度降水和次网格尺度降水存在很大的不确定性。

认识到这些问题后,高守亭等决定从暴雨宏观动力学和热力学的角度出发,以一系列有关暴雨预报动力学等创新理论为基础,并充分利用数值模式对温、湿、压、风等基本气象要素预报较准确的优势,来研发物理意义明确、并能充分体现动力信息的各种动力因子。但由于每个动力因子只能抓住降水系统的动力、热力和水汽场的某些部分特征,只能反映暴雨过程的某些局部特点,不能全面地表征暴雨过程的所有动热力学性质,因此单独的动力因子对暴雨的指示作用是有限的;但是这些动力因子的集合可以比较全面地描述暴雨过程的各种典型垂直结构特征和动热力学性质,对暴雨的指示作用比较显著,因此以这些动力因子为基础,建立"集合动力因子暴雨预报技术"来捕捉降水系统,以减少暴雨的空报和漏报,达到明显提高暴雨预报准确率的目的。

　　造成暴雨的天气系统多种多样,就北京地区而言,造成暴雨的主要天气系统就有九种(表2.1.1)。虽然各种类型暴雨的天气背景各不相同,但它们有一些共同特征,即:(a)任何暴雨的发生发展都离不开水气相变过程和水汽动力辐合,所以对包含丰富水汽的湿大气动力和热力状态的准确描述是暴雨预报的一个关键点,广义湿位温和广义湿位涡暴雨预报技术在这方面具有独特优势;(b)冷暖空气交绥也是暴雨发生发展的一个典型特征,广义标量锋生暴雨预报技术及湿热力平流参数暴雨预报技术能够真实反映这种典型特征;(c)暴雨发生时总伴有强烈上升运动和明显的涡旋结构,对流涡度矢量暴雨预报技术和水汽垂直螺旋度暴雨预报技术能够体现这些动力学特性;(d)暴雨过程中存在各种不同尺度波动的发展和传播,波作用密度暴雨预报技术紧紧抓住这个特征。上述四点属于各种类型暴雨的共性,但对每一次具体的暴雨过程,这些特性的显著程度或强弱程度是不同的,因此本项目在研发过程中既要考虑共性,又要考虑个性,针对某一类型的暴雨,要考虑提出的所有动力因子,利用这些因子从各个角度来反映暴雨过程的动力学和热力学特征,抓住共性问题;但又要强调个别动力因子,利用该因子突出表现暴雨过程某些显著特征,反映个性问题。

　　根据上述思想,按照不同的权重对前一节所述各种暴雨预报动力因子进行整合,建立MOS降水预报方程,形成"集合动力因子暴雨预报技术",创新地研发了与数值集合预报内涵不同的暴雨预报新技术,最终的暴雨预报是所有动力因子预报权重平均的结果,各种动力因子的预报作用通过它们的权重大小来体现。

　　数值预报是现代天气预报的重要工具之一,但数值预报具有一定的不确定性,这主要是由模式初始场误差、模式框架自身误差和大气运动的混沌特性等因素造成的。目前世界各国都在发展全球或区域的集合数值预报,这已经成为国际上数值天气预报的发展趋势。所谓的集合数值预报就是为了减少数值预报的不确定性,根据某种误差概率分布生成一组初值数据集或者扰动物理过程,利用数值模式制作出与之相对应的一组预报集合。与传统的"单一"数值预报不同,集合数值预报的初值或物理过程不再是"一个",而是满足某一误差概率分布的集合,因此集合数值预报的结果也不是一个,而是一组预报结果,这为解决"单一"数值预报的不确定性问题提供了新途径。"集合动力因子暴雨预报技术"借鉴了集合数值预报的基本思想,但其内涵与集合数值预报完全不同,这里"集合"包含两层含义:第一,对于同一次具体暴雨过程的预报,最终的预报结果是多种动力因子预报按照各自不同权重叠加产生的;第二,在预报不同类型的暴雨时,同一个动力因子的预报在最终预报结果中的权重是不同的,当某动力因子对某一类暴雨的发生机理反映比较好时,该动力因子预报在这类暴雨最终预报结果中的权重就大一些,而在其他类型暴雨预报中的权重相对小一些。这样"集合动力因子暴雨预报技术"利用多种动力因子预报尽可能多地反映暴雨过程中各种动力学和热力学特征,但又不失强调暴雨过程个别的显著特征,这也是"集合"技术的基本要点(图5.2.1,另见彩图5.2.1)。

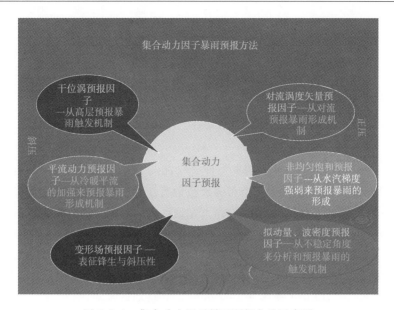

图 5.2.1　集合动力因子暴雨预报方法示意图

第6章 北京地区强对流天气概述

强对流天气是北京地区夏季主要的灾害性天气,由于其具有破坏力强、局地性很强的特点,给工农业生产、国防建设及人民生命财产带来严重危害。对这些天气现象的分析预报,一直是气象工作者十分关注的问题。和其他地区一样,北京地区的强对流天气过程也是在有利的大、中尺度环境中发生发展的。但由于北京地区西北靠山,东南临海,山谷风环流和海陆风环流常和基本气流叠加,以及复杂的地形地表,导致强对流天气具有明显的局地特征,增大了天气预报的难度。

本书所指强对流天气包括冰雹、雷暴大风(平均风速≥17 m/s,瞬时风速≥20 m/s)和强雷雨(1 h降水量≥20 mm,或6 h降水量≥50 mm)。北京地区强对流天气产生的源地主要有两类,一类是由局地对流系统强烈发展而产生,其源地在北京地区;一类是由外来的天气系统所造成,其源地在北京周边地区。强对流天气的源地和移动路径是预报员制作强对流天气落区的重要参考依据之一,因此,为了全面研究影响北京地区的强对流天气的活动规律,掌握其生消、演变和移动情况,有必要对外来的影响北京地区的强对流天气进行研究。所以,本书所涉及的部分强对流天气个例,取自天安门广场为中心,半径200 km的区域范围。气候统计用资料包括:1980—2000年5—9月北京市23个观测站天气实况以及1983—1992年6—8月以天安门广场为中心,半径200 km范围内80余个地面观测站每小时天气实况;部分分析资料为1990—2010年上述资料。

我们根据1983—1992年10年资料,普查了发生在北京地区的276次强对流天气个例,基本弄清了北京地区强对流天气的气候背景、源地、路径、地形影响等情况[41],系统研究了北京地区5种大尺度环流型出现和不出现强对流天气的环境条件和物理量场特征,并分别概括出概念模式,由此导得的预报判据对6~12 h预报系统的设计起到了良好作用[42]。又利用1980—1989年10年加密资料,进一步研究了北京地区强对流天气的中尺度过程,揭示了强对流天气发生前和临近期的中尺度特征,概括出不同环流型的中尺度概念模式,其结果为短时预报系统的设计提供了基础[43]。在这些工作基础上,根据常规资料和加密资料,对40余次强对流过程进行了较深入的研究,进一步揭示了北京地区强对流天气系统的活动规律,丰富和检验已获得的认识[44]。

从本章开始,用八个章节,系统阐述北京地区强对流天气活动的一般特征,不同环流型和不同强对流天气类别生成发展的大、中尺度环境条件、地形影响以及强对流天气预报技术等方面的内容,为北京地区强对流天气的短时和临近预报提供分析与预报基础。

6.1 强对流天气地理分布特征

6.1.1 雷暴大风地理分布特征

图6.1.1是北京地区雷暴大风日数分布图。可以看出,北京地区雷暴大风日数分布有两

个明显的特点,一是平原多,山区少;二是存在着"一带两区"的特点。一带是以北京南苑至西郊至天津杨村及静海一线的大风多发带,两区分别为以北京南苑至西郊和天津静海为中心的两个高值区,以河北保定和玉田为中心的两个低值区。另外,两个高值中心呈跳跃分布,即北京高值中心和静海高值中心之间有一个相对的低值区域存在。

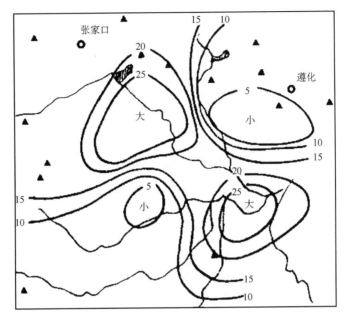

图 6.1.1　雷暴大风日数分布

依据 1990—2004 年北京城近郊 3 个测站观测资料,15 年中 3 个测站共观测并记录到雷暴大风 95 次,在 95 次雷暴大风中,3 个测站在同一天出现雷暴大风的只有 1 次,占总数的 1%;2 个测站在同一天出现雷暴大风的个例有 30 次,占总数 31.6%;单个测站出现雷暴大风的有 64 次,占总数的 67.4%。上述分析说明,北京地区的雷暴大风具有较强局地性特征,主要是由局地对流系统的强烈发展而产生的,而由较大尺度的天气系统造成的大范围雷暴大风较少。另外,就 3 个测站位置而言,沙河站位于北京的西北部(邻近燕山山脉),西郊站位于北京的西部,而南苑位于北京的南部,相比较而言,西郊和南苑站的地形较为平坦。这 3 个测站,15 年里发生的雷暴大风次数大不相同,分别为 20、49 和 58 次(图略),这说明山区对雷暴大风的发生发展可能有一定的负面影响,即北京地区局地雷暴大风的产生受到地形的制约,宽阔平坦地区比山区附近更易产生雷暴大风。

6.1.2　冰雹地理分布特征

总体而言,北京地区的雹日分布有"两多两少"的特点,即北部多,南部少,山区多,平原少。

图 6.1.2 是北京冰雹次数分布。北京城区到北部山区之间形成了很强的水平梯度。降雹事件大多是沿燕山南坡分布的,延庆、怀柔和密云山区是一个东西向带状分布的高发区,而40°N 附近则是一个带状分布的低发区,北部降雹次数是城区及其南部平原地区的 5～9 倍,其中延庆地区的降雹次数高达 188 次。然而冰雹事件对应的降水距平空间分布(图 6.1.3)表明,对流降水最大中心与冰雹事件频数分布并不一致,降雹事件频数中心在西北山区(延庆),

而最大对流降水中心在东北部山区与平原分界线上；其中，降雹次数最多的延庆地区的对流降水只相当于城区和南部平原的平均数，为明显的负距平；最大对流降水中心出现在怀柔南部（城关），比全市平均降水量偏多 500 mm 以上。

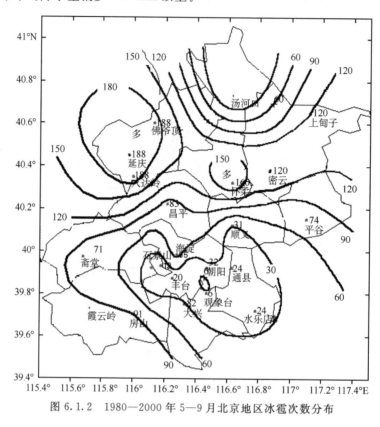

图 6.1.2　1980—2000 年 5—9 月北京地区冰雹次数分布

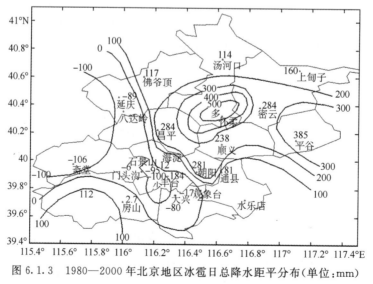

图 6.1.3　1980—2000 年北京地区冰雹日总降水距平分布（单位：mm）

6.1.3　强雷雨地理分布特征

北京地区强雷雨日数分布与地形的作用是分不开的。具体表现为太行山东侧、燕山南麓迎风坡及地形喇叭口处为强雷雨的高频区。由于地形对水汽的阻挡作用,西北部山区为强雷雨的低频区(图略)。

为了进一步印证地形对强对流天气落区的影响,我们将上述分布特征,与按 500 hPa 环流分型统计得出的强对流天气的落区进行了对比(见 8.2 节),表明大尺度环流形势可以影响强对流天气的落区,但对不同类别的强对流天气,其落区受地形的影响更为直接,关系更为密切(图略)。北京地区强对流天气总的分布趋势是,山区多冰雹,少雷暴大风,弱的强雷雨;平原地区少冰雹,沿永定河谷多雷暴大风,靠近山区多强雷雨。若不划分强对流天气类别,对强对流天气的空间分布进行统计,其结果如图 6.1.4 所示,显示出一条从张家口沿洋河河谷及永定河谷自西北向东南分布的强对流天气的多发带。

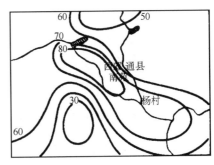

图 6.1.4　1983—1992 年 6—8 月北京地区强对流天气总日数分布

6.2　强对流天气源地和移动路径

6.2.1　冰雹源地和路径

要产生降雹,首先要有雹云形成。雹云经常在一些特殊地形下形成,因而也就形成所谓的冰雹源地。北京地区主要的冰雹源地有三个:分别在冀北高原地区(化德、沽源、张家口),约占 68%;冀北山区(承德、永宁),约占 8%;太行山区(大同、天镇、灵丘),约占 24%(见图 6.2.1),这些地区下垫面受热不均,容易产生对流,冰雹移动一般有若干主要路径,由于受地形的影响,在冰雹的主要路径上有分道和合并现象。冰雹的移动路径主要取决于所处的天气系统的位置和气流的方向,以及当地的地形。北京地区处在西风带之中,天气系统多自西向东或自西北向东南移动。所以冰雹主要移动路径有三条:一是由化德、沽源、张家口向东南经北京影响遵化地区;二是由大同、灵丘、天镇向东南分为两支,一支经易县、定兴影响静海,另一支经阜平、曲阳影响石家庄地区;三是由永宁(延庆,下同)、承德向南影响北京、坝县地区。另外我们还发现,这三条路径的走向与当地山脉的走向基本一致,这也反映出地形对冰雹移动的影响。

6.2.2　雷暴大风源地和移动路径

图 6.2.2 是雷暴大风的源地和移动路径,其源地主要分布在冀北高原(63%)和西部山区(27%)。主要移动路径有三条:一是自锡市、多伦向南影响北京;二是自呼和浩特、大同向东经北京影响天津;三是由化德、尚义经北京影响天津。显然,大风源地的分布和移动路径,与本区特定的地形条件和下垫面的热力条件密切相关。

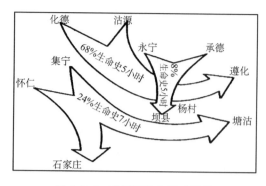

图 6.2.1　冰雹源地和移动路径

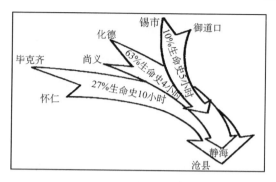

图 6.2.2　雷暴大风源地和移动路径

6.2.3　强雷雨源地和移动路径

局地强雷雨天气常起源于太行山东侧迎风坡地区,如西斋堂、霞云岭、房山等地,形成后沿基本气流向东偏北方移动,往往在门头沟、海淀等离城区较近的山前地区获得加强,这与地形和城市热力作用有关(参见 4.4 节),而到顺义至平谷地区趋于减弱。图 6.2.3a 描绘出 7 次强雷雨雨团的路径,其特征显而易见。持续性暴雨的落区和地形的相关更明显,强降水区紧靠山脉的东或南侧,并呈带状特征。暴雨中心集中在两个地带,一是太行山山脉东侧永定河谷出口地区(门头沟附近),如图 6.2.3b 所示;一是阴山山脉南侧顺义、密云附近的喇叭口地区。

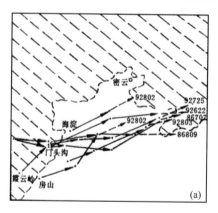
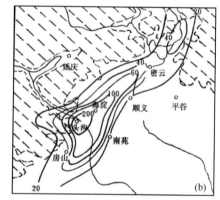

图 6.2.3　强雷雨过程天气分布

6.2.4　强对流天气主要源地和移动路径

本节前述分析表明,不同类别的强对流天气有着不尽相同的源地和移动路径,为了对北京地区强对流天气源地和移动路径有一个整体的把握,将冰雹、大风和强雷雨三类天气合并进行统计分析,得到北京地区强对流天气有以下几条主要源地和移动路径。

分析结果依据 1983—1992 年 10 年间 276 次强对流天气中,可以分辨出移动路径的 189 次过程统计所得。

西北路 1(NW1):此路强对流天气的源地位于洋河河谷与蒙古高原交界处的坝头地区。当平原吹偏南或西南风时,河谷中的暖湿气流沿坝头爬升,与高原下来的冷空气汇合,在有利的大气层结条件下,常在尚义、张北、万全、张家口附近地区触发产生对流运动,而成为局地对流发生源地。在有利的条件下,如低层强偏东风,西边有中尺度对流系统移入时,对流进一步发展,然后沿洋河河谷和水定河谷向东南方移动,影响北京地区,此路强对流天气约占 45%。

西北路 2(NW2):此路强对流天气多始于距北京西北 150 km 的大马群山的西段,当北京地区低层盛行较强的偏南风时,山地对气流的抬升作用,常常在大马群山西段触发产生对流运动,并迅速发展,形成强对流天气。经赤城、海坨山、延庆、昌平向南影响北京地区,此路约占 54%。西北路 1、2 是影响北京地区的主要路径,与图 6.1.4 所示的结果相同。

北路(N):该路强对流天气产生于大马群山东段,经大坝头、延庆、军都山、昌平、顺义向南影响北京地区,约占 8%。

西路(W):主要产生于北京西部山区,如斋堂或灵丘等地区,然后继续向东或东北传播,影响北京地区,约占 9.8%。西路强对流天气一般情况下,强度较西北路、北路强对流天气弱,以影响北京地区的西和西南区域为主。

东路(E):另有很少一部分强对流天气(约占 4%)从北京东北向西南移动影响北京地区,这类强对流天气主要取遵化、唐山、天津至北京的路径。

原地产生:原地产生约占 6%。

通过对强对流天气发生源地和移动路径的统计分析,不难看出地形对它们的影响,这些源地不是山脉迎风坡,就是河流谷地或是受地形切变线影响,特别是许多研究证实洋河河谷附近,常常有弓状回波产生。这与当地的地形条件有关,尤其与受地形影响造成几股不同温、湿特征的气流常在此交汇有着十分重要的关系。因为当几股气流在河谷交汇后,造成低层的强辐合再加上地形对气流的抬升,很易触发产生新的对流运动,同时由于交汇气流具有不同的温、湿特征,使该地区形成强不稳定能量,所以当有强对流回波带移入河谷后,在上述情形下,猛烈发展,形成弓状回波(如 91608、91615 强飑线)。

6.3　强对流天气时间分布特征

6.3.1　年际变化特征

表 6.3.1 和图 6.3.1 分别是不同种类的强对流天气年、月出现次数及其年际变化分布。可以看出,北京地区强对流天气年际分布极不均匀,年平均出现 21.6 次,但多发年和少发年相差较大,如 1989 年仅出现 9 次,而 1985 年竟达 36 次之多。另外,从 1980—1989 年 10 年中出现的 216 次天气过程来看,大风为 91 次,占 42.1%,强雷雨为 79 次,占 36.6%,冰雹为 46 次,占 21.3%。同样,这三种天气,多发年和少发年相比,次数相差很大,如雷雨大风少发年仅为 2 次 (1988 年),而多发达 17 次。值得注意的是,北京地区的强雷雨年际分布存在一个准 3 年的多发周期,而其他两种天气这种同期性却不明显(图略)。

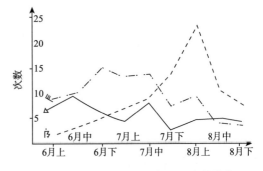

图 6.3.1　强对流天气逐旬出现次数分布

表 6.3.2 是 1980—1989 年副高、极涡的位置距平与强度距平统计,可以看出,强对流天气

各年份出现次数多少与副高、极涡的活动关系密切。多强对流天气年份(1980、1985 年),副高偏北同时极涡偏南(1988 年稍有不同,副高接近常年,极涡偏北,天气表现与 1980、1985 年不同,主要以大风为主,共出 17 次,占 65.4%),而且副高或极涡的强度也明显偏强。少强对流天气年份(1989 年),副高偏南,极涡偏北,同时副高、极涡的强度偏弱。这说明来自高纬度地区的冷空气与来自低纬度地区的暖湿空气之间的相互作用,对产生强对流天气的重要性。同时也反映出高、低纬度之间不同天气系统的相互作用,对北京地区的强对流天气产生有重要的影响。

表 6.3.1　不同强对流天气各年、月出现次数(A:雷暴大风,B:冰雹,C:强雷雨)

年份	1980			1981			1982			1983			1984			1985			1986			1987			1988			1989		
月份	A	B	C	A	B	C	A	B	C	A	B	C	A	B	C	A	B	C	A	B	C	A	B	C	A	B	C	A	B	C
6	6	2	2	3	1	0	2	4	1	4	2	0	2	1	2	5	5	0	5	1	3	5	1	0	1	4	1	3	0	0
7	4	3	3	2	0	2	3	1	3	0	2	5	4	0	2	5	1	6	10	1	3	4	2	1	1	1	4	0	2	1
8	2	1	2	0	1	2	3	0	6	2	0	3	5	2	5	4	4	6	2	1	0	2	3	5	0	0	10	2	0	1
合计	12	6	7	5	2	4	8	5	10	6	4	8	11	3	9	14	10	12	17	3	6	11	6	6	2	5	15	5	2	2
		25			11			23			18			23			36			26			23			22			9	

表 6.3.2　副高、极涡位置距平和强度距平

年份	1980	1981	1982	1983	1984	1985	1986	1987	1988	1989
副高脊线	＋	＋	＋	−	＋	＋	0	−	−	−
极涡位置	−	＋	＋		＋		−		＋	＋
副高强度	＋	−	−	＋	−	−	−	＋	＋	−
极涡强度	−	−	＋	−	＋	＋	−	＋	＋	

6.3.2　月际变化特征

北京地区强对流天气除具有明显的年变化特征外,还具有月际变化特征。从各月强对流天气出现的次数来看(表 6.3.1),7 月份出现次数最多,为 79 次,占 36.6%;8 月份次之,为 73 次,占 33.8%;6 月份最少,为 64 次,占 29.6%。而且不同的天气现象各月出现的次数也不一样,大风主要出现在 6、7 月份,各占 38.5%;冰雹主要出现在 6 月份,占 43.5%,8 月份最少,占 26.1%;而强雷雨主要出现在 8 月份,占 50.6%,6 月份最少,占 11.4%。进一步分析可以发现,不同的天气现象集中出现的日期有所不同。图 6.3.1 是强对流天气逐旬出现次数分布。表明大风、冰雹主要集中在 6 月上旬至 7 月中旬,分别占 68.1%和 45.7%,而强雷雨多出现在7、8 两月,占 88.6%,集中在 7 月下旬至 8 月中旬,占 59.5%,这与华北地区主汛期时间基本吻合。

显然,强对流天气的月际分布差异,与夏季季风环流的进退、强弱及其对环境条件的要求不同有关。

6.3.3　日变化特征

统计发现,北京地区的雷暴大风多出现在 13—18 时,占 80%,集中在 13—15 时,多消失(或移出本区)在 19 时以后(约占 90%)。北京地区降雹时间多出现在 13—19 时(约占 75%)。

这两种天气与午后地表受热产生的热力对流关系十分密切。强雷雨天气集中在两个时段，一个在下半夜至午前(概率较小,约占 36%),另一个在下午至上半夜(概率较大,约占 64%)。冰雹、雷暴大风天气(简称风雹类天气,下同)和强雷雨类天气出现的时间不同,表明风雹天气对局地的大气状态(如边界层热力特征和对流不稳定度)要求较高,而强雷雨天气则在相当程度上取决于大尺度环境条件,对局地的大气特征有时(如夜雷雨)并不要求很高。

两类强对流过程的持续时间也不相同,风雹天气过程时间较短(约 4 h),强雷雨过程历时较长,有 8 次降水时间达 8 h 以上。因而相对说来,前者突发性更强,预报难度更大。

第7章　北京地区强对流天气典型过程分析

　　强对流天气,包括冰雹、雷暴大风、强雷雨等天气现象,在北京地区夏季常可见到,它不仅与严重的灾害性破坏相联系,同时也是天气预报的难点。希望通过三次强对流天气典型个例分析[45-47],了解北京地区强对流天气的大气环境场条件,在卫星云图和雷达回波图像上的形态特征和识别标志,以及北京地形对强对流天气生消、发展和移动的影响,以提高北京地区强对流天气业务预报和服务保障能力。

7.1　"91608"强飑线过程分析

7.1.1　天气过程概况

　　1991 年 6 月 8 日,北京地区先后遭受两次强对流天气的袭击,7 日晚至 8 日晨,受高空槽和地面冷锋影响,产生暴雨(密云四合堂乡降水量达 162.5 mm),8 日午后受高空槽后西北气流和地面中尺度辐合线影响,遭受强飑线袭击,出现强雷雨和下击暴流等强烈天气(图 7.1.1)。在飑线影响的 45 min 内,2.6 万亩果树,1.6 万亩菜田和农田受灾,许多地块绝

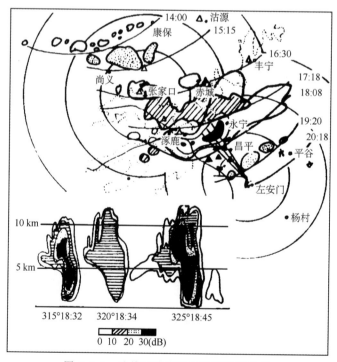

图 7.1.1　飑线回波带演变及强天气分布

收。北京海淀区、朝阳区出现 8 级大风,海淀瞬时大风达 12 级。清河北部市物资局货场的长 50 余米,重 40 余吨的大型龙门吊车 4 台被狂风刮出轨道,其中 1 台被风刮倒,砸坏房屋,并有 1 间房屋被大风掀掉房顶。许多 25～60 cm 的杨树被拦腰斩断。海淀、温泉、门头沟等地降雹直径达 5 cm,积雹厚度达 10 cm。北京西郊出现 23 m/s 的大风。据初步估计,这次飑线造成的直接经济损失达 3000 万元,在北京历史上实属罕见。

7.1.2　大尺度环境条件分析

08 时 500 hPa 图上,内蒙古地区有一低涡,主槽位于张家口至北京之间,槽后有≥20 m/s 的中空急流干冷平流伸向北京地区。低槽东侧为深厚而准稳定的暖性高脊。在地面天气图上,低涡下方是一个新生气旋,其冷锋在 500 hPa 低槽以西 4～5 个纬距,高低空系统呈前倾结构。与暖高脊对应的变性冷高从日本海伸向华北地区(见图 7.1.2),形成华北地区低层为偏南风暖湿气流,而中空覆盖着偏西风干冷平流的结构。同时在 850 hPa 图上,存在一支强度达 20 m/s 的西南风低空急流,它与准东西向的高空急流在山东半岛附近呈交叉叠置(图 7.1.2d)。北京地区位于高空急流出口区左侧和低空急流大风核右前方,飑线回波即发生于两者相交的区域和 850 hPa 湿舌附近,与美国中部地区有利飑线等强风暴形成的环境场特征十分类似。

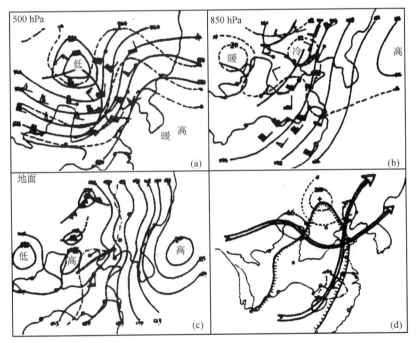

图 7.1.2　6 月 8 日 08 时环流形势图
双虚线为地形中尺度辐合线,虚线为中尺度切变线,阴影区为 850 hPa($T-T_d$)≤3 ℃区域

通过计算 110°—120°E,35°—45°N 范围内空气比湿的垂直分布发现(图略),飑线发生区上空的水汽主要集中在对流层的低层,中高层是相对的干区,呈下湿上干结构。分析850 hPa 等压面上($T-T_d$)等值线表明,有明显的湿舌自南向北伸向华北平原北部(图 7.1.2d),飑线发生区的比湿为 8～9 g/kg。据统计,这样的水汽条件有利于华北平原北部飑线的形成。

图 7.1.3a 是 6 月 8 日 08 时、14 时的 $\Delta\theta_{se(500-850)}$ 水平分布。在 08 时华北北部是位势稳定层结,至 14 时北京西北部地区已变为不稳定层结,表明大气的位势不稳定层结有短时建立过程。其原因与空中冷暖平流的变化及近地面层午后强烈增温有关。08 时,在 850 和 500 hPa 图上,华北北部均处于冷平流区和负 24 h 变温区内,两者数值接近(图略)。到 14 时,随着系统的东移,位于河套地区的低层暖平流和高层冷平流移至北京地区上空(图 7.1.3b),使低层明显升温($\Delta T_{850+700}=4.5$ ℃)和高层明显降温($\Delta T_{300+400}=-2.5$ ℃)(14—08 时),从而使层结由稳定变为不稳定。此外,8 日晨雨停转晴,08—14 时张家口、北京分别增温 11 ℃和 9 ℃,北京 15—17 时增湿 2.2 g/kg,这对不稳定层结的建立也有贡献。

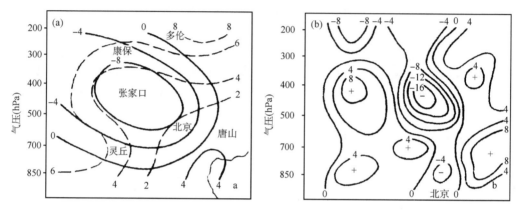

图 7.1.3 6 月 8 日 08 时、14 时的 $\Delta\theta_{se(500-850)}$ 水平分布图

(a)08 时(虚线)、14 时(实线)$\Delta\theta_{se(500-850)}$ 分布,(b)08 时温度平流垂直分布(横坐标为 39.8°N 之剖线)

08 时,华北北部处于 500 hPa 槽后大尺度下沉运动区,最大下沉中心在 400～500 hPa 之间(图略),这种大范围的下沉气流抑制了飑线天气发生前不稳定能量的过早释放,为飑线天气的发生发展提供了有利的能量储备。

图 7.1.4 是 6 月 8 日 08 时、14 时、19 时环境风纬向垂直分布。可以看出,随着中高层急流中心的移近,北京地区纬向风的垂直切变逐渐增大,由 08 时的 1.4×10^{-3}/s 到 14、19 时分别为 3.2×10^{-3}/s 和 4.1×10^{-3}/s。与一些研究提出的有利于强风暴的风垂直切变值相符。强的风垂直切变可以增强中层干冷空气的吸入,加强风暴的下沉气流和低层冷空气的外流,并通过强迫抬升使流入的暖湿空气更强烈的上升,从而加强对流。

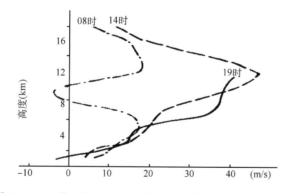

图 7.1.4 6 月 8 日 08 时、14 时、19 时环境风纬向垂直分布图

此外,如图 7.1.2d 所示,大尺度环流形势也为强天气发生提供了低层辐合、高层辐散有利的动力条件。

7.1.3　中尺度条件分析

(1)触发机制分析

从飑线云带的发展演变过程看,12 时 30 分,在逗点状云系的晴空区(图 7.1.5b)产生了一条对流云带,造成化德、百灵庙等地的雷暴天气。该云带向东南方向移动过程中逐渐发展增强,形成强飑线,沿途造成多处降雹和大风天气。天气图分析表明(图 7.1.5a),在对流云带南北两侧各有一条冷锋,北侧冷锋距对流云带 350 km,对流云带发展成强飑线时,仍处在冷锋前部,表明此次飑线过程是锋前暖区的中尺度强天气过程。

详细分析表明,08 时(图 7.1.2c),在冷锋前阴山以北有一条与 850 hPa 切变线对应的地面中尺度切变线,11 时(图 7.1.5a)地面中尺度切变线移至 42°N 附近,由于东部大马群山对冷空气的阻挡,使切变线南段在阴山北侧呈东西向。进一步分析表明,地面中尺度切变线不但有明显的低层辐合,而且还与中尺度能量锋相配合。能量锋的形成,与切变线前方的气旋降水过程有关。降水使切变线东南侧湿度增大,而蒸发使地面的温度降低,切变线西北侧是晴空少云区,日照增温明显,这样切变线东南侧的空气变得更冷更湿,西北侧的空气变暖变干,构成中尺度能量锋。切变线与中尺度能量锋的位置、走向和 1 h 后产生的对流云带十分吻合(图 7.1.5a、b)。事实表明,这次锋前暖区飑线的触发与切变线和能量锋的叠加有明显的对应关系。

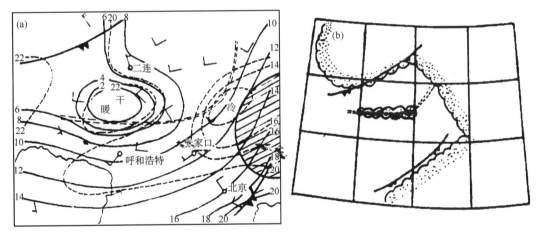

图 7.1.5　11 时地面天气图(a)和 12 时 30 分卫星云图(b)

实线为等 T_d 线,虚线为等 T 线,双虚线为中尺度切变线

(2)回波演变特征分析

由图 7.1.1 可见:飑线初生于张家口北部坝上地区,减弱消失在北京地区,生命史约 7～8 h。可以划分为三个阶段。

形成阶段:14 时,在张家口西北方约 70～130 km 处,出现孤立、零散的对流回波,观测到雷暴现象,它们位于地面中尺度切变线南段。此后回波发展,近于带状分布,沽源、张北出现冰雹天气。15 时 15 分,回波带位于大马群山北侧。16 时 30 分,越过大马群山,移至丰宁至张家口地区,带状特征明显,回波密实,呈现出飑线回波特征。

发展旺盛阶段:17时18分,回波带连成长约240 km,宽20～55 km的飑线降水回波带,此时,高显表现为柱状,顶高8 km(图略)。18时08分,飑线回波带前沿距左安门雷达站最近处不到50 km,回波前沿强度梯度很大,回波带西段已移至桑干河谷,洋河河谷、官厅水库附近,猛烈发展,形成弓状回波。回波顶上升到13 km,云顶部的强度垂直梯度极大,并有明显的弱回波穹窿出现,为典型的雹云回波(见图7.1.1),所经之处造成十分严重的雹灾和下击暴流等天气现象。飑线影响北京西郊时,气压涌升3.4 hPa,气温陡降6 ℃,出现瞬时23 m/s的大风。飑线回波带发展旺盛阶段持续2 h左右,而弓状回波仅维持45 min左右,这期间也是地面天气最严重的时段。

减弱消亡阶段:19时20分,飑线回波带移到平原地区,弓状回波消失,仅存数块回波单体,回波顶高降至8 km以下,且顶部回波强度垂直梯度减弱很快(图略)。飑线明显减弱,仅出现雷暴或阵雨天气。

在整个飑线活动过程中,各阶段飑线的移向移速不同,在初生和减弱阶段,基本沿引导气流向ESE移动,移速平均30～40 km/h。发展旺盛阶段,明显右偏,移速达60 km/h。

(3)飑线发展演变原因分析

此次飑线发展、演变与地面中尺度流场、不稳定能量场及地形有十分密切的关系。

1)地面中尺度流场对回波发展演变的作用

受变性冷高影响,华北平原盛行偏南的暖湿气流,由于地形的作用,在燕山南麓到太行山的西部有一偏南风与偏东北风之间由地形强迫导致的中尺度辐合线存在(地形辐合线)(图7.1.2c)。12时以前,该辐合线一直维持在唐山、天津至石家庄一线,中尺度切变线位于张家口西北,两者相距400 km。这时,地形辐合线和中尺度切变线附近都没有对流天气产生,午后由于海风增强,14时变性冷高西伸至太原附近,造成地形辐合线逐渐向西北推进。同时中尺度切变线后偏北风加大,切变线南移,两者靠近,相距约300 km(图7.1.6a、b)。由于午后日照增温及空中系统的移近,张家口已为明显的不稳定层结。因此,在张家口西北方,切变线附近出现了雷暴回波带。此后,由于偏北风和偏东南风的不断加大,中尺度切变线和地形辐合线进一步靠近。15时,地形辐合线移至蔚县、怀仁一带,使灵丘、怀仁两地分别出现4～6 m/s的南风和西风,这两股气流分别沿壶流河,桑干河吹向涿鹿西南方,桑干河谷收缩处,造成低层明显的辐合,这样在雷暴带的前方存在着中尺度辐合区。回波带向辐合区移动并发展。16时,地形辐合线继续北抬,同时,中尺度切变线回波带向南侵入,两者更加靠近,只距70 km左右。回波带发展,移速加快,终于在17时切变线和地形辐合线在桑干河、官厅水库附近出现合并现象。合并后,有气旋性环流的中低压出现,使官厅水库附近(沙河、永宁、怀来)建立起一支偏东气流,同时使灵丘、怀仁两地的西风和南风加大到8～10 m/s,蔚县出现4 m/s的西南风,而且使宣化出现10 m/s的西北风,这样由于两条中尺度辐合带的移近、合并,在特殊的地形条件下,就构成了几股不同暖湿特性的气流在洋河河谷、官厅水库和涿鹿的西南方汇合(见图7.1.7),造成强烈的低层辐合上升,飑线回波强烈发展,特别是位于几支气流交汇处的回波带西端,发展更为迅猛,顶高由8 km上升到13 km,并有明显的弱回波穹窿出现,形成弓状回波。18时,在低压环流维持的同时,有雷暴高压出现(图7.1.6c),一旦灵丘、怀仁等地风速减小,风向改变,即几股交汇气流造成的低层辐合势力下降,飑线回波带也将减弱消失(图7.1.6)。18时以后,低层辐合明显减弱。原因之一是受日变化和高空槽东移的影响,地面变性冷高减弱,地形辐合线减弱东移。其次,850 hPa 切变线 20 时移过北京,与之对应的地面中尺度切变线减弱消失,地面要素场则表现为灵丘、怀仁等地风速减小,风向逆转。19 时,中尺度低压环流蜕变为雷暴高压前沿辐合线(图 7.1.6d),辐合势力下降,回波强度减弱。

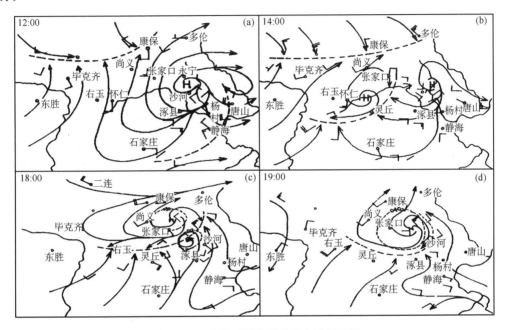

图 7.1.6　飑线不同阶段地面中尺度流场

2)与地面流场相对应的中尺度能量场对飑线回波发展演变的作用

计算华北地区逐时高分辨不稳定能量场(图略)。12 时在北京至张家口之间,桑干河谷上游地区分别是两个高能区。14 时,张家口西北部地区不稳定能量迅速增大,出现雷雨天气。此后,对流回波带沿高能脊向南东方向移动,不断发展。16 时由于流场的变化,在北京至张家口之间形成了一条高能中心,中心值达 100 J/kg,飑线回波带移入高能中心后发展。17 时,两条中尺度辐合线的合并,造成几股不同暖湿特性的气流交汇,使高能中心进一步增强,达125 J/kg,回波发展更为迅猛。此后,飑线回波带移入低能中心和负的不稳定区,回波强度迅速减弱,顶高下降,回波带分裂。这一负能中心的形成与 8 日 20 时 850 hPa 图上,由东北经渤海伸向京、津地区的冷舌有关。同时,由于低层辐合减弱,相应的中尺度能量场也减弱。因此,回波移动前方的低能舌切断了低层能量和水汽供应,回波带移入后马上减弱消失。值得注意的是,低能舌先于回波减弱 2~3 h 存在。另外,14 时大气的层结稳定度由张家口—北京—杨村逐渐增大(图 7.1.3a),同时北京与张家口相比,自由对流高度升高(2.3 km 升至 3.9 km),对流上限降低(12 km 以上降至 7.3 km 以下),这同样也不利于对流回波向下游传播。通过对比分析,飑线回波带向高能中心移动,其走向与高能中心的走向一致。

3)地形对飑线回波带发展演变的作用

从这次飑线过程看,地形主要是通过影响低层的流场,从而影响飑线的演变。

其主要作用表现为:当地形辐合线移到河谷、盆地时,使气流沿河谷、盆地产生较强的辐合,特别是两条中尺度辐合线靠近、合并后,地形对低层气流的影响更加明显,因而,当两者维持在桑干河谷、官厅水库(延庆盆地)附近时,低层有强辐合和高能中心配合,使回波猛烈发展。而当19时后,回波移出河谷、盆地,进入平原,几支气流的辐合势力下降,同时,平原与河谷、盆地相比,不利于冷出流触发其前方产生对流运动。

(4)飑线生命期概念模式

通过以上分析,我们把此次飑线发生、成熟、衰亡阶段的气压场,回波特征概括成以下模式(图7.1.8)。

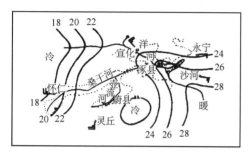

图7.1.7　17时河谷附近风及温度(℃)分布图

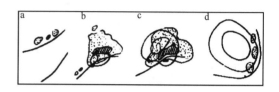

图7.1.8　飑线生命期概念模式

从西部高原东移的中尺度切变线对流雨带和华北平原地形辐合线:当中尺度切变线对流雨带和地形辐合线合并后,对流雨带迅速发展,出现伴有明显气旋性环流的中低压,低涡环流一旦出现,飑线回波带获得进一步增强,回波带主要位于暖式切变一侧的偏东气流之中,呈明显的带状;低压环流维持的同时,伴生了一个具有较大气压梯度的雷暴高压,此阶段回波强度最强;雷暴高压出现后,低涡环流迅速蜕变为高压前沿的辐合线,回波减弱、消散。

由低压环流蜕变为雷暴高压前沿的辐合线仅2～3 h,最强的天气主要分布在此阶段。此后雷暴冷堆扩散、对流运动减弱,强回波带分裂。

7.1.4　小结

在高空蒙古冷涡形势下,当其主槽移过北京,雨停转晴时,层结不稳定有短时建立过程,此时要注意上游冷、暖平流的分布和移动特征以及午后地面增温的作用,同时注意蒙古高原地区地面切变线的活动,它是飑线的触发系统。

当飑线回波产生后,要注意分析逐时地面中尺度流场和能量场。强对流回波向前方的辐合区、高能区移动,进入辐合区、高能区,回波发展加强,一旦移到辐散区、低能区,回波将减弱消失。地面中尺度流场、不稳定能量场的变化先于强对流回波的演变,一般超前1～2 h或更长一段时间,具有临近预报意义。同时从中尺度低涡环流的出现到转变为雷暴高压前沿的辐合线仅为2～3 h,最严重的灾害性天气主要在此阶段发生。

要充分重视地形对强对流回波的影响。强对流回波有进入河谷、盆地发展加强,移到平原减弱的趋势。预报中,应特别注意指标站的应用。例如当怀仁西风较大,灵丘、蔚县为较强的偏南风时,回波将移向河谷,并发展增强。

当飑线回波带较弱和趋于消散时,其移向与500 hPa高度的引导气流接近一致,当其发展加强时,明显右偏,甚至接近正交。

7.2　2005 年北京地区两次强冰雹天气过程对比分析

2005 年 5 月 31 日午后一场罕见的冰雹突袭北京,造成近 9 万人口受灾,大量正在行驶和停放在露天的车辆受损,直接经济损失达 4000 余万元。时隔一周,6 月 7 日傍晚,铺天盖地的冰雹再度袭击北京北部地区和部分城区。两次强冰雹天气连续袭击京城在历史上十分少见,因此加强对这两次冰雹天气的对比分析和研究工作,揭示造成北京地区冰雹等中小尺度灾害性天气发生发展的大尺度环境条件和中尺度过程,对改进北京地区强风暴过程预报技术非常重要。

7.2.1　天气过程概况

2005 年 5 月 31 日午后,北京及河北东北部先后遭冰雹突袭,个别地区伴有短时大风。北京境内除昌平、石景山区无冰雹报告外,其余区县均遭受不同强度的冰雹灾害,其中 14 时至 15 时冰雹自西向东横扫北京城区,南郊观象台最大冰雹直径达 5 cm,冰雹的最大平均重量为 37 g,为历史罕见。降水量分布极不均匀,北京大部地区为小雨。

6 月 7 日下午,从西北部山区开始,北京的北部地区和西部城区出现冰雹天气并伴有短时大风,其中延庆冰雹最大直径达到 3 cm,北京周边的河北怀来、赤城也遭到冰雹袭击,部分县出现短时大风。北京大部地区的降水量为中雨,19—20 时城区观测到飑线。

这两次冰雹天气都具有突发性强的特点,但是 5 月 31 日的冰雹天气比 6 月 7 日的强度大、范围广、路径复杂,而 6 月 7 日的过程雨量较为显著。

7.2.2　环流形势及卫星云图特征对比分析

这两次冰雹天气过程都是在欧亚范围环流经向度比较大,有高空冷涡配合的环流背景下产生的,但是冷涡的位置、主要影响系统和对应的卫星云图特征明显不同。

5 月 31 日的冰雹天气是在典型的深厚低涡、地面冷锋形势下发生的:500 hPa 图上,蒙古东部为深厚的冷涡系统,贝加尔湖附近存在阻塞高压(图 7.2.1a);700 hPa 至 850 hPa 蒙古东部均为低涡,北京处于该冷涡南部的槽区内。对应地面图上,有冷锋东移直接影响北京地区。与冷涡系统相对应,卫星云图上表现为涡旋云系,北京位于大尺度涡状逗点云团的南缘。在上午的可见光云图上,冷涡南侧存在带状弱的零散低云,北京上空为晴空区。12 时以后,这些低云明显发展成一条对流云带,北京处于该云带的末端,13—14 时在北京北部迅速形成一个较强的中尺度对流云团(图 7.2.1b)。

6 月 7 日的高空低涡位置明显偏北,500 hPa 图上(图 7.2.2a),低涡位于贝加尔湖北部,乌拉尔山为高压脊区,40°N 处于低涡底部的偏西气流中,其上有低槽东移。主要影响系统是 850 hPa 位于内蒙古至河北的切变线(图 7.2.2b),切变线南侧从北京到东北为一支偏南低空急流。地面图上,北京处于低压前部的弱气压场中,但过程中有 α 中尺度的切变线移过北京(图 7.2.2c)。早晨与低空切变线对应卫星云图上有一条窄的零散云带,北京为中高云的多云区,12 时北京上空云量减少,北部仅有一个细小的云线。从 14 时起,云线明显发展变宽(图 7.2.2d),17 时在北京上空强烈发展成中尺度强对流的椭圆形云团。

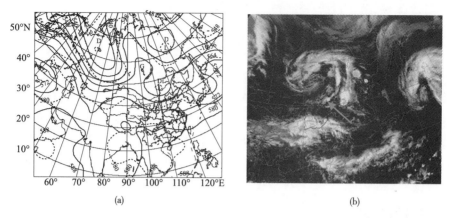

图 7.2.1　(a)5 月 31 日 08 时 500 hPa 环流形势;(b)5 月 31 日 14 时红外云图

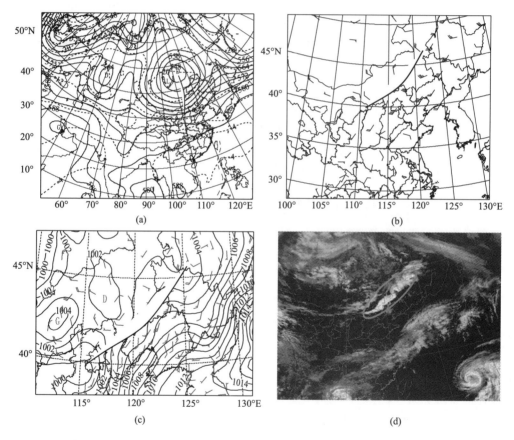

图 7.2.2　2005 年 6 月 7 日环流形势、卫星云图(粗实线分别为槽线、切变线)

(a)6 月 7 日 08 时 500 hPa 形势;(b)6 月 7 日 08 时 850 hPa 风场

(c)6 月 7 日 17 时地面气压、风场;(d)6 月 7 日 14 时红外云图

7.2.3　环境条件对比分析

(1)热力条件分析

大气对流是有效能量之间的相互转换和释放,对流有效位能从理论上反映出对流上升运

动可能发展的最大强度,对流抑制能量的强弱反映了对流层低层的气块参与对流的难易程度。这两个参量在近年来的强对流天气诊断过程中都得到广泛的应用。

　　华北区域 CAPE、CIN 的分布(图 7.2.3)表明,上述两个冰雹日 08 时北京均处于 CAPE 和 CIN 的高值区内,近地面层都存在浅薄的逆温层,这种配置既有利于不稳定能量在低层积聚,又有利于强对流的发生发展。到 20 时冰雹天气过后,CAPE 值显著减小,北京处于 CIN 的大值中心。但是 5 月 31 日 08 时北京的 CAPE 值达 746.66 J/kg,显著高于 6 月 7 日 08 时的 468.82 J/kg,而 CIN 比 6 月 7 日略低,也就是说,5 月 31 日的冰雹过程积聚了更多的不稳定能量,对流更容易被触发,因此对流活动更加剧烈,降雹强度更大。

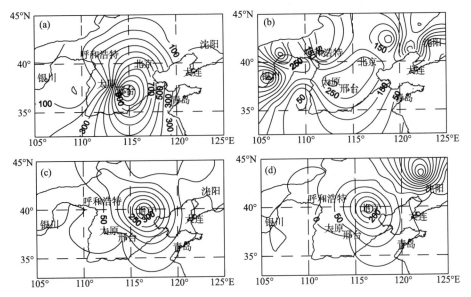

图 7.2.3　华北区域 5 月 31 日、6 月 7 日 08 时 CAPE 和 CIN 分布(单位:J/kg)

(a)5 月 31 日 08 时 CAPE;(b)5 月 31 日 08 时 CIN

(c)6 月 7 日 08 时 CAPE;(d)6 月 7 日 08 时 CIN

　　在能量条件具备的前提下,对流不稳定的存在是产生对流活动所必需的条件之一,θ_{se} 的垂直分布可以反映大气的对流不稳定性。由 θ_{se} 的空间分布可以看到,两次冰雹发生前地面至 700 hPa 各层均有高能舌伸向北京,但是 θ_{se} 的垂直分布有明显区别(图 7.2.4)。

　　5 月 31 日 08 时,北京对流层低层 850 hPa 以下 θ_{se} 随高度迅速减小($\partial\theta_{se}/\partial z < 0$),不稳定层结极为显著,850 hPa 至 500 hPaθ_{se} 变化幅度较小,基本为中性层结。6 月 7 日 08 时,925 hPa 至 850 hPa、700 hPa 至 500 hPa 为对流性不稳定层结,但是 850 hPa 至 700 hPa 之间和 925 hPa 以下均存在稳定层结。因此,相对而言,北京 5 月 31 日更有利于深厚对流活动的发生。

　　温度平流不仅可以造成大气层结不稳定,而且可以产生垂直运动,在强对流天气中也起着重要作用。这两次冰雹过程,北京高低空温度平流的配置基本一致,即高层 200 hPa 为显著的暖平流,中层有冷平流侵入,700 hPa 以下则为暖平流。由图 7.2.5 可以看出,北京正处于这三层温度平流相叠置的区域,这种垂直分布为雷暴的发生发展创造了层结不稳定条件。

　　此外,图中显示 5 月 31 日这三层温度平流的中心恰好叠置在北京上空,而且中层 400 至 500 hPa 的冷平流和高层 200 hPa 的暖平流均比 6 月 7 日强,这种强的温度差动平流加剧了大气的不稳定度和上升运动,也是 5 月 31 日冰雹较 6 月 7 日强度更大的重要原因。

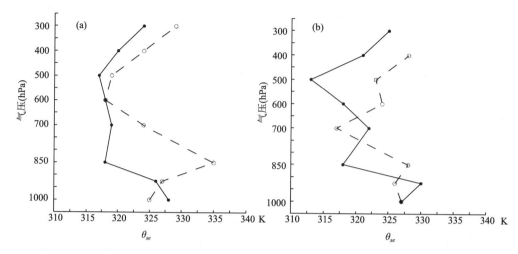

图 7.2.4　5 月 31 日(a)、6 月 7 日(b)θ_{se} 的垂直分布(实线为 08 时、虚线为 20 时,单位:K)

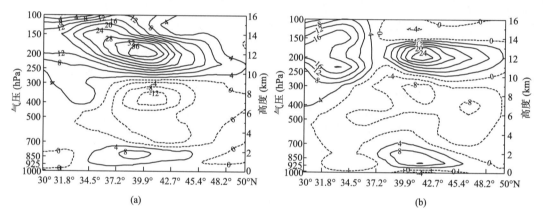

图 7.2.5　5 月 31 日(a)、6 月 7 日(b)20 时北京上空温度平流垂直剖面(单位:10^{-5}℃/s)

(2)水汽条件对比分析

水汽条件是产生冰雹等强对流天气的重要条件之一。两次冰雹过程前期,华北大部地区均出现过降水天气,地面上太行山以东形成一条明显的东北—西南向的湿度锋区,北京处于湿度锋区东侧的大湿度区中,近地面层具备强对流天气启动所需的本地水汽条件。从水汽的垂直分布来看,冰雹发生前北京上空都呈现下湿上干的垂直分布,但是分布结构有明显差异(图 7.2.6)。31 日 08 时,北京上空呈现"V"字型的湿度分布,这与对流层中层较强的干空气侵入有关,冰雹形成于对流层中层大湿度区南侧的湿度锋区中。而 6 月 7 日 08 时北京上空的湿度主要集中于边界层(850 hPa 以下),对流层下层的水汽垂直梯度更大。

从水汽输送条件来看,冰雹日当天北京低层水汽输送都明显加强,但 6 月 7 日的水汽条件更为充沛。5 月 31 日 08 时,北京 500 hPa 以下水汽通量散度均为正值,随着低层偏南气流有所加强,20 时北京转为水汽辐合区;850 hPa 处于水汽辐合中心内,但水汽通量及散度值都明显低于 6 月 7 日(图略),造成 6 月 7 日的降水量较大。

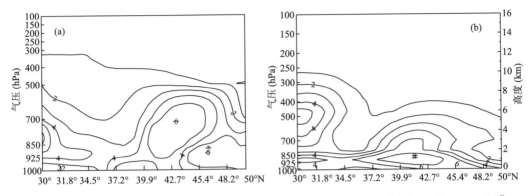

图 7.2.6　5 月 31 日(a)、6 月 7 日(b)08 时北京上空水汽通量垂直剖面[单位:(g/kg)・(m/s)]

(3)动力条件对比分析

天气尺度动力场诊断分析发现,5 月 31 日天气发生前后动力条件演变迅速,高低空的动力配置对冰雹的产生极为有利。08 时 850 hPa 以下北京附近为辐散,以上为弱的辐合区,20 时则转为有利于深对流发展的低层辐合、高层辐散结构(图 7.2.7)。与对流层低层散度场对应,北京上空 500 hPa 20 时转为明显的正涡度平流,配合有 $12 \times 10^{-10}/s^2$ 的中心(图略)。垂直运动的分析表明(图略),5 月 31 日上午北京地区较深厚的下沉运动,有利于对流不稳定能量的积累。

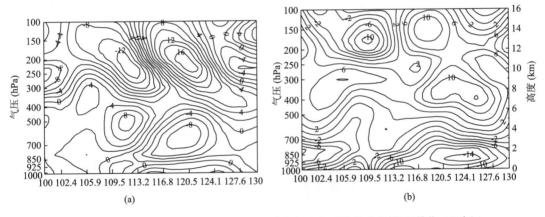

图 7.2.7　5 月 31 日(a)、6 月 7 日(b)20 时北京上空时散度垂直剖面(单位:$10^{-6}/s$)

与 5 月 31 日类似,6 月 7 日 20 时北京上空转为低层辐合、高层辐散,并且有明显的上升运动,但是辐合、辐散中心的高度明显偏低。5 月 31 日 20 时,北京上空的辐合、辐散中心分别位于 700 hPa、200 hPa 附近;6 月 7 日 20 时的辐合、辐散中心则分别位于 925 hPa 和 350 hPa 附近。另一方面,在 40°N 附近,5 月 31 日 20 时可以看到一个深厚的锋面结构垂直环流:东侧低层辐合、高层辐散,表现为深厚的上升运动;西侧低层辐散、高层辐合,表现为深厚的下沉气流;而 6 月 7 日 20 时,40°N 附近不存在这种纬向环流。另外,6 月 7 日散度场这种结构的形成似乎与对流层中层的涡度平流输送没有必然的联系(500 hPa 基本上不存在明显的涡度平流)(图略)。

7.2.4　中高空急流特征分析

Polston[48] 的分析表明,降雹一般发生在低空急流前部与高空急流垂直投影相交的区域;

Mitchell[49]的研究也表明,低空急流的气候特征与降雹时间周期上具有显著的统计相关性。北京地区的这两次冰雹过程中,急流的高低空配置是否相同呢?

　　在北京地区的这两个冰雹日当天08时北京上游都有中低空急流(500—850 hPa),南侧有高空急流(200 hPa),但是急流的位置,空间配置不同(图7.2.8)。5月31日,北京正处于中层500 hPa急流中心的前方,高空副热带急流出口区的左侧,且正好位于两支急流轴垂直投影的相交点附近。这种配置有利于冰雹区高空形成强烈的水平辐散和对流层中层的涡度平流输送,造成明显的上升运动,同时造成对流层中下层的温度差动平流(中层冷平流、低层暖平流),加强层结不稳定。相对而言,6月7日中空急流轴位置略偏北,因此,对流层中层的冷平流明显比5月31日弱(图7.2.5);但是,由于西南低空急流的存在(图7.2.2b),对流层低层的暖平流要比5月31日略强(图7.2.5)。与5月31日相比,副热带高空急流轴更偏南。这次冰雹过程发生在低空急流与高空急流投影相交区的西北侧。

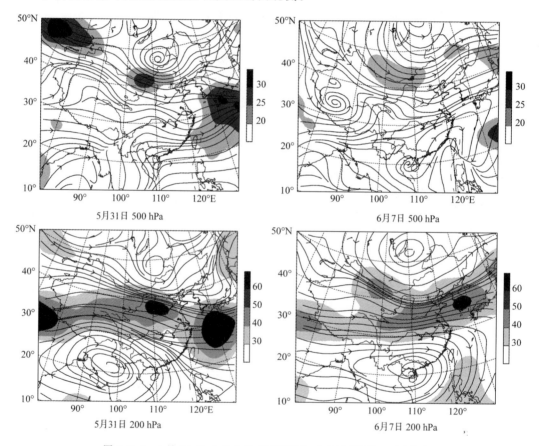

图7.2.8　5月31日、6月7日08时流场、全风速(单位:m/s)分布

7.2.5　北京单站要素变化对比分析

　　风的垂直切变在对流发展以后,起着加强雹云系统环流"新陈代谢"的作用,主导雹云维持、传播和移动。从图7.2.9看出,冰雹日08时北京测站都存在风向、风速的垂直切变,但是5月31日风的垂直切变较强。5月31日08时,北京低层700 hPa以下风向随高度顺转显著,对流层中层(700—400 hPa)风向逆转,对流层高层顺转,200 hPa以下风速基本随高度增加。

而 6 月 7 日对流层中下层风的垂直切变相对较弱。

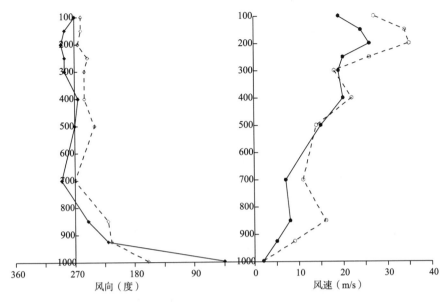

图 7.2.9 北京测站 08 时风的垂直分布(实线为 5 月 31 日、虚线为 6 月 7 日)

从北京南郊观象台的风廓线资料的连续变化可以看到,两次天气过程前后风廓线特征有显著差异。6 月 7 日,冰雹天气出现前,北京 3000 m 以下到地面一直维持西南风,而且存在低空和超低空偏南急流,19 时同时在 3500～2300 m、1000～1800 m 出现明显的风向切变,可以看到,19 时以后低空切变线逐渐向下传播(图 7.2.10a),系统传播到地面约经历了 1 h 左右,20 时以后 500 m 以下转为偏北风,但是 500 m 到 3000 m 转回西南风(图略)。结合高空和地面风场的演变,可以认为,这次冰雹过程可能与一个 β 中尺度的中低空切变线系统的活动有关:地面上 β 中尺度的切变线于 19 时到 20 时扫过城区(图 7.2.10b),系统于 19 时 51 分经过南郊观象台(出现飑线)。

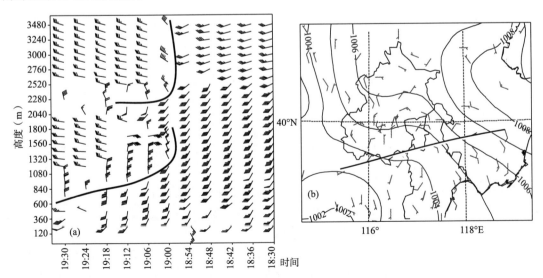

图 7.2.10 (a)6 月 7 日北京观象台风廓线;(b)6 月 7 日 20 时北京区域地面图

　　结合地面降雹实况,分析 5 月 31 日观象台风廓线资料发现(图 7.2.11),13 时至 20 时(冰雹期间)北京上空 3000 m 附近先后经过四次波动,表明对流中层有多股冷空气活动,并造成雹云的产生和发展。第一次波动历时最长(13 时到 15 时 30 分左右),首先于 13 时 17 分造成门头沟区的冰雹,其次雹云继续东移发展,于 14 时至 15 时自西向东影响城区,此次波动对应地面降雹的强度最大。对应上述两次降报雹时间,观象台的边界层风向也出现了两次转变。第二次波动在 16 时左右,雹云主要发生在北部地区和西南的个别地区,位于东南郊的垂直风廓线可以明显地看到 2200 m 以上有风速切变通过,但是边界层风向变化不明显。18 时前后的第三次波动,造成南部及城区再次出现冰雹天气,观象台的边界层风向由西南风转为偏北风。最后一次波动则是于 19 时 30 分至 20 时前后过境。以上分析表明,这次冰雹天气过程可能与空中多个短波活动有关。由于这次冰雹天气路径复杂,雷达探测先后有六块强回波影响北京区县,其中可能存在多个中小尺度系统。

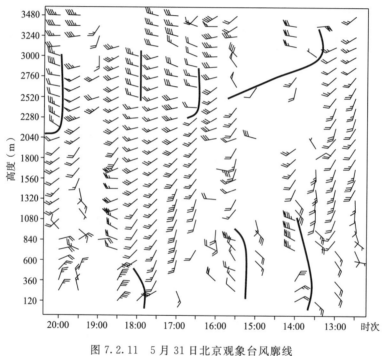

图 7.2.11　5 月 31 日北京观象台风廓线

7.2.6　小结

　　通过对 2005 年 5 月 31 日和 6 月 7 日两次冰雹天气过程的环境场和单站要素等特征对比分析,可以得到以下结论:

　　两次冰雹过程都是在环流经向度比较大,有高空冷涡的环流背景下产生的,但是 6 月 7 日的高空冷涡位置明显偏北,主要影响系统为低涡底部的高空槽和低层切变线,5 月 31 日则为典型的蒙古东部低涡、地面冷锋冰雹天气形势。

　　冰雹天气发生前都积累了大量的不稳定能量,层结呈不稳定状态,具备使不稳定度加剧的温度平流垂直分布,但是 5 月 31 日的 CAPE 值明显高于 6 月 7 日,CIN 较低,不稳定度更大,中层冷平流也较强,更有利于强对流活动的产生。

过程前期,近地面层都具备了强对流天气启动所需的本地水汽条件。6 月 7 日由于存在西南低空急流的水汽输送,因此降水量较大,但是 5 月 31 日北京上空水汽的垂直结构分布更有利于深对流的发展和冰雹的形成。

5 月 31 日北京上空具备典型的强雹暴发生发展所需的动力条件,强的正涡度平流、低层辐合高层辐散的动力配置、有利于边界层辐射增温的下沉运动等,而 6 月 7 日具备的对流天气动力场条件稍逊于 5 月 31 日。

冰雹日当天 500 hPa 北京上游都有中空急流,200 hPa 南侧有高空急流,但是急流的位置、配置明显不同,5 月 31 日北京正处于中空急流中心的正前方,高空副热带急流出口区的左侧,这种配置有利于形成雹暴所需的热力、动力条件。而 6 月 7 日的冰雹过程发生在低空急流与高空急流投影相交区的西北侧。

6 月 7 日的冰雹过程的触发可能与一个 β 中尺度的低空切变线系统的活动有关,该切变线在对流层低层存在明显的向低空传播的特征。5 月 31 日的冰雹天气则可能与高空的多个短波活动有关。

综合而言,5 月 31 日的冰雹天气是在典型的低涡冷锋系统下发生的,具备有利于强雹暴发生发展的能量、不稳定层结、水汽、动力条件、中高空急流和风的垂直切变等典型环境特征,冰雹天气过程中的多次雹云的形成和发展与空中的多个短波活动有关。而 6 月 7 日的主要影响系统为高空槽和低层切变线,具备良好的水汽输送条件,但是不稳定层结演变、垂直对流高度环境、风的垂直切变等强对流条件明显不及 5 月 31 日,雹暴的触发可能与 β 中尺度的低空切变线系统活动有关。

7.3　重力波对一次雹暴天气过程的影响

2005 年 5 月 31 日午后至傍晚,北京地区遭受多次冰雹袭击,出现呈"散状"分布的冰雹天气,大兴、丰台、海淀、朝阳、平谷等地,在 5 个小时内两次出现雹灾,造成了严重的经济损失。利用北京地区稠密的自动站、雷达、降雹、风廓线等观测资料,对此次冰雹天气过程进行中小尺度分析,寻求雹暴形成过程与下垫面气象要素演变之间的内在联系。

7.3.1　天气过程概况

从这次雹暴发展过程回波图(如图 7.3.1)可以看到:13—19 时 6 个小时内,北京地区先后有 4 次雹暴过程发生,按出现时间的先后顺序分别编号为 A、B、C、D。其中:13 时 30 分前后至 15 时(A),从西部的门头沟区至东部通州区,雹暴单体沿北京中轴线自西向东横扫北京城区,南郊观象台观测到的最大冰雹直径达 5 cm;15—18 时(B),沿燕山南坡的延庆、怀柔、密云、平谷等地先后出现雹灾,雷达观测表明,在这次雹暴过程中,不断有雹暴单体新生、合并或从母体中分裂,构成由多单体组成的雹暴群;期间,16 时前后(C),两个相对独立的雹暴单体造成北京西南方向的房山、丰台、大兴地区同时发生雹灾;19 时前后(D),由多个雹暴单体组成的雹暴群呈西南至东北走向分布,造成海淀、大兴、朝阳、平谷等地区再次出现雹暴。

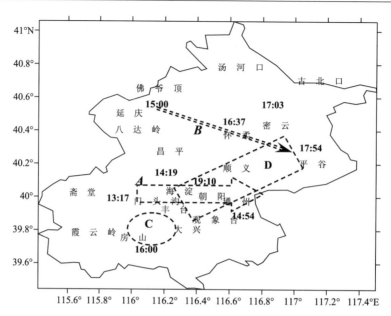

图 7.3.1　雹暴的发生区域(箭杆 A、B,椭圆 C 和长方形 D)及雹云移动方向(箭头)。
图中标注时间为地面冰雹报告的开始时间(北京时间,下同)。

本章上一节,对这次雹暴过程进行过较详细的天气背景分析。这次天气过程是在典型的深厚低涡系统、地面冷锋前发生的一次飑线天气过程:850—500 hPa 上蒙古东部为深厚的低涡系统,北京位于该低涡南部的低槽前部,500 hPa 上贝加尔湖附近存在阻塞高压(图略),对应地面图上有冷锋东移,与高空冷涡系统相对应。卫星云图上表现为涡旋云系,北京位于大尺度逗点云团的南缘。在上午(8—11 时)的可见光云图上,冷涡南侧存在弱的零散低云,北京上空为晴空区。12 时以后,这些低云逐渐发展成一条带状对流云,北京处于该云带的尾端(图略)。从稳定度分布来看,冰雹天气发生前,北京地区位于 CAPE 高值区(746.7 J/kg),具备温度层结不稳定和明显的低空垂直风切变,对流层中层的冷平流、低层暖平流非常有利于雹暴的形成与发展。

7.3.2　雹暴单体的发展、移动与下垫面大气物理要素之间的关系

北京市气象局雷达探测资料显示,中午 12 时左右在西部山区(门头沟区斋堂镇附近)有新生的对流云发展、加强,并沿雷达中线南侧东移(图 7.3.2,另见彩图 7.3.2)。强回波中心经过的区域先后有冰雹天气出现。

为了分析对流单体新生、发展、移动与地面气象要素场之间的关系,我们对北京地区稠密的自动站资料(城区和近郊水平距离约为 3~8 km,远郊山区约 10~15 km)进行如下处理:首先将分布在不同海拔高度的、同一观测时次的气压、气温,订正到海平面,即:

$$T_0 = T_s + \gamma H, P_0 = P_s(1 + gH/R_d T_s)。 \tag{7.3.1}$$

其中,T_0,P_0 为海平面温度、气压;T_s,P_s 为自动站地面气温、气压;H 为自动站海拔高度,γ 为 5 月 31 日 08 时北京探空资料 850—1000 hPa 之间的平均温度递减率,g,R_d 分别为重力加速度、气体常数。然后,对区域内所有自动站的海平面气温、气压进行区域平均,利用各站订正值减去海平面区域平均,得到每一个测站的海平面气压、气温的空间距平值;在(115.4°—117.5°E,

39.4°—41.5°N)区域内,将风矢量内差到 20×20 网格点上,与湿度观测资料一样,不进行高度订正和空间距平处理。由于北京地区的水平空间只相当于一个中尺度系统(小于 170×120 km),通过上述处理,资料能够更好地反映更小尺度的天气演变信息。

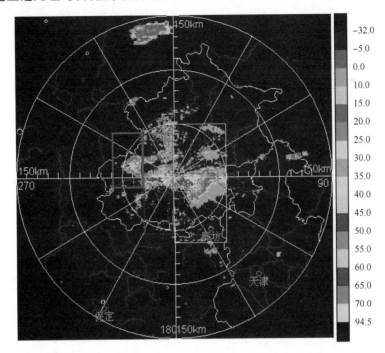

图 7.3.2　第 1 次雹暴过程(A)最大雷达回波强度的连续 3 个小时合成动态图(单位:dBZ)
(矩形框对应不同时刻(红色标注)对流单体的回波强度)

　　从对流单体发生时的地面要素分布(图 7.3.3)可以看到,局地生成的对流单体并不是位于中尺度低压中心,而是位于由流向低压区的东北气流与环境西南气流之间的水平切变线上,即低压中心的东北侧。由于城市热岛效应(图略,城区温度距平存在 2 ℃的高值中心),从中心

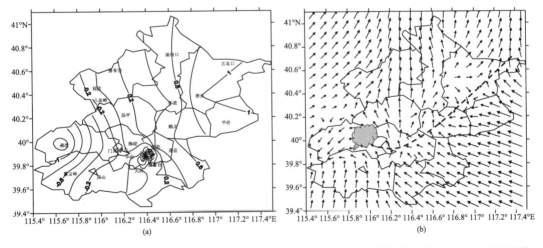

图 7.3.3　5 月 31 日 12:00 对应的:(a)海平面气压空间距平分布(等值线间隔:0.2 hPa);(b)地面风矢量分布(阴影区为对流单体生成位置)

城区到东北郊区,由平原地区流入城区的东南气流与山前的西南气流之间存在一条水平风切变,这条水平尺度接近 β 中尺度的风切变在 3 h 内处于相对稳定状态。一般认为,地面中尺度风速辐合线有利于对流单体的移动与组织,而风暴单体的移动方向多与 500 hPa 风向有关,风廓线仪的连续观测表明,北京上空 4000 m 以上 20 时之前始终维持西南风,即高空风的风向与地面中尺度辐合线的走向基本一致。为什么向东移动的风暴单体没有沿这条中尺度辐合线移动,而是与它呈 45° 左右的角度向东移动呢?

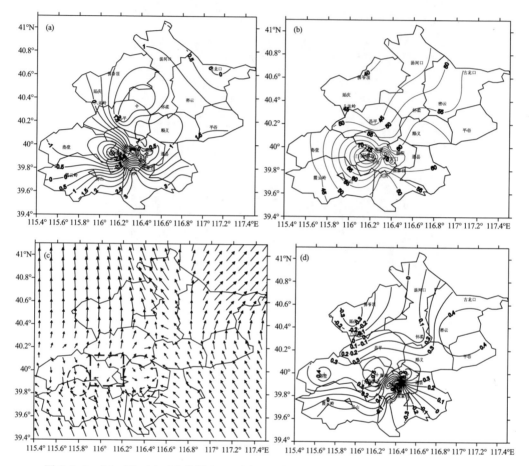

图 7.3.4　(a)、(b)、(c)、(d)分别为 14 时气温空间距平(等值线间隔:0.5 ℃)、相对湿度(等值线间隔:10%)、地面风矢量和海平面气压空间距平(等值线间隔:0.2 hPa)

从图 7.3.4 可看到,由于雹暴在地面形成了中尺度冷高压和湿岛,而冰雹落区的东南侧是城市热岛中心区,14 时前后两者之间形成了强度超过 1 hPa/(10 km)的气压梯度和 5 ℃/(10 km)的水平温度梯度,近似于东西向分布的这条温度梯度带从 13 时开始出现,并随着雹暴的发展逐渐加强。雹暴流出的冷湿气流向四周辐散(即下沉气流产生的阵锋涌)(图 7.3.4c 中的矩形区),在它的东西两端出现明显的风场辐合(图 7.3.4c 中的圆形区)。在风暴单体向中心城区移动过程中,城市热岛中心与雹暴冷堆之间形成的温度梯度、气压梯度越来越强(图 7.3.4a、d),而对流风暴正是沿着冷湿中心的南沿向前端的辐合区移动发展的,这一观测事实进一步验证了最近的一些研究成果:水平温度梯度的加强,有利于低空垂直切变的加强;而气压梯度的加强,必然造成雹暴外侧的水平辐合进一步强化,这种温压结构强迫形成的中尺度环境流场,有利于风暴单体进一步发展,并偏向低压一侧移动。随着对流发展旺盛,引发的下击暴流更强,从 15 时地面流场可以清楚地看到(图 7.3.5b),冷高压中心向四周流出的气流更加强烈,在它前后两端的气旋性辐合区也在明显加强。

以上分析表明,降雹过程强烈地改变了雹暴周围的温、压、湿、风等气象要素的分布,这些要素与环境要素之间的相互作用而迅速形成的更小尺度的局地环境在很大程度上决定了风暴单体的发展和移动路径。

7.3.3　重力波与雹暴单体的再生

由于第一个风暴单体后部流出的冷湿气流与大尺度环境流场形成的辐合区一直维持,在强烈发展的第一个雹暴单体后部(位于房山、大兴、城区交界处),14 时 30 分—15 时再次生成两个中尺度的对流单体,其中,西侧单体尺度(图略)大于东侧的对流单体(图 7.3.5a)。这一

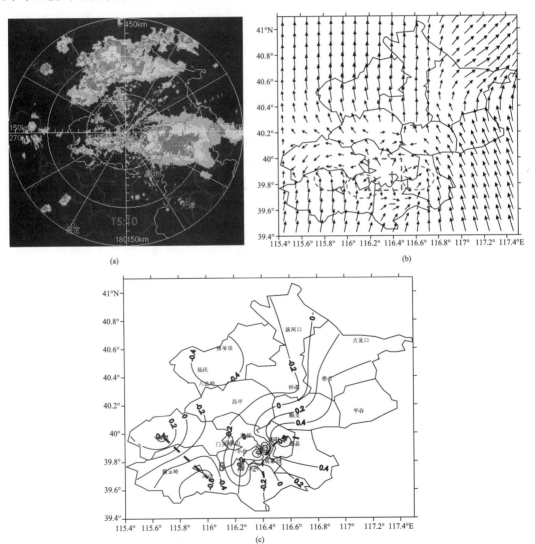

图 7.3.5　15 时 10 分雷达最大回波强度(a,单位、强度色标说明同图 7.3.2)、15 时地面风矢量(b)和海平面气压空间距平分布(c,等值线间隔:0.2 hPa)

对再生的对流单体沿前一次雹暴过程形成的冷堆外沿向东偏南方向移动,并逐步合并。随着前一次强雹暴过程形成的冷堆不断扩大,当合并后的对流体 16 时以后移动到冷性下垫面时,对流迅速减弱。地面的降雹报告证实了这次雹暴过程是两个相对独立的对流单体,而不是同一个单体移动的结果:16 时,丰台、房山和大兴气象站同时出现降雹,其中,房山的冰雹直径(1.5 cm)明显大于大兴(0.9 cm),这与 15 时雷达观测到的两个对流单体的强度、尺度大小是吻合的。

为什么出现两个尺度不同、相对独立的再生对流单体?大量的研究已经表明,地形、强风暴都可能是重力波产生的重要机制和波能来源。从 15 时的海平面气压分布可以看到,在北京西南山区的下坡方(斋堂、房山,如断线所示),存在正负相间的气压波,波峰与波谷的气压差大于 1 hPa,半波长约为 50 km。它与 12—13 时基本呈反位相(参见图 7.3.3a),与 14 时基本呈同位相(参见图 7.3.4d),表明该波动的周期可能为 2 h 左右,相对较大的再生风暴单体与第一次对流风暴单体生成(13 时左右)的相差时间也证实了它的周期长度,而生成的位置基本上都位于低压中心的右外侧(图 7.3.5c 中所标注的 B)。上述一系列观测事实很好地再现了 Koch 所描述的重力波特征。也就是说,第一次新生的风暴单体和再生的该风暴单体可能与西南山区地形强迫造成的重力波有关。

至于尺度更小的再生单体,可能与第一次雹暴过程强烈发展产生的重力波有关。从图 7.3.5c 上可以清晰地看到西南至东北向的、由雹暴中心向两端伸展的正负相间的气压波,对比此时的地面流场(图 7.3.5b)也可以清晰地看到,辐散辐合与气压波具有良好的对应关系。这支重力波比上面描述的地形重力波波长更短,而波幅相当(1 hPa),在下一个时次的海平面气压空间距平图上,我们仍然可以清晰地看到该波列的存在,但振幅有所减弱(图 7.3.6)。再生的对流单体正好位于由波峰波谷之间(图 7.3.5c 中所标注的 A),正是由于这支重力波的波长更短,由此产生的对流单体水平尺度更小。另一方面,位于房山附近的气压值明显偏低(低于 -0.6 hPa),可能与地形重力波和雹暴重力波在北京南部同位相叠加有关。

7.3.4　雹暴之间的相互作用过程与重力波

在讨论了雹暴单体的发展、移动与再生过程之后,下面重点分析雹暴群之间的相互作用与雹暴群的发展过程。

从雷达探测资料可以看到,在中心城区雹暴过程的后期以及在西南方向再生雹暴的发展过程中,一块初始最大回波强度小于 40 dBZ 的中尺度云团(14 时前,图略),从北京西北方向移入到延庆境内后开始迅速发展。15 时,延庆气象站观测到直径 1 cm 的冰雹,最大回波强度超过 50 dBZ(参见图 7.3.5a),此后,风暴沿燕山南坡向东偏南方向移动,在东移过程中,风暴前部不断有风暴单体新生,同时风暴中心也存在不断分裂、合并过程,构成了一个水平尺度相对较大的雹暴群,最大回波强度交替出现减弱、增强现象,最大回波强度在 35~60 dBZ 之间波动(图 7.3.6),17 时 54 分平谷出现雹灾,最大冰雹直径为 3 cm。

从现象上看,位于北部的风暴群生成于中心城区雹暴过程形成的地面冷高压北侧,虽然发展到最强盛的时间略晚于中南部的风暴,但是两者的大部分生命史阶段内同时并存,而且几乎是平行移动的,而它们的水平距离只有约 60~70 km。两者之间是否存在相互作用?它们是否与后来(19 时前后)的再生风暴群存在联系?

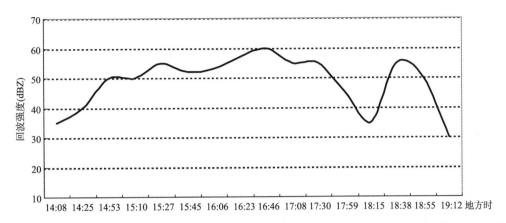

图 7.3.6　北部风暴群中心最大回波强度(纵坐标,单位:dBZ)在向东移动过程中随时间演变(横坐标,时:分)

在北部风暴群的移动路径上,从 13 时开始,海平面气压场上就可以看到类似于 14 时(图 7.3.4d)、15 时(图 7.3.5c)这样的结构,即西侧为低压、东侧为高压,北京境内两端的气压差大于 0.8 hPa。弱对流云团正是向低压区移动过程中开始强烈发展,并沿气压槽方向移动的。到 16 时,气压分布变成了反位相,振幅超过 1.8 hPa(图 7.3.7a),与它对应的对流风暴也进一步发展。可见,燕山南坡对流风暴群的发展、移动与这支具有明显重力波特征的扰动有密切关系。就其尺度而言,它显然比我们上一节描述的两支重力波的水平尺度更大,半波长超过 80 km,波动周期约为 2~3 h。随着风暴进一步加强,与之相对应的重力波振幅加大,存在于北京东南方向的、尺度和振幅都要小得多的气压波动被掩盖。在多个雹暴的共同影响下,17 时地面气温分布呈现出西南—东北向。温度振幅超过 4 ℃、冷暖交替出现的中尺度波动(图 7.3.7c中断线所示),19 时前后的气压场波状结构再次变得清晰(图 7.3.7b 中断线所示),波峰、波谷与 17 时的冷、暖中心具有较好的对应关系,19 时前后再生的、线状对流体中位于北京境内的 4 个强对流单体(图 7.3.7d)正是位于气压场的峰谷之间,它们的东移发展造成了北京东部再次发生雹灾。

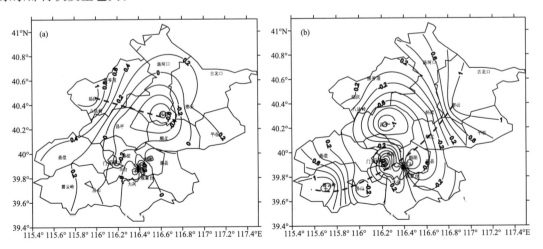

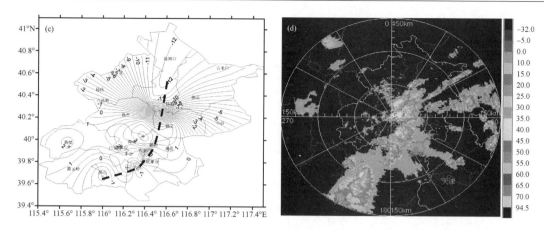

图 7.3.7　16 时(a)、19 时(b)海平面气压空间距平分布(等值线间隔:0.2 hPa)、17 时地面气温空间距平分布(c,等值线间隔:1 ℃)和 19 时 06 分的最大雷达回波强度分布(d,单位 dBZ)

综上所述,在一定的大气环流背景下,重力波不仅在风暴系统的新生或加强过程中产生了重大的影响,而且风暴单体之间、风暴群之间的相互作用过程也可能是通过重力波之间的相互作用而形成的:地形造成的中尺度重力波有利于风暴单体的新生,或者造成移入的中尺度对流系统发展为强风暴系统,而强风暴造成了局地温、压、风场的强烈改变,并与环境要素之间相互作用,这种相互作用过程不仅影响风暴单体或风暴群的移动方向,而且可能激发新的重力波,催生新的风暴单体或风暴群。

由于探测资料的限制,上述分析研究主要是基于地面观测要素和雷达回波的演变进行的,根据 Koch 等[50]给出的重力波垂直结构,多数气象要素在垂直分布上应具有良好的一致性。位于南郊观象台的风廓线仪观测结果(图 7.3.8)表明,从 13—20 时,可以清晰地看到在对流层中层,有 4 次波动通过该站点,分别与我们描述的 4 次雹暴过程相对应,对流层中层风场波动的滞后响应时间不仅与雹暴发生地和南郊之间的距离有关,而且与波动的传播速度有关,即响应滞后可能是由于重力波的水平传播过程造成的。

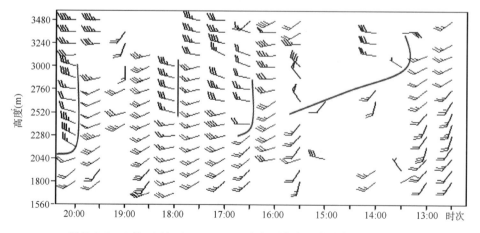

图 7.3.8　5 月 31 日 12:30—20:00 南郊观象台风廓线仪的观测结果

7.3.5　小结

在有利于强对流发生的大气环流背景下,重力波不仅对风暴系统的新生或加强过程产生重大影响,而且风暴单体之间、风暴群之间的相互作用过程也可能是通过重力波之间的相互作用而形成的。

地形强迫形成的中尺度重力波有利于风暴单体的新生,或者造成移入的中尺度对流系统发展为传播性强风暴系统。2005 年 5 月 31 日的 4 次雹暴过程中,最终造成大雹事件(直径>1.5 cm)的 3 次雹暴过程基本上都与地形重力波有关:其中,北部雹暴过程(15—18 时)源于中尺度弱对流云团移入地形重力波靠近波谷一侧后发展;穿过城区(13—15 时)以及 16 时前后西南地区的雹暴单体均生成于西南山前、位于气压波的峰谷之间(低压中心前端)。

强风暴一旦发生,造成了雹暴周围的温、压、湿、风场的剧烈改变,并与环境要素之间产生激烈的相互作用——形成很强的温度梯度、气压梯度、流场的辐散辐合运动等,这种相互作用过程不仅对风暴单体的移动方向产生了直接影响,而且可能激发新的重力波,催生新的风暴单体,形成风暴群。

由于重力波产生机制、波能来源不同,有可能在某些时段内,同时存在不同波长、不同振幅、不同波动周期和不同传播方向的重力波之间的相互作用,并催生新的雹暴群。上述研究表明,2005 年 5 月 31 日 19 时前后,发生于北京东部地区的雹暴过程很可能与这种相互作用有关。

第8章　北京地区强对流天气主要环流型

研究表明,强对流天气是在有利的大尺度环境条件下发生发展的,特定的大尺度环境能提供强对流天气发展的能源、触发条件和组织机构,以及制约强对流天气移动的基本流场及强对流天气发展的不稳定机制。不同的大尺度环流型提供了不同的大尺度环境条件。

根据多年工作经验,普查 500 hPa 高度场和温度场,6—8 月影响北京地区的环流型主要有五种:东北冷涡型、西北冷涡型、斜槽型、竖槽或西来槽型及槽后型[51]。

东北冷涡型:在 40°—55°N、115°—130°E 范围内存在闭合低压,且有冷中心或冷槽配合;

西北冷涡型:在 40°—50°N、100°—115°E 范围内存在闭合低压,且有冷中心或冷槽配合;

斜槽型:在 40°—50°N、100°—120°E 范围内存在槽线为 NE—SW(或 E—W)走向的低槽,槽内无闭合低压;

竖槽型:在 35°—45°N、100°—115°E 范围内存在槽线为 NNE—SSW(或 N—S)走向的低槽,槽内无闭合低压;

槽后型:槽线过 54401 和 54511 站,北京地区盛行 NW 气流(包括 WNW—NE 气流)。

8.1　主要环流型年际分布特征

1980—1988 年(9 年)6—8 月共计 828 个样本,其中竖槽型最多,计 206 次,占 24.9%,即 6—8 月 500 hPa 图上影响北京地区的环流系统的 1/4 是西来槽,次多型是东北冷涡,184 次(占 22.2%),西北冷涡型最少,112 次(占 18.1%),槽后型次数居中,176 次(占 21.3%)。这种统计特征是易于理解的,因为中纬度西风带中多移动性低槽活动,槽内出涡的可能性在下游地区较大。按低槽(包括斜槽、竖槽、槽后)和低涡类(含东北冷涡和西北冷涡)归并,其概率分别为 64.3% 和 35.7%,低槽类多于低涡类,低涡类中,东北冷涡又多于西北冷涡。

分别统计 5 年(1980—1984 年)和 4 年(1985—1988 年)6—8 月环流型的分布,除槽后型外各型频率的分布趋势是基本一致的,但频数有差异,这除了和两组合计的年份不同有关,也反映了环流型频数存在年际变化。

详细分析各年 6—8 月环流型的分布表明,虽然总趋势和多年特征相似,但年际差异表现更清楚,其中东北冷涡和竖槽型差异最大,各达 25 次。前者 1986 年 38 次,1980 年 13 次;后者 1988 年 40 次,1987 年 15 次。西北冷涡型差异最小,1982 年 19 次,1981 年和 1988 年各 7 次,两者差 12 次。这表明多年的统计特征是一种气候背景,对天气预报有参考意义,而各年的环流型分布,需做详细的天气—动力分析,才能得出正确结论。

8.2　主要环流型月际分布特征

分析上述 9 年各月环流型的分布表明（表 8.2.1），东北冷涡型 6—8 三个月均较多见，各 50 次以上，7 月达 68 次。西北冷涡型相反，三个月均少见，各 45 次以下，6 月最少，仅 30 次。这和槽内出涡主要在东北地区的特征是一致的，且各月均如此。竖槽主要出现的 7 月和 8 月，各 70 次以上，6 月少见（56 次）。槽后型相反，主要出现在 6 月（78 次），7、8 月不多（约 50 次）。斜槽型各月出现次数较均衡，约 50 次上下。

表 8.2.1　各年、月环流型频数分布表

年份	6 月					7 月					8 月				
	1	2	3	4	5	1	2	3	4	5	1	2	3	4	5
1980	005	003	005	005	012	005	001	004	010	011	003	004	007	005	012
1981	009	002	006	004	009	001	002	009	012	007	011	003	005	004	008
1982	003	010	005	007	005	010	006	003	007	005	001	003	007	013	007
1983	004	001	009	006	010	008	005	007	001	010	004	006	007	001	003
1984	008	003	005	005	008	006	004	007	007	007	005	008	007	009	002
1985	001	001	012	008	008	005	011	003	011	001	009	001	008	009	004
1986	009	003	001	006	011	018	007	001	004	001	004	004	003	007	006
1987	008	005	004	005	008	009	005	007	006	004	011	007	005	004	004
1988	007	002	005	010	008	006	001	004	015	005	007	004	004	015	001
合计	054	030	052	056	078	068	042	045	073	051	062	040	053	077	047
平均	6.0	3.3	5.8	6.2	8.7	7.6	4.7	5.8	8.1	5.7	6.9	4.4	5.9	8.6	5.2

详细分析各年、月的环流型分布表明（表 8.2.1），环流型频数存在年际变化，如 6 月斜槽型，1985 年 12 次，1986 年仅 1 次；7 月东北冷涡型 1986 年 18 次，1981 年 1 次；8 月槽后型 1980 年 12 次，1988 年 1 次。但从平均情形观察，统计特征仍是明显的，槽后型多出现在 6 月，8 月少见；竖槽型相反，7、8 月多见，6 月较少；东北冷涡和西北冷涡相比，前者各月均多见，后者的平均频数在各月各型中均为最少。这些结果对天气预报是有意义的。

8.3　各环流型强对流天气的空间分布特征

对前述资料逐日查阅北京地区各站的天气实况和天气纪要，按只要一站出现强对流天气即算一个强对流日统计，得到各型强对流天气的频数，如表 8.3.1 所示。各型出现强对流天气的日数计 249 天，占总样本数的 30.1%，即约 1/3 日数本区可能发生强对流天气事件。但强对流天气是中尺度现象，有很强的局地特征，在每个强对流日中，并非各站都出现强烈天气，因此，单站强对流天气的概率远小于上述百分比。就各环流型而言，槽前类中斜槽型出现强对流天气的概率最大（36.7%），竖槽型次之（33.5%），两者之和出现强对流天气的可能性为 34.8%。低涡类强对流天气日数计 96 天，占该类型 32.4%，其中西北冷涡型出现强对流天气的概率较大，东北冷涡型概率较小，其概率分别为 36.6% 和 29.9%。五型中槽后型出现强对流天气的概率最小，仅为 16.5%，表明低槽移过北京后多数不具备发生强对流天气的环境，只

有极少数特殊结构的低槽后部才有利于强对流天气形成。

表 8.3.1　各环流型强对流天气频数

	东北冷涡	西北冷涡	斜槽	竖槽	槽后	总计
型总数	184	112	150	206	176	828
出强对流天气数	55	41	55	69	29	249
百分比	29.9	36.6	36.7	33.5	16.5	30.1

各环流型强对流天气的空间分布如图 8.3.1 所示。东北冷涡型在官厅水库的怀来、延庆地区是强对流天气的多发区(图 8.3.1a),频数 16 次以上,其东西两侧频数减少,但在水库东南方有一个大值带沿永定河谷伸向北京下游杨村、静海地区,北京沙河、西郊、南苑位于大值带中,是本型平原地区强对流天气的重要落区。

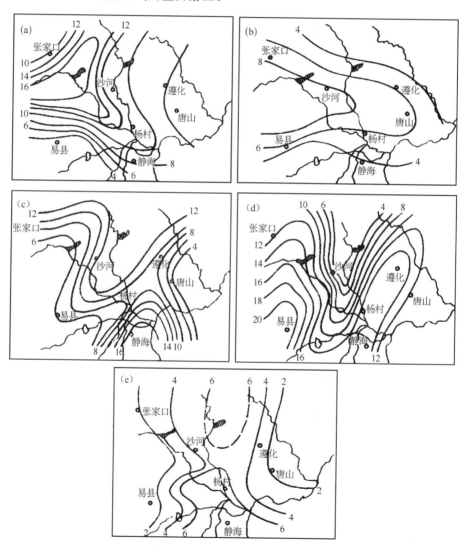

图 8.3.1　各环流型强对流天气的空间分布
(a)东北冷涡型;(b)西北冷涡型;(c)斜槽型;(d)竖槽型;(e)槽后型

西北冷涡型强对流天气的分布特征与东北冷涡型相似(图 8.3.b),频数大值带呈 NW—SE 走向,北京沙河、西郊、南苑也在大值带中,这些特征和冷涡类强对流天气多西北路径有关。它们的差异主要有两点:一是在怀来、延庆地区,东北冷涡型有较明显的大值中心区,而西北冷涡型的大值中心位置偏西;二是东北冷涡型的强对流天气影响地区偏东,西北冷涡型的影响地区偏西。这些差异显然和两类冷涡的位置不同有关。

斜槽型强对流天气频数的大值带位于山脉东侧(图 8.3.1c),沙河、西郊、南苑位于大值带中,大值带的走向与槽线走向十分一致,表明大尺度环流形势对强对流天气落区有制约作用。如果强对流天气落区主要发生在槽线附近及其邻近的槽前地区,则可粗略估计,强对流天气是在斜槽移近北京地区 100 km 左右发生的。大值带的东西俩侧是少强对流天气区,但在静海附近镶嵌一个范围较小的大值区,这是斜槽型强对流天气分布的中尺度特征。

和斜槽型相比,竖槽型强对流天气的显著特点是天气带呈准南北向分布(图 8.3.1d),这和斜槽型不同,而和本型槽线走向一致。在东西方向上,强对流天气频数呈两大一小分布,怀来—易县和遵化—静海地区是大值带,北京附近是小值区;而斜槽型东西方向上的强对流天气分布与此相反,具有两小一大特征。这是二型强对流天气分布的重要差异。

比较各图明显看到,强对流天气的空间分布型式可分为两类,一类和低槽活动联系(包括斜槽、竖槽和槽后型),天气带呈准 NS 或 NE—SW 走向,北京附近地区位于大值带中或大值带的边缘;另一类和低涡活动联系(包括东北冷涡和西北冷涡),天气带呈 NW—SE 走向,大值带从西北部山区伸向东南平原地区,沙河、西郊、南苑是强对流天气的重要落区。显而易见,这种不同环流型对应天气分布特征,对强对流天气预报是有意义的。

详细分析冰雹、大风和强雷雨的空间分布表明,三者各有特点,图 8.3.2 是低槽类的例子。冰雹频数等值线和山脉等高线近似平行(图 8.3.2a),呈现出西、北部山区多,东、南部平原少的基本特征,这和成雹条件山区优于平原有关。北京附近地区位于多雹带的边缘。大风分布明显表现出地形效应(图 8.3.2b),永定河谷地区是大风的高值带,北京的南苑至西郊、天津的静海是两个高值中心,且静海地区频数高于西部,这和北京地区地形西北高、东南低的下坡加速作用紧密联系。强雷雨频数大值带和槽线走向对应(图 8.3.2c),具有山前迎风坡和喇叭口地形效应的遵化、易县地区是两个大值中心区。和冰雹分布相反,西北部山区是少强雷雨区。

低涡类大风分布和低槽类十分相似(图略),冰雹分布也表现出山区多、平原少的特征,但在北京以东地区(如唐山附近)存在较高频数区,可能是东北冷涡型强对流天气落区偏东的表现。强雷雨分布和低槽类相仿,山区少、平原多、不同的是冷涡类强雷雨频数,仅在遵化地区存在大值中心,易县地区处于低频数区的边缘。

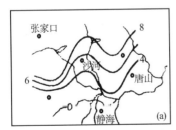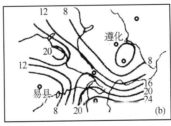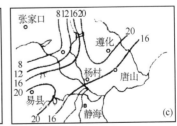

图 8.3.2　低槽类三种强对流天气的空间分布
(a)冰雹;(b)大风;(c)强雷雨

8.4　各环流型强对流天气的时间分布特征

　　将五种环流型归并为两类(低槽类和低涡类),分别统计其强对流天气过程在北京地区开始出现和结束时间的频数,结果为图 8.4.1 所示。由图看到,一天中各个时段,北京地区都可能出现强烈天气,但各时段的频数明显不同。低槽类强对流天气集中出现在午后和傍晚的14—20 时,其频数占该类总数的 56.2%,峰值时段在 16—18 时,占 28.1%。22 时后频数锐减,但在凌晨 04—06 时有一个较小的高频时段,这是值得注意的现象。本类强对流天气过程的结束时间集中在傍晚和午夜,峰值在 22—24 时,占 35.7%。将开始和结束时间对比,两者的峰值时间差显示出强对流天气过程影响北京地区的时间尺度,约 6 h。

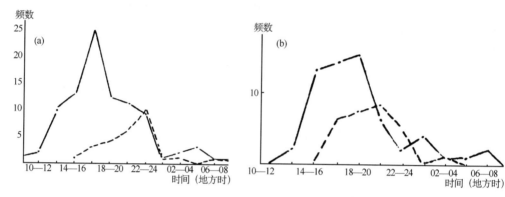

图 8.4.1　两类强对流天气过程开始和结束时间的频数分布
点画线:开始时间;断线:结束时间
(a)低槽类;(b)低涡类

　　低涡类强对流天气开始时间的分布和低槽类相似,集中在 14—22 时,其中 14—20 时最多,占 72.4%。本类强对流天气出现频数的峰值时段较低槽类滞后,在 18—20 时。和低槽类一样,午夜和清晨也存在稍高的频数时段,这是和强对流天气系统过境联系的。强对流天气过程的结束时段主要在 16—24 时,以 20—22 时为最多,占 35.7%。本类型强对流天气结束和开始时段两个峰值的时间差明显比低槽类短,约 2 h,表明低涡类强对流天气过程更为迅猛。

第 9 章　北京地区强对流天气大尺度环境条件

　　强对流天气的直接制造者是中尺度对流系统,而中尺度对流系统的生成、发展受到大尺度环境条件的制约。大尺度环境场不仅能提供强烈天气赖以发展的能源,而且某些大尺度特征(如锋面、切变线)还是其触发机制,因此,大尺度环境条件的研究是提高强对流天气预报水平的重要环节。1967 年 Newton[52] 给出了有利于强对流天气发生的大尺度物理模型,1990 年 Uccellini[53] 指出高、低空急流的耦合是形成强烈天气的重要场合,Miller[54] 还总结了美国强对流天气发生前大尺度环境场的判别指标。许多关于强对流天气的研究都离不开大尺度环境条件的分析,华东中尺度天气试验对槽前、槽后型强对流天气发生前的环境特征作出合成分析,无可置疑,这些工作对认识强对流天气发生的大尺度背景都作出了积极贡献,对提高强对流天气的预报水平也有指导意义。但过去的工作或限于较少的个例分析,缺乏代表性;或仅寻求出现强对流天气前的环境征兆,没有和未出现强对流天气的环境特征作对比分析,因而预报判据的可靠性缺少反例支持。我们在前人工作的基础上,依据 1983—1992 年 6—8 月常规资料和加密地面资料,从天气尺度影响系统考虑,研究北京地区强对流天气的大尺度环境条件。采用合成分析方法,从各环流型出现和不出现强对流天气的对比中概括概念模式,为研制 6~12 h 强对流天气预报系统提供基础[51,55~60]。

9.1　西北冷涡型强对流天气大尺度环境条件

9.1.1　西北冷涡型强对流天气统计特征

　　图 9.1.1 是西北冷涡型强对流天气的空间分布。由图看到,概率大值带从北京西北部山区向东南方平原区伸展,沙河、西郊、南苑位于大值带中,南苑附近存在概率为 27.8% 的大值中心,是本型强对流天气在平原地区的重要落区。将冰雹、大风归为一类,可进一步了解其分布特征及地形影响(图 9.1.1b)。除北京西部定兴、易县及东部遵化地区外,本型主要是冰雹、大风天气,概率达 60% 以上。一个宽约 60 km 的大风、雹击带沿永定河谷伸向静海地区,显示出河谷地带是强对流天气的重要通道。大值带中多数测站概率≥80%,西郊达 100%。静海附近存在另一个高概率中心,表现出高、低概率相间分布的特征。

　　图 9.1.2 是西北冷涡型强对流天气过程在本区起止时间的概率特征。强对流天气集中出现在午后和夜晚的 14—22 时(占 73.3%),峰值时段在 16—18 时(占 40.0%)。值得注意的是下半夜和凌晨有另一个相对的高概率时段。强对流天气结束的高峰时段在 18—20 时(占 37.5%),次高峰在 08—10 时。将开始和结束的峰值时段对比,可大致估计本型强对流天气过程影响北京地区的时间尺度,约 2~4 h。

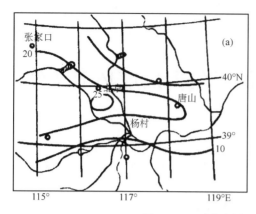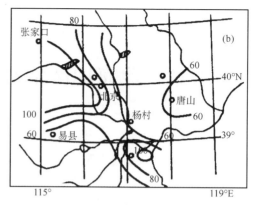

图 9.1.1　西北冷涡型强对流天气空间分布图

实线为等概率线；(a)强对流天气概率；(b)冰雹、大风概率

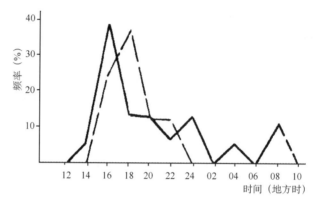

图 9.1.2　西北冷涡型强对流天气过程起止时间概率

实线:开始时间概率;断线:结束时间概率

9.1.2　西北冷涡型强对流天气环境场合成分析

随机抽取西北冷涡型 30 次强对流天气过程和不出现强对流天气的 27 个样本,依据 08 时资料,分别作合成分析(合成日历见表 9.1.1),对比了解强对流天气过程前环境场的基本特征,结果如图 9.1.3 所示。

表 9.1.1　西北冷涡型强对流天气合成日历

出现强对流天气		不出现强对流天气	
1983 年 7 月 13 日	1987 年 8 月 28 日	1983 年 6 月 10 日	1987 年 7 月 02 日
8 月 20 日	1988 年 8 月 05 日	7 月 18 日	7 月 14 日
8 月 28 日	1988 年 8 月 20 日	7 月 19 日	7 月 15 日
1985 年 6 月 07 日	1990 年 6 月 03 日	7 月 28 日	1988 年 8 月 25 日
6 月 19 日	6 月 27 日	8 月 28 日	1990 年 6 月 06 日
7 月 22 日	7 月 07 日	8 月 23 日	6 月 21 日
7 月 24 日	7 月 13 日	8 月 24 日	7 月 29 日
8 月 01 日	8 月 09 日	8 月 25 日	8 月 07 日

续表

出现强对流天气		不出现强对流天气	
1987 年 6 月 17 日	1991 年 6 月 07 日	8 月 28 日	8 月 08 日
6 月 18 日	6 月 08 日	1985 年 6 月 26 日	1991 年 6 月 29 日
7 月 20 日	6 月 10 日	7 月 03 日	1992 年 7 月 09 日
8 月 06 日	7 月 07 日	7 月 14 日	7 月 10 日
8 月 13 日	7 月 08 日	7 月 16 日	
8 月 18 日	1992 年 6 月 27 日	1987 年 6 月 14 日	
8 月 24 日	6 月 28 日	6 月 15 日	

出强对流天气前,500 hPa 图上低涡的平均位置在乌兰巴托附近(图 9.1.3b),强度 566 dagpm。从低涡区伸出的槽线在东胜、西宁一带。低槽下游有明显的高压脊,上游存在准东西向的横槽,这是低涡区多短波活动在合成场上的表现。与低涡匹配的冷中心位于其西北方,在横槽的后部,温压场呈斜压结构。槽线附近冷平流较强,且伸展到槽前河套地区,而其前部高压脊区的温度平流很弱。因此,在太原至兰州一线存在锋区,并有锋生倾向。这种形势特征常使冷涡位置稳定,其西南方多短波活动,涡后冷空气间断南下,从而可使北京地区连续数日出现强对流天气过程。强对流天气的落区在 08 时低涡槽前约 900 km 处。

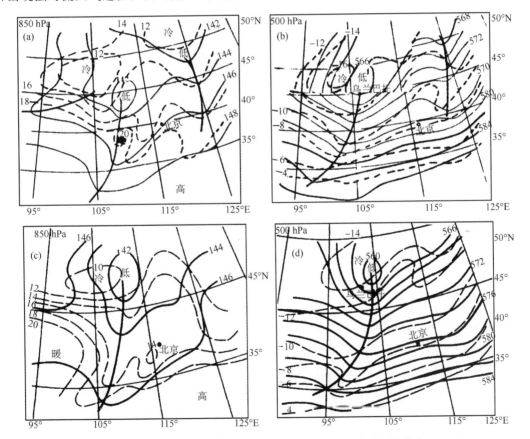

图 9.1.3　西北冷涡型出现与不出强对流天气的合成环境形势

(a)出强对流天气,850 hPa;(b)出强对流天气,500 hPa;(c)不出强对流天气,850 hPa;(d)不出强对流天气,500 hPa

和 500 hPa 形势对应,低涡和低槽在 850 hPa 图上亦有表现(图 9.1.3a),且呈后倾结构,40°N 附近温度场多小波动,尤以河套至北京地区明显。这是环境场上的中尺度特征。低槽前部、呼和浩特附近为暖脊区,位于 500 hPa 冷平流区的下方。这种垂直配置为强对流天气过程提供有利的热力、动力条件。

图 9.1.3c、d 是本型不出强对流天气过程的合成形势。和前述情况对比,有三点明显不同:

冷涡位置不同。不出强对流天气的低涡位置偏北,500 hPa 和 850 hPa 分别偏离约400 km 和 500 km。表明本型低涡位置对强对流天气过程的发生有制约作用。

温压场强度不同。出强对流天气的强度大。比较槽线上 35°N 和 45°N 的高度差看到,在500 hPa 图上,前者 ΔH 为 150 gpm,后者为 80 gpm;850 hPa 图上,前者 ΔH 近 40 gpm,后者仅 20 gpm。两者相差近两倍,槽线上同纬度带间的温差表明:500 hPa 图上,前者 ΔT 为 8 ℃,后者为 4 ℃;850 hPa 图上,前者 ΔT 为 4 ℃,后者为 2 ℃。由此风和温度平流的强度也不同,从而导致天气的差异。

涡、槽结构不同。出强对流天气的 500 hPa 图上有明显的冷温槽,斜压性强,冷平流伸及槽前,不出强对流天气的此特征不明显。850 hPa 图上,北京上游的呼和浩特地区,出强对流天气的存在明显的暖脊,不出强对流天气的相反,呈冷槽结构,表明环流系统的三维结构是影响强对流天气过程的先期条件。

对含水汽特性的假相当位温 θ_{se} 作合成分析,结果表明(图略),在 500 hPa 图上,北京上游地区,出强对流天气的合成场上有明显的低 θ_{se} 区,东胜和北京 θ_{se} 差 -5.1 ℃,而不出强对流天气的两地差 -2.4 ℃。结合环流形势,前者中层有较强的干冷平流,后者平流很弱。在850 hPa 图上,出强对流天气的存在从西安、太原伸向北京地区的高 θ_{se} 区,西安和北京的 θ_{se} 差7.0 ℃,而不出强对流天气的两地差 4.9 ℃。因而在垂直方向上,前者存在较强的差动温、湿平流。这是强对流天气过程前建立位势不稳定的内在机制,应特别重视。

9.1.3　西北冷涡型强对流天气环境参数合成分析

依据合成场资料,在 33°—48°N、105°—125°E 范围内,分别作环境参数的诊断计算。

图 9.1.4 是合成的散度场。出强对流天气前,850 hPa 图上(图 9.1.4b),北京至通辽的高压脊区速度辐散,量级 10^{-6}/s,而在北京上游的低涡槽线附近速度辐合,其中银川和呼和浩特之间存在中尺度规模的强辐合区,平均量级 -1.0×10^{-4}/s。在 200 hPa 图上,一个强辐散区从银川伸向华北地区,北京上游的平均辐散 0.8×10^{-4}/s。这种散度的垂直配置是本型北京地区强对流天气前的鲜明特征。不出强对流天气的散度场与此不同,计算和上述相同地区的平均散度表明,850 hPa 和 200 hPa 分别为 -4.9×10^{-5}/s 和 2.6×10^{-6}/s。可见低层强辐合,特别是高层强辐散,是爆发强对流天气的重要动力条件。

合成温度平流计算结果如图 9.1.5 所示。强对流天气前,850 hPa 低涡槽前太原、邢台地区为暖平流(图 9.1.5b),随盛行南西风向北京地区移动。暖平流区西北侧是槽后冷平流区。因而北京、太原一线出现锋生,锋生引起的垂直环流对北京地区强对流天气过程有促进作用。

在中层(图 9.1.5a),北京上游张家口、呼和浩特地区存在冷平流中心,强度为 -3×10^{-6}℃/s²,其前沿随槽区偏西风伸到北京上空。中、低层对照,呈"下暖上冷"结构。前述特征在这里得到进一步证实。

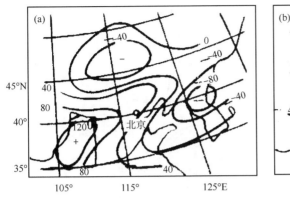
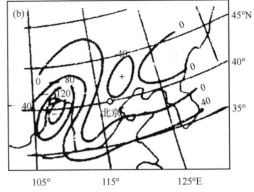

图 9.1.4　西北冷涡型高、低层合成散度分布图

(a)200 hPa;(b)850 hPa

等值线单位:10^{-6}/s

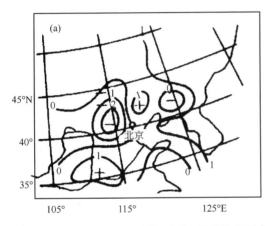
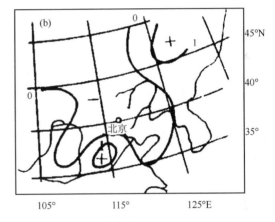

图 9.1.5　西北冷涡型中、低层合成温度平流分布图

(a)500 hPa;(b)850 hPa

等值线单位:10^{-6}/s^2

　　不出强对流天气的合成温度平流分布不是这样的(图略),在和上述相同地区内,低层为冷平流,中层为弱暖平流,两者特征截然相反。这个有意思的事实进一步说明差动温度平流是决定强对流天气过程的重要环境条件。

　　图 9.1.6 是出强对流天气前的合成水汽通量散度,其鲜明的特征是北京上游地区,呼和浩特附近,低层水汽通量辐合(图 9.1.6b),量级为 10^{-7}g/(s · cm^2 · hPa),中层水汽通量辐散,量级为 10^{-8}g/(s · cm^2 · hPa)。结合图 9.1.5a,出强对流天气前对流层中层有明显的干、冷空气入侵。正如 Browning[61]指出,中层干冷平流是强风暴的过滤器。合成场揭示的特点对强对流天气预报有本质意义。与此对比,不出强对流天气的主要差别在对流层中层,不是水汽净失,而是弱净得(图略)。因而从反面证明,注意中层的变干变冷是非常必要的。

　　以$-\Delta\theta_{se}/\Delta P$表示位势稳定度。我们分别求取了 $\Delta\theta_{se(700-850)}$、$\Delta\theta_{se(500-850)}$ 及 $\Delta\theta_{se(400-700)}$ 的合成结果。比较发现,对北京地区而言,以 $\Delta\theta_{se(700-850)}$、$\Delta\theta_{se(500-850)}$ 两项较敏感,$\Delta\theta_{se(400-700)}$ 项对应关系不明显。在 $\Delta\theta_{se(500-850)}$ 图上(图略),出强对流天气前 40°—45°N 地区存在准东西向的位势不稳定带,强对流天气落区在不稳定中心区的下风方。不出强对流天气的上游地区,呈位

势稳定状态,这是两者的主要区别。

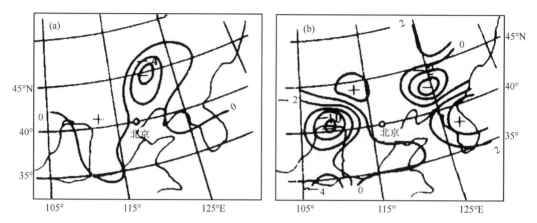

图 9.1.6　西北冷涡型中、低层合成水汽通量散度分布图

(a)500 hPa;(b)850 hPa

等值线单位:10^{-8}g/(s·cm²·hPa)

　　归纳以上所述,可得北京地区西北冷涡型出和不出强对流天气 08 时环境场的概念模式(图 9.1.7)。出强对流天气前,500 hPa 低涡位置在乌兰巴托附近,主槽从低涡中心向西南方伸展,在涡的后部存在短波横槽,系统呈后倾结构。北京上游张家口、呼和浩特地区,低层增暖增湿,中层变干变冷,层结位势不稳定。同时,低层强辐合,高层强辐散。这些条件的组合,提供北京地区强对流天气前的有利环境。不出强对流天气的环境特征与此不同。低涡位置偏北 $400\sim500$ km;

　　温压场强度弱两倍;温度平流的垂直分布与上相反;中、低层水汽通量均为辐合;层结位势稳定;高、低层辐散辐合小 $1\sim2$ 量级。这样的环境不利于强对流天气的发生。

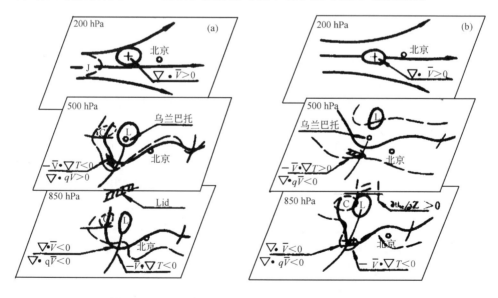

图 9.1.7　西北冷涡型出和不出强对流天气的概念模式

(a)出现强对流天气;(b)不出现强对流天气

9.1.4 西北冷涡型强对流天气预报着眼点

强对流天气的时空分布和多种因素有关,其中大尺度环境特征是重要的先期条件。如下几点对西北冷涡型强对流天气预报有参考意义:

关注 500 hPa 图上冷涡位置。出强对流天气的冷涡在乌兰巴托附近,不出强对流天气的向北偏离 400～500 km;

温压场强度。以槽线上 35°—45°N 的高度差和温度差衡量,出强对流天气的强两倍左右;

注意涡、槽结构。出强对流天气的斜压性明显,温度场呈"下暖上冷"分布;不出强对流天气的与此相反。

分析物理量特征及垂直分布。北京上游地区出强对流天气的高低层分别为强辐散和强辐合,量级为 $10^{-4}/s$,不出强对流天气的小 1～2 量级;出强对流天气的中层冷平流,且变干,低层增暖增湿;不出强对流天气的相反,低层冷平流,中层弱暖平流;北京上游地区,出强对流天气低层水汽通量辐合,中层辐散;不出强对流天气的低、中层水汽通量均辐合;出强对流天气前上游地区位势不稳定,不出强对流天气的相反,呈位势稳定状态。

9.2 东北冷涡型强对流天气大尺度环境条件

9.2.1 东北冷涡型强对流天气统计特征

对 1983—1992 年 6—8 月逐日 08 时 500 hPa 图普查表明,10 a 中出现东北冷涡型计 257 次,占 10 年总天数的 27.9%,是本区 5 种环流型中出现次数最多的环流型。根据天气纪要,按强对流天气标准检查,本型出现强对流 79 次,占东北冷涡型总次数的 30.7%。

图 9.2.1 是 1983—1992 年 6—8 月东北对流天气概率的空间分布,明显看到,高概率带从北京西北部山区沿永定河谷伸向杨村、静海地区,北京的沙河、西郊、南苑位于高概率带中,其中沙河概率最高(32.1%)。北京东部的遵化、唐山地区是另一个相对的高概率区(15.1%),而北京西南方的定兴,出现强对流天气的概率最低(7.5%)。这种分布型式,特别是河谷地区的高概率带,和竖槽环流型的强对流天气概率分布相似(见 9.5.1 节),反映出北京地区特殊的地形对强对流天气的制约作用,是强对流天气落区预报中应当考虑的因素。

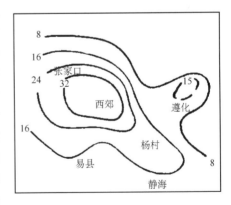

图 9.2.1 1983—1992 年 6—8 月东北
冷涡型强对流天气概率空间分布图

分别按不同强对流天气类别统计表明,本型冰雹天气主要出现在近山地区,如沙河、易县、遵化(概率和为 44.4%),而大风在平原地区概率较高(如涿县、杨村、静海概率和为 40.0%)。有意思的是,冰雹、大风相伴出现的概率分布和图 9.2.1 相似,而强雷雨的概率分布和图 9.2.1 不同,高概率带分别位于河谷的南北两侧,如南侧的涿县、定兴、静海概率和为 30.4%,北侧的沙河、通县、唐山概率和为 34.8%,表明北京地区自西北向东南倾斜及山势陡峻的河谷地带,对对流风暴的维持、加强及加速南下更为有利,易于出现冰雹、大风类强烈天气。

　　以本区首站强对流天气出现的时间为开
始时间,以 2 h 为时间间隔。统计本型强对流
天气开始时间的概率分布,如图 9.2.2 所示。
开始时间集中在午后和傍晚的 14—20 时,概
率和为 72.5%,峰值时段在 16—18 时,概率为
28.6%,和其他环流型的分布型式相似。需要
注意,本型强对流天气在凌晨也可能出现,尽
管概率很小(2.5%),但容易疏忽。10 a 资料
表明,本型在 8 时后和 10 时前,没有强对流天
气发生。

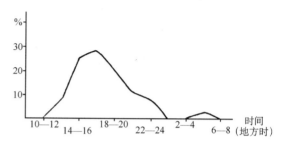

图 9.2.2　1983—1992 年 6—8 月东北冷涡型
强对流天气开始时间概率分布

9.2.2　东北冷涡型强对流天气环境场合成分析

　　我们根据资料条件,对本型出现强对流天气的 30 个样本和在与其对应年份中随机抽取的
不出现强对流天气的 39 个样本(日历见表 9.2.1),在 35°—60°N,100°—115°E 范围内分别作
合成分析。并取 100 km 格距进行物理量计算,包括散度、垂直速度、温度平流、水汽通量散
度等。

表 9.2.1　1983—1992 年 6—8 月东北冷涡型出现和不出现强对流天气合成计算日历

出现强对流天气		不出现强对流天气	
1983 年 6 月 27 日	1991 年 6 月 24 日	1983 年 6 月 26 日	1988 年 8 月 08 日
7 月 20 日	6 月 25 日	7 月 15 日	8 月 21 日
1985 年 6 月 08 日	7 月 04 日	7 月 16 日	1990 年 6 月 10 日
7 月 04 日	7 月 09 日	7 月 21 日	7 月 03 日
7 月 17 日	7 月 16 日	7 月 22 日	8 月 04 日
7 月 26 日	7 月 19 日	1985 年 7 月 05 日	8 月 19 日
8 月 05 日	1992 年 6 月 04 日	7 月 18 日	1991 年 6 月 01 日
8 月 15 日	7 月 01 日	7 月 20 日	6 月 18 日
8 月 29 日	7 月 20 日	7 月 23 日	6 月 26 日
1987 年 7 月 03 日	8 月 14 日	8 月 09 日	7 月 02 日
7 月 04 日		8 月 30 日	7 月 23 日
8 月 01 日		1987 年 7 月 22 日	8 月 15 日
8 月 07 日		7 月 23 日	8 月 19 日
8 月 17 日		8 月 03 日	1992 年 6 月 07 日
8 月 25 日		8 月 09 日	6 月 13 日
1988 年 6 月 01 日		8 月 20 日	6 月 30 日
6 月 02 日		1988 年 6 月 16 日	7 月 18 日
1990 年 6 月 08 日		6 月 17 日	7 月 19 日
8 月 21 日		7 月 08 日	8 月 12 日
1991 年 6 月 23 日		7 月 19 日	

图 9.2.3 是本型出现强对流天气的合成结果。在 500 hPa 图上(图 9.2.3b),低涡在我国东北的海拉尔和嫩江之间,并有冷中心配合,位置在低涡的西侧。从低涡中心向西南方伸出的槽线已过北京,位于海拉尔,通辽(站号:54135)、乐亭(站号:54539)至郑州一线。由图可见,在槽线后部、低涡西南方白音敖拉(站号:54012)至朱日和(站号:53276)一线存在一个准东西向的横向切变,并有冷槽伴随。08 时该横切变距北京 350 km,是北京地区当日午后强对流天气的直接影响系统。值得注意的是,在该横切变的北方阿拉坦额莫勒(站号:50603)至乌兰巴托一线还存在另一个横切变,−16 ℃的冷中心位于其后方。低涡后部的两个横向切变呈阶梯式排列,根据两者的位置,涡后短波扰动的波长约 500 km,它们对低涡后部地区间歇性的强对流天气过程起主导作用。令人惊奇的是,在日常分析中看到的特征,合成场上竟清晰地表现出来,确实揭示了低涡类强对流天气过程的本质,再次证明,大尺度环境场的分析对强对流天气预报是必不可少的基础。上一节对北京地区西北冷涡型强对流天气过程作过合成分析,与其对比,虽西北低涡导致强对流天气的主导因素也是涡后的短波扰动,但低涡位置偏西,在乌兰巴托附近,和东北冷涡间的距离达 1000 km。从低涡中心伸出的槽线在河套以西,北京地区的强对流天气出现在涡槽的前部,涡后的横向切变没有正面袭击北京;东北低涡不同,强对流天气出现在涡槽的后部,涡后的横向切变随气流南下直接影响北京地区,这是两型的不同特点。

在对流层低层(850 hPa,图 9.2.3a),低涡及涡后的横向切变亦有表现,但位置均较偏前,表现出低涡系统仍有一定程度的斜压特征。对流层高层(200 hPa,图略),在低涡外围 35°—40°N 之间,存在一支呈气旋性弯曲的高空急流,在北京上游的太原至银川附近,有一个风速为 32 m/s 的急流中心,北京位于急流出口区的左侧,这是发生强对流天气的有利条件。

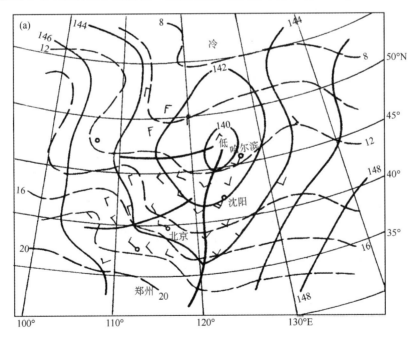

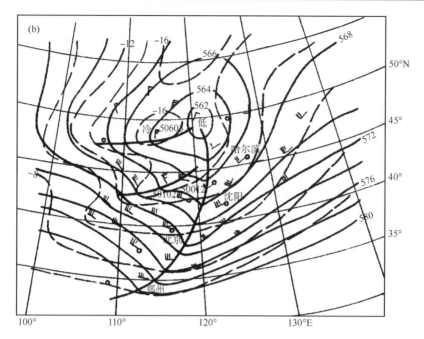

图 9.2.3　1983—1992 年 6—8 月东北冷涡型出现强对流天气的合成环境形势

(a)850 hPa；(b)500 hPa

9.2.3　东北冷涡型强对流天气环境参数合成分析

图 9.2.4a、b 是本型出现强对流天气的对流层低、中层温度平流分布。在 500 hPa 图上，低涡后部广大地区受冷平流影响，北京上游第一个横切变附近，冷平流强度达-7×10^{-5}℃/s，而在 850 hPa 的对应地区，冷平流强度仅为-4×10^{-6}℃/s，比 500 hPa 小一量级。湿度场表明（图略），冷涡区湿度很小，北京上游地区 850 hPa 比湿仅 6～8 g/kg，比槽前型小一倍（如竖槽型比湿 13～15 g/kg，见 9.5.2 节）。水汽通量散度低层为弱辐散，中层为弱辐合。因而图 9.2.4c 所显示的位势不稳定是温度差动平流导致的结果，再次证明了位势不稳定建立的机制，对于低涡类（包括西北冷涡）和低槽类（包括斜槽、竖槽）明显不同，前者缘于强烈的温度差动平流，而后者湿度差动平流起重要作用（见 9.4、9.5 节），这是两类强烈天气前环境场的重要区别。由于本研究是基于 10 a 资料多个样本的合成结果，因此所得结论具有较高的代表性，

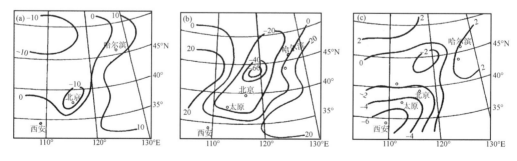

图 9.2.4　1983—1992 年 6—8 月东北冷涡型温度平流及位势不稳定度分布

(a)850 hPa；(b)500 hPa；(c)$\Delta\theta_{se(500-850)}$

较好地反映出了大气过程的内在特征。

图 9.2.5 中实线是本型出现强对流天气的北京
上游地区白音敖拉（站号：54012），锡林浩特（站号：
54102）、二连（站号：53068）及赤峰（站号：54218）地区
平均的散度垂直廓线，500 hPa 横切变附近速度辐
合，200 hPa 急流出口区左侧速度辐散，量级均为
$10^{-5}/s$。值得注意的是，08 时 850 hPa 的对应地区尚
未表现出速度辐合，原因是上述地区位于第一个横切
变的后方。垂直速度计算表明，08 时 500～200 hPa
上升运动（量级为 10^{-3} hPa/s），而 850～500 hPa 为弱
下沉运动。由此看到东北冷涡型低层有利于强对流
天气发生的动力条件是在 08 时后出现的，850 hPa 图
上随后的横切变南移，及中午前后近地层的日射增温

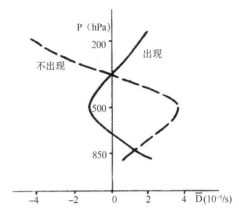

图 9.2.5　1983—1992 年 6—8 月东北冷涡型
北京上游地区平均散度垂直廓线

等，使低层的辐合、上升和中高层的有利条件耦合，导致强对流天气发生。因此，注意环境场的
连续演变及加强中尺度分析，对强对流天气预报是十分重要的。

从图 9.2.6 可看出本型不出现强对流天气的合成环境形势与出现强对流天气的环境特征
的差别，主要有三点不同：

低涡的强度和结构不同。不出现强对流天气的低涡强度较小，涡心部位的位势高度比出
现强对流天气的高 20 gpm（见图 9.2.6b 和图 9.2.3b）。低涡区温度比出现强对流天气的高
2 ℃，且在低涡后部无冷温中心配合，仅表现为冷槽型式。低涡后部 40°—50°N 地区的温度梯
度比出现强对流天气的小得多，平均温差仅 4 ℃，而出现强对流天气的温差达 6 ℃，因而导致
温度平流明显不同，500 hPa 低涡区出现强对流天气的冷平流达 -7×10^{-5} ℃/s，不出现强对
流天气的仅为 -2×10^{-5} ℃/s，表明出现强对流天气的东北低涡要有一定的强度和特定的
结构。

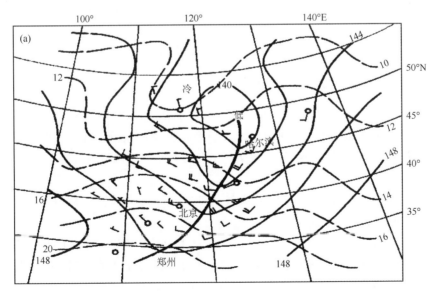

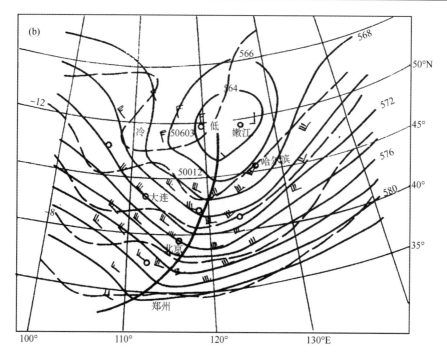

图 9.2.6　1983—1992 年 6—8 月东北冷涡型不出现强对流天气的合成环境形势
(a)850 hPa；(b)500 hPa

低涡后部横切变的特征不同。不出现强对流天气的北京上游 500 km 范围内不存在横向切变(图 9.2.6b)，温度场上亦无冷槽表现。在阿拉坦额莫勒(站号：50603)附近的横向切变距离太远(约 1000 km)，对北京地区当日的天气无直接影响，和出现强对流天气的相比，涡后部横切变的特征明显不同。

物理量场特征不同。出现强对流天气的北京上游地区对流层中、低层均为冷平流，且随高度明显增强，不出现强对流天气的冷平流出现在低层，中层为弱暖平流，因而层结位势稳定(图略)。图 9.2.5 中的断线是在和实线相同地区计算的不出现强对流天气的平均散度廓线，比较可见，出现和不出现强对流天气的动力条件存在明显差别。

9.2.4　东北冷涡型强对流天气预报着眼点

综合上述，可将北京地区东北冷涡型出现和不出现强对流天气的环流形势和物理量特征归纳如图 9.2.7 所示的概念模式。图中实线表示等高线，断线表示等温线，粗实线为槽线，实矢线为流线，其他见图中标注，说明详见前文。由此得到东北冷涡型强对流天气预报的主要着眼点：

关注低涡强度和结构。出现强对流天气的 500 hPa 低涡较强，有冷中心配合，涡后部 40°—50°N 范围内温度梯度较大。

注意后部横切变特征。500 hPa 低涡后部，北京上游地区 500 km 内有无横切变存在，有无冷温槽与其配合。在对流层低层与其对应的地区有无横切变活动，它和 500 hPa 的有利条件是否耦合。强对流天气最易出现在中、低层横切变位置接近的部位。

分析物理量场特征。着重注意低涡后部、北京上游地区的温度平流及其随高度的分布，散度的垂直廓线,高层的风场特征及急流核和北京的相对位置,各种有利条件的最佳配合,预示强对流天气将会发生。

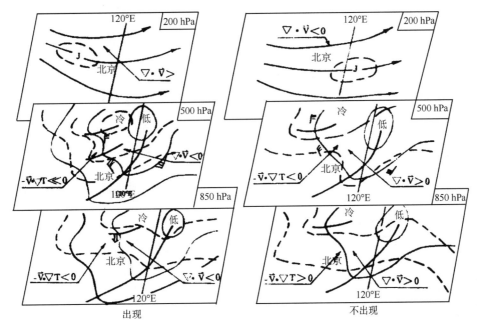

图 9.2.7　北京地区东北冷涡型出现和不出现强对流天气的概念模式

9.3　槽后型强对流天气大尺度环境条件

9.3.1　槽后型强对流天气统计特征

对 1983—1992 年 6—8 月共 10 a 资料逐日普查,出现槽后型计 145 次,占 10 a 总数的 15.8%,其中出现强对流天气 29 次,占槽后型总数的 20.0%。

图 9.3.1 是槽后型强对流天气开始时间的概率分布。强对流天气开始时间集中在 16—19 时之间,概率和 53%,峰值在 17 时左右,概率 29.4%。在前半夜的 21 时左右有一个开始时段的次峰值,概率 11.8%。10 a 资料表明,本型在 02 时后和 12 时前,没有强对流天气发生。和西北冷涡型(见 9.1 节)及斜槽型(见 9.4 节)对比,本型主峰值时间和前者相同,而比后者导前 3 h。

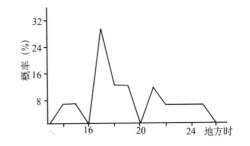

图 9.3.1　1983—1992 年 6—8 月北京地区槽后型强对流天气开始时间概率分布

图 9.3.2 是槽后型 6—8 月强对流天气概率的空间分布,高概率区在军都山脉西部的延庆地区(概率 20.6%),在高概率区中从官厅水库沿永定河谷伸向杨村、静海地区为相对的高概率带,其两侧为低概率区,其中通县出现强对流天气的概率最低,仅 2.9%。6、7、8 月各月强对流天气概率的空间分布和 6—8 月总的趋势相近(图略)。

将本型强对流天气按冰雹类(含大风及冰雹伴大风)，强雷雨类(强雷雨伴大风)、冰雹、大风、强雷雨或冰雹、强雷雨类分别统计(表 9.3.1)，可以看出，槽后型多冰雹类天气，少强雷雨类天气。10 a 资料表明，冰雹类天气在张家口、延庆地区冰雹、大风都能出现，而在杨村、静海地区，则均为大风，没有冰雹。强雷雨类天气中，北京地区都是单独强雷雨，没有出现强雷雨、大风交加的天气。表 9.3.1 表明，本型本区各地冰雹、大风、强雷雨或冰雹、强雷雨同时出现的概率均为零。

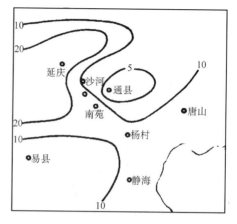

图 9.3.2　1983—1992 年 6—8 月北京地区槽后型强对流天气概率的空间分布

表 9.3.1　1983—1992 年 6—8 月北京地区槽后型各类强对流天气概率统计

	张家口	延庆	沙河	西郊	南苑	杨村	静海
冰雹类	60.0	71.4	66.7	66.7	80.0	66.7	83.3
强雷雨类	40.0	28.6	33.3	33.3	20.0	33.3	16.7
冰雹、大风、强雷雨类	0	0	0	0	0	0	0
冰雹、强雷雨类	0	0	0	0	0	0	0

9.3.2　槽后型强对流天气环境场及环境参数合成分析

由于槽后型出现强对流天气的概率很小，因此，揭示其出现和不出现的环流型结构及环境参数的差别更为重要，为此。我们根据资料条件，对本型出现和不出现强对流天气的各 25 个样本(日历见表 9.3.2)，在 34°—48°N，105°—126°E 范围内(测站 30 个)分别进行合成分析，并取 100 km 格距作物理量诊断计算。内容包括散度、垂直速度、温度平流、水汽通量散度及不稳定指数等，计算方案如通常所用。

表 9.3.2　1983—1992 年 6—8 月北京地区槽后型出现和不出现强对流天气合成计算日历

出现强对流天气		不出现强对流天气	
1983 年 6 月 02 日	1991 年 6 月 06 日	1983 年 6 月 01 日	1991 年 6 月 05 日
6 月 12 日	7 月 24 日	6 月 03 日	7 月 13 日
6 月 14 日	8 月 07 日	7 月 05 日	8 月 06 日
6 月 21 日	8 月 08 日	7 月 06 日	8 月 11 日
7 月 08 日	8 月 10 日	7 月 10 日	1992 年 6 月 12 日
7 月 12 日	8 月 18 日	8 月 17 日	6 月 14 日
8 月 21 日	1992 年 6 月 15 日	1985 年 6 月 03 日	6 月 25 日
1985 年 6 月 13 日	6 月 24 日	6 月 11 日	7 月 12 日
6 月 16 日	7 月 22 日	6 月 12 日	7 月 17 日
7 月 13 日		1987 年 6 月 21 日	

出现强对流天气	不出现强对流天气
7 月 01 日	8 月 04 日
8 月 14 日	7 月 08 日
1987 年 6 月 20 日	1988 年 6 月 24 日
7 月 07 日	7 月 22 日
1988 年 6 月 23 日	7 月 25 日
6 月 29 日	1991 年 6 月 03 日

图 9.3.3 是本型出现强对流天气的合成结果。在 500 hPa 图上,北京地区位于主槽后部,槽线在索伦(站号:50834)、叶伯寿(站号:54326)、济南(站号:54823)和郑州(站号:57088)一线,槽前盛行南西风,风速 14～22 m/s,槽后多为 8～14 m/s 的西北西风,比槽前风速平均小 6～8 m/s。温度平流计算表明(图略),槽后华北北部冷平流较强(-1.0×10^{-4}℃/s),而在其南方的苏、鲁、皖地区为暖平流(1.3×10^{-4}℃/s),因此在北京地区有锋生倾向。值得注意的是,在主槽后部的巴林左旗(站号:54027)和朱日和(站号:54276)一线,存在一条准东西向的切变线,其位置和强冷平流区一致,说明热力作用对其生成有贡献。垂直运动诊断表明,在横切变附近为上升运动,量级 10^{-3} hPa/s(图略),为触发强对流天气提供有利条件。实践表明,对槽后型强对流天气而言,500 hPa 主槽前部引起的先期降水及槽后的大尺度下沉运动,提供了它发生的水汽及能量条件,但导致强对流天气的直接影响系统是主槽后部的次天气尺度横向切变,人们对其十分重视,合成场上揭示出此种特征,反映了槽后型强对流天气过程的实质。

在对流层低层(图 9.3.3a),主槽槽线在 500 hPa 槽线以东,槽后存在明显的暖脊,从中原地区伸到 500 hPa 横切变的下方,使对流层中、低层呈"下暖上冷"结构。湿度场表明(图略),一条湿舌从西安、郑州伸向华北地区。济南、太原、延安一线为 4～10 m/s 的偏南风,向华北地区输送暖湿空气,而在对流层中层为干冷平流,因而使层结趋于不稳定,且在赤峰(站号:54218)和承德(站号:54423)地区为上升运动。这些条件的组合,为 500 hPa 横切变南下,北京地区午后出现强对流天气提供条件。

在对流层高层(图 9.3.3c),主槽槽线在 115°E 以西,低槽呈后倾结构。明显的特点是在西北至华北地区存在一支高空急流,槽前、后分别有一个强风区,强度槽后≥槽前,且槽后的强风核距北京较近,当其沿基本气流向前传递,北京地区将受其影响。结合流线分析,华北地区位于急流出口区左侧,这里的高空辐散为北京地区强对流天气发生提供动力条件。联系 850 hPa 诊断结果(图略),在高空急流轴的左侧,低层辐合上升,右侧辐散下沉,显示出在约 117°E 的南北方向上存在一个垂直急流轴的次级逆环流圈,其北侧上升运动,南侧下沉运动,低层的非地转偏南风将南方的暖湿空气向华北地区输送,有助于北京地区孕育强对流天气发生。

图 9.3.4 是槽后型不出现强对流天气的合成结果,和图 9.3.3 对比,主要有三点不同:

主槽的位置和结构不同。不出现强对流天气的 500 hPa 主槽位置较偏东(图 9.3.4b),北京以北偏东更多,约 150 km。槽前、后风向风速和出现强对流天气的不同,40°E 以南,槽前为偏西风,风速 10～16 m/s,槽后北至北西风,风速≥槽前(14～18 m/s)。从涡度平流考虑,这样的低槽移动较快,冷空气南下较远,槽后盛行下沉气流(图略)不利强对流天气发生。

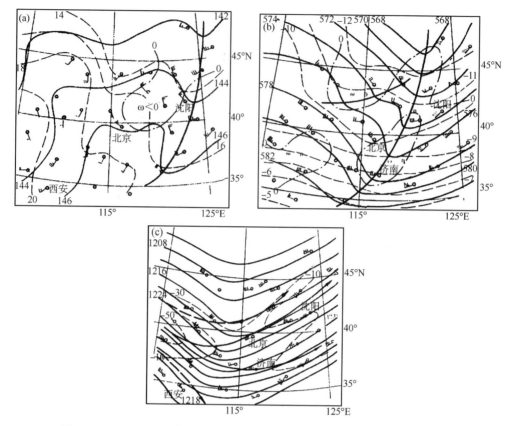

图 9.3.3　1983—1992 年 6—8 月北京地区槽后型出现强对流天气的合成分析

细实线:等高线,(a)、(b)间隔 20 gpm,图(c)间隔 40 gpm

细断线:等温线,图(a)间隔 2 ℃,图(b)间隔 1 ℃

(a)、(b)中的点画线为垂直速度零线,图(c)中的粗断矢线为流线

粗实矢线为急流轴,断线为等风速线

　　槽后横切变的位置和特性不同。出现强对流天气的横切变西端点伸到 110°E 附近,它沿基本气流南下,足以影响北京地区,不出现强对流天气的横切变西端点不过 115°E,即使维持和南下,也不易影响北京地区。不出现强对流天气的横切变无冷温槽配合,不伴有小股冷空气活动,温压场是不同的(参见图 9.3.3b)。在 500 hPa 横切变下方,不出现强对流天气的温度场呈冷槽型式(图 9.3.4a),并出现向南伸展的干舌,从华北至华东地区,为一致的偏西北气流,表明随主槽南下的冷空气已侵入对流层低层。在偏北干、冷平流区中为较大范围的下沉运动,联系 500 hPa 垂直速度分布(图 9.3.4b),华北地区受深厚下沉气流控制,和出现强对流天气的特征是截然不同的。

　　高空急流特征不同。不出现强对流天气的高空急流位于 200 hPa 槽前(图 9.3.4c),强风核远离北京地区,在大连、丹东附近。流线分析表明,北京地区位于急流入口区的左侧,受辐合、下沉气流控制,而在其右侧存在辐散、上升运动,因而在入口区的经向方向上存在次级正环流圈,环流圈北侧的下沉运动抑制了北京地区强天气的形成,这和出现强天气的急流结构是不同的。

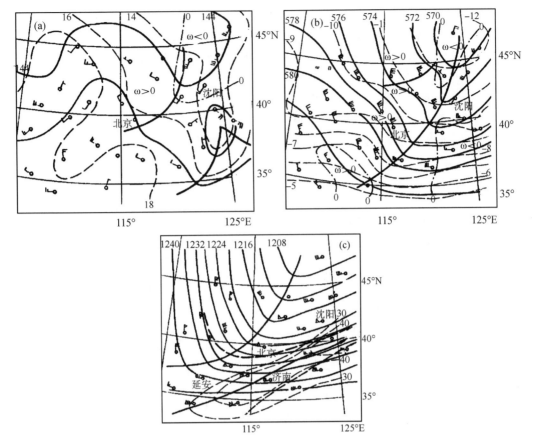

图 9.3.4　1983—1992 年 6—8 月北京地区槽后型不出现强对流天气的合成分析

细实线：等高线，(a)、(b)间隔 20 gpm，图(c)间隔 40 gpm

细断线：等温线，图(a)间隔 2 ℃，图(b)间隔 1 ℃

图(a)、(b)中的点画线为垂直速度零线，图(c)中的粗断矢线为流线

粗实矢线为急流轴，断线为等风速线

9.3.3　槽后型强对流天气预报着眼点

北京地区槽后型出现和不出现强对流天气的合成形势及物理量分布有很大不同，归纳起来可得如图 9.3.5 所示的概念模式。图中实线表示等高线，断线等温线，其他见图中标注，说明详见前文。由此得到槽后型强对流天气预报的主要着眼点：

关注主槽的位置和结构。在 40°N 线附近，出现强对流天气的 500 hPa 主槽在 119°E，不出现的主槽在 121°E 附近。出现强对流天气的主槽前部为南西风，后部西北西风，风速槽前≥槽后，北京及其上游地区为干冷平流；不出现的与此不同，槽前、后分别为偏西风和北西风，风速槽后≥槽前，北京地区为弱干、冷平流。

注意槽后横切变的位置和结构。出现强对流天气的横切变西端点过 115°E，接近 110°E，横切变后方为北西风，且有冷温槽配合，有较强的冷平流，并存在上升运动，镶嵌在主槽后方的上升运动区中，不出现强对流天气横切变西端点不过 115°E，其后方为偏北风，无冷温槽配合，且其附近为下沉运动。

　　分析对流层低层特征。出现强对流天气的 500 hPa 主槽后部,低层为暖脊控制,从西南方伸向横切变下方,且存在湿舌,华北南部为偏南风,暖、湿平流铺垫在 500 hPa 干冷平流下方,华北北部已出现上升运动;不出现强对流天气的相反,华北地区受冷槽控制,盛行北西风,伴有较强的干冷平流,且为下沉运动。

　　分析高空急流的位置和特征。出现强对流天气的高空急流核在槽后河套地区,北京位于急流出口区的左侧,辐散流型叠加在低层辐合区上方,北京位于上升运动区中;不出现的相反,急流核位于 200 hPa 槽前,北京位于急流入口区的左侧,辐合、下沉抑制了对流天气产生。

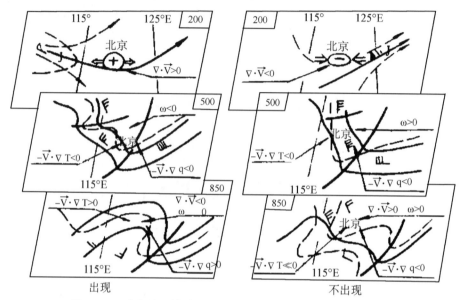

图 9.3.5　北京地区槽后型出现和不出现强对流天气的概念模式

9.4　斜槽型强对流天气大尺度环境条件

9.4.1　斜槽型强对流天气统计特征

　　1983—1992 年 6—8 月 10 a 中斜槽型出现 186 次,占 10 a 总数的 20.2%,其中出现强对流天气 64 次,占斜槽型总数的 34.4%。

　　图 9.4.1 是斜槽型强对流天气开始时间的概率分布,开始时间集中在 17—21 时,概率 62%,峰值时段在 19—20 时,概率 18%,和西北冷涡型(见 9.1 节)及槽后型(见 9.3 节)对比,本型强对流天气开始的峰值时段概率较低(西北冷涡型 40.0%,槽后型 29.4%),且峰值时间比它们晚 3 h。10 a 资料表明,本型在 2 时后 11 时前出现强对流天气的概率为零。

　　斜槽型强对流天气概率的空间分布表明(图 9.4.2),强对流天气出现在 500 hPa 的斜槽前部,但概率分布不均匀,表现出很强的局地特征,高概率带在延庆和通县之间,近似南北走向,沙河、西郊、南苑在高概率中,西郊概率最大,达 30%,是本型强对流天气落区预报的重点地区。在高概率带的东西两侧是低概率区,通县附近概率很小(7.2%),而其东南方沿海地区又呈现出另一个高概率区,如静海,强对流天气概率 23.3%。6、7、8 月各月强对流天气概率的空间分布和总的趋势相似(图略)。

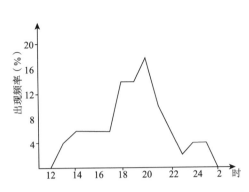

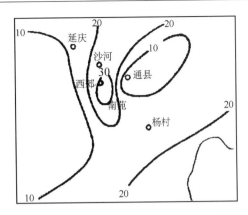

图 9.4.1　斜槽型强对流天气开始时间概率分布　　　　图 9.4.2　斜槽型强对流天气概率的空间分布

将本型强对流天气按冰雹类(含大风及冰雹伴大风),强雷雨类(含强雷雨伴大风),冰雹、大风、强雷雨或冰雹、强雷雨同时出现类分别统计(表 9.4.1)。可以看出,张家口、延庆地区多冰雹类天气,少强雷雨类天气;沙河、西郊、南苑与其相似;静海地区和它们不同,冰雹类概率减小(其中单独冰雹和冰雹伴大风的概率为零),强雷雨类概率增大,这和沿海地区地势较平坦和水汽较充沛的基本特征是一致的。值得注意的是本型中冰雹、大风、强雷雨同时出现很少,而冰雹、强雷雨同时出现除延庆 1 次外,其他各站均未出现过。

表 9.4.1　1983—1992 年 6—8 月斜槽型各类强对流天气概率统计

	张家口	延庆	沙河	西郊	南苑	杨村	静海
冰雹类	85.8	55.5	50.0	77.4	62.6	18.2	56.3
强雷雨类	14.3	33.3	50.0	18.1	31.3	72.7	43.7
冰雹、大风、强雷雨类	0	0	0	4.5	6.3	9.1	0
冰雹、强雷雨类	0	11.2	0	0	0	0	0

比较斜槽型和槽后型(见 9.3 节)强对流天气类别可见,在平原地区,斜槽型多强雷雨类天气,特别是杨村地区,概率超过 70%,而槽后型则多冰雹类天气(概率超过 60%),这和两型的环流特征及由此导致的物理量分布不同有密切关系,下面将作说明。

9.4.2　斜槽型强对流天气环境场及环境参数合成分析

对本型出现和不出现强对流天气的各 30 个样本(日历见表 9.4.2),在 34°—50°N、105°—126°E 范围内(测站 34 个)分别进行合成分析,并取 100 km 格距作物理量诊断计算,内容包括散度、垂直速度、温度平流、水汽通量散度及不稳定指数等。

图 9.4.3 是本型出现强对流天气的合成结果。在 500 hPa 图上(图 9.4.3b),斜槽槽线呈 NE—SW 走向,位于赤塔、海力素(站号:55281)和鼎新(站号:52446)一线,槽后西北西风,槽前偏西风,槽线上等高线呈无辐散特征,且温度平流很弱,因而该槽将连续东移,而无发展倾向。但值得注意的是,在低槽前部的呼和浩特至延安一线,存在一个短波扰动,与其对应,有一小股冷空气向东伸进(温度平流强度—1.5×10^{-4}℃/s,图 9.4.4b)且较干燥。这种中空干冷空气入侵为北京地区午后强对流天气的发生提供了良好的环境条件,强对流天气出现在短波槽前。

表 9.4.2　1983—1992 年 6—8 月北京地区斜槽型出现和不出现强对流天气日历

出现强对流天气		不出现强对流天气	
1983 年 6 月 16 日	8 月 10 日	1983 年 6 月 11 日	1988 年 6 月 13 日
6 月 29 日	1988 年 6 月 14 日	6 月 13 日	6 月 18 日
7 月 07 日	7 月 01 日	7 月 24 日	7 月 03 日
7 月 25 日	7 月 18 日	8 月 06 日	7 月 11 日
8 月 04 日	7 月 20 日	8 月 16 日	7 月 13 日
8 月 05 日	1990 年 8 月 14 日	8 月 18 日	7 月 14 日
8 月 14 日	8 月 30 日	1985 年 7 月 19 日	8 月 19 日
8 月 15 日	1991 年 6 月 04 日	8 月 22 日	1990 年 6 月 17 日
1985 年 6 月 18 日	6 月 15 日	1987 年 6 月 04 日	7 月 05 日
6 月 29 日	6 月 28 日	6 月 06 日	7 月 23 日
7 月 10 日	7 月 21 日	6 月 24 日	1991 年 8 月 01 日
8 月 21 日	7 月 27 日	7 月 13 日	1992 年 6 月 26 日
8 月 25 日	1992 年 6 月 03 日	7 月 14 日	7 月 06 日
1987 年 6 月 05 日	6 月 23 日	8 月 30 日	8 月 05 日
7 月 12 日	7 月 16 日	1988 年 6 月 04 日	8 月 08 日

在对流层低层(图 9.4.3a),低槽位于海拉尔、呼和浩特至银川一线,40°N 以南地区,槽线位于 500 hPa 短波槽后方,系统呈前倾结构,且在北京上游地区为暖湿平流(图 9.4.4a),铺垫在 500 hPa 干冷平流的下方,构成强对流天气发生必需的物理条件。

对流层高层的环境表明(图略),我国至日本地区为纬向气流覆盖,风速不超过 40 m/s,一支弱急流(强风核 36 m/s)位于 40°N 北侧,北京地区在急流轴右方的辐散区中。

图 9.4.5 综合了北京上游东胜、太原和邢台地区平均的散度、垂直速度和水汽通量散度的垂直分布。明显看到,水汽通量辐合主要表现在低层,量级 -6.4×10^{-8} g/(s·cm²·hPa),低层辐合和高层辐散的抽气机制将暖湿空气向上输送,在午后层结不稳定的环境中,对流天气得以发展。

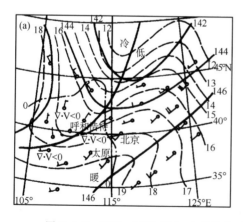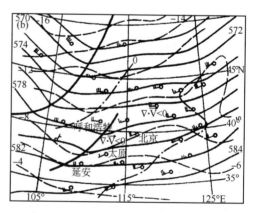

图 9.4.3　1983—1992 年 6—8 月北京地区斜槽型出现强对流天气的合成环境形势

细实线:等高线,间隔 20 gpm　细断线:等温线,(a)间隔 1 ℃;(b)间隔 2 ℃

图中点画线为散度零线

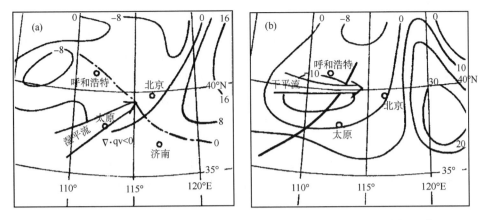

图 9.4.4　1983—1992 年 6—8 月北京地区斜槽型合成温度平流分析(单位 10^{-5} ℃/s)

(a)中点画线为水汽通量散度零线

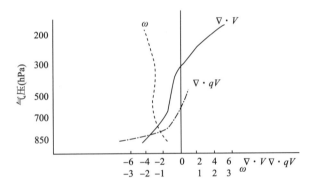

图 9.4.5　斜槽型北京上游地区平均的散度、垂直速度和水汽通量散度廓线

实线:散度,单位 10^{-5}/s　　断线:垂直速度,单位 10^{-3} hPa/s

点画线:水汽通量散度,单位 10^{-8} g/(s·cm² · hPa)

　　图 9.4.6 是斜槽型不出现强对流天气的合成结果,和出现强对流天气的(图 9.4.3)对比,主要有三点不同:

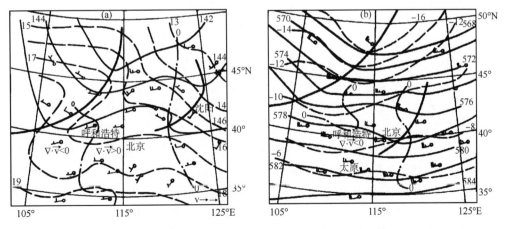

图 9.4.6　斜槽型不出现强对流天气的合成环境形势

图例说明同图 9.4.3

低槽前部短波槽的位置和结构不同。出现和不出现强对流天气的长波槽两者差别不大，差别明显的是长波槽前的短波扰动，前者短波槽位于北京以西，主体在 40°N 以南，与其相伴的小股干冷空气正面侵袭北京地区(见图 9.4.3b 和图 9.4.4b)，不出现强对流天气的短波槽位于北京以东，主体在 40°N 以北(图 9.4.6b)，与其相随的冷湿空气主要在张家口至巴林左旗(站号：54027)一带，没有正面侵入北京地区(图略)。短波槽地区的散度分布和出现强对流天气的也不同，高、低层均为辐散，且低层辐散较强，这样结构的短波槽不能提供北京地区强对流天气发生的条件。由此可见，斜槽前部的纬向气流提供产生次天气尺度扰动的条件，而次天气尺度低槽的位置和结构则是制约北京地区强对流天气的主导因素。联系冷涡型(见 9.1、9.2节)和槽后型(见 9.3 节)强对流天气的直接影响系统是低涡和低槽后部的横向切变，不难看出，对中尺度规模的对流天气预报，在环境场的把握上应特别注意大型环流系统中的短波扰动，它们对强对流天气发生的作用更直接。

上游地区物理量场特征不同。表 9.4.3 是北京上游东胜、太原和邢台地区平均的比湿和水汽通量散度分布，在对流层中、低层，本型出现强对流天气的水汽含量比不出现强对流天气的充沛，水汽通量散度也是这样，出现强对流天气的辐合强度更大，特别在低层，大 3 倍以上。

表 9.4.3　北京上游地区平均的比湿和水汽通量散度分布

	平均比湿(g/kg)				平均水汽通量散度[10^{-8} g/(s·cm^2·hPa)]			
	斜槽型		槽后型		斜槽型		槽后型	
	出现	不出现	出现	不出现	出现	不出现	出现	不出现
850 hPa	9.3	8.0	8.2	8.4	−6.4	−1.5	−3.5	0.6
700 hPa	5.5	4.5	4.8	4.7	−0.0	0.7	2.5	1.7
500 hPa	2.2	1.7	1.7	1.8	0.4	−0.3	0.0	−0.7

不出现强对流天气的低层速度辐合较弱(不及出强对流天气的 1/3)，高层辐合较强，高、低层间辐合、辐散相间分布，因而垂直速度也较弱(图略)，和出现强对流天气的明显不同。

高空急流特征不同。出现强对流天气的高空急流轴在 40°N 以北，北京地区位于其南侧的辐散区中；不出现强对流天气的急流轴位于北京上空，呈现出速度辐合特征。

将本型强对流天气的环境场特征和槽后型(见 9.3 节)相比，除大型环流形势不同，尚有两点区别：

在对流层中、低层，出现强对流天气的斜槽型水汽更充沛，水汽通量辐合强度更大(表 9.4.3)，这和斜槽型整层偏西至西南风，槽后型多偏西至西北风是一致的，因而斜槽型多强雷雨类天气，而槽后型则多冰雹类天气。形象地说，斜槽型对应"湿"对流风暴，而槽后型则与"干"对流风暴对应。

出现强对流天气的斜槽型纬向风垂直切变小于槽后型，特别在中、高层和高、低层表现明显(表 9.4.4)。槽后型低层风向随高度顺转，斜槽型槽前风向随高度变化不大。高空急流强度两者也不一样(表 9.4.5)，槽后型急流强度远大于斜槽型。由此看到，斜槽型对应弱切变、弱急流环境中的强对流天气过程，槽后型相反，对应强切变、强急流环境中的强对流天气过程，两者的动力学特征是不同的。

表 9.4.4　斜槽型和槽后型纬向风垂直切变(单位:m/s)

其中数字为北京上游东胜、太原和邢台的平均值

	斜槽型		槽后型	
	出现	不出现	出现	不出现
$\Delta \bar{u}_{850}^{500}$	10.6	8.0	11.3	0.8
$\Delta \bar{u}_{500}^{200}$	21.4	23.0	26.4	3.9
$\Delta \bar{u}_{850}^{200}$	32.0	31.0	37.7	4.7

表 9.4.5　斜槽型和槽后型 200 hPa 高空急流强度(单位:m/s)

斜槽型		槽后型	
出现	不出现	出现	不出现
36	34	52	56

9.4.3　斜槽型强对流天气预报着眼点

综合上述,可将斜槽型出现和不出现强对流天气的环境形势和物理量分布概括如图 9.4.7 所示的概念模式。图中实线表示等高线,断线表示等温线,粗实线为槽线,粗、断实矢线分别表示流线和急流轴,其他见图中标注,说明详见上文。由此得到斜槽型强对流天气预报的主要着眼点:

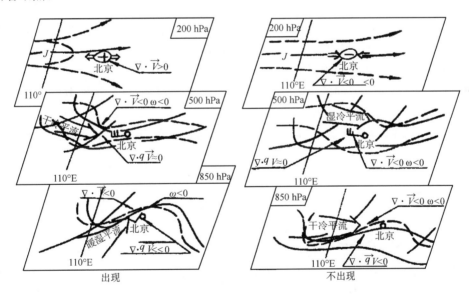

图 9.4.7　斜槽型出现和不出现强对流天气的概念模式

分析斜槽型是否建立,注意斜槽前部有无次天气尺度扰动,它的位置及其垂直结构是否有利于北京地区强对流天气发生。

分析北京上游地区物理量场特征及其垂直分布,特别注意在低层暖湿平流的上方是否叠加中层干冷平流,注意它们和北京的相对位置,是否正面侵袭北京地区。

分析高、低层散度特征及其垂直配置,注意高空急流的位置及其动力特征,考察是否能建

立低层辐合和高层辐散的机制,以利强对流天气的形成发展。

9.5 竖槽型强对流天气大尺度环境条件

9.5.1 竖槽型强对流天气统计特征

竖槽型又称西来槽型,1983—1992 年 6—8 月逐日 08 时 500 hPa 图普查表明,10 a 中出现竖槽型计 210 次,占 10 a 总天气的 22.8%,其中出现强对流天气 49 次,占竖槽型总次数的 23.3%。

图 9.5.1 是 1983—1992 年 6—8 月竖槽型强对流天气概率的空间分布,十分明显,概率大值带从北京西北部山区沿永定河谷伸向杨村、静海地区,反映出北京地区特定地形对强对流天气的制约作用。沙河、西郊、南苑位于大值带中,南苑概率最大,达 39.5%,是本型强对流天气的重要落区。在北京东部遵化、唐山地区存在另一个相对的概率大值区,而在北京西南方向的涿县、易县、定兴地区出现强对流天气的概率较小,尤以定兴最小,概率仅为 5.3%。

分别按不同强对流天气类别统计表明(图略),本型多数测站(超过 2/3)均可出现大风天气,且大值概率带位置和图 9.5.1 一致。在遵化、唐山及涿县、定兴地区,除唐山出现大风概率 2.8%,其他三站概率为零。10 a 资料表明,本型冰雹天气仅出现在局部地区,主要在沙河、西郊、南苑,其次在涿县,其他地区均未发现,这和低涡类不同(见 9.1 节和 9.2 节)。统计表明,强雷雨各站均可出现,表现出槽前偏南气流型下强对流天气的基本特点,且强雷雨的落区主要在通县至遵化、唐山地区(概率和为 37.0%)。值得注意的是,本型各站强对流天气类别单独出现的多,相伴出现的少,因此,很难见到狂风伴暴雨或大风夹冰雹天气,这和低涡类不一样,低涡类中不难看到相伴类别的强对流天气(见 9.1 节和 9.2 节)。

本型强对流天气开始时间的概率分布如图 9.5.2 所示,强对流天气集中出现在午后至傍晚的 14—20 时,概率为 67.9%,峰值时段在 16—18 时,概率为 28.6%,在午夜 22—24 时有一个开始时间的次峰值时段,概率为 17.9%。10 a 资料表明,在 24 时后和 12 时前,本型出现强对流天气的概率为零。

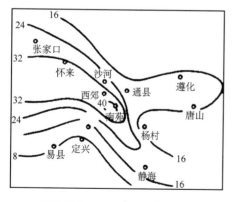

图 9.5.1　1983—1992 年 6—8 月竖槽型强对流天气概率空间分布

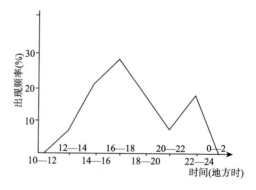

图 9.5.2　1983—1992 年 6—8 月竖槽型强对流天气开始时间概率分布

9.5.2　竖槽型强对流天气环境场及环境参数合成分析

对本型出现强对流天气的 27 个样本和在与其对应年份中随机抽取的不出现强对流天气的 32 个样本（日历见表 9.5.1），在 35°—50°N、85°—135°E 范围内分别作合成分析，并取 100 km 格距进行物理量计算，内容包括散度、垂直速度、温度平流、水汽通量散度等，图 9.5.3 是本型出现强对流天气的合成结果。在 500 hPa 图上（图 9.5.3b），准南北向的竖槽槽线位于 107°E 附近，距北京约 600 km，北京地区午后的强对流天气出现在它的前方。低槽区风速较大（12 m/s），在槽后出现 20 m/s 的强风，具有中空急流特征，在强风引导下，槽线附近冷平流较强，并伸到槽前，计算表明（图略），北京上游河套地区冷平流强度达 $-3×10^{-5}℃/s$，表明出现强对流天气的竖槽有很强的斜压特征。湿度场表明，在 500 hPa 槽线附近存在小股干空气（图 9.5.4），随低槽东移向北京地区输送，这种中空的干冷空气入侵是形成对流风暴的重要环境条件。

表 9.5.1　1983—1992 年 6—8 月竖槽型出现和不出现强对流天气合成计算日历

出现强对流天气		不出现强对流天气	
1983 年 7 月 27 日	1988 年 8 月 09 日	1983 年 6 月 18 日	1988 年 7 月 07 日
8 月 03 日	8 月 26 日	7 月 02 日	7 月 21 日
8 月 27 日	1990 年 6 月 26 日	8 月 01 日	8 月 01 日
1985 年 7 月 06 日	7 月 04 日	8 月 02 日	8 月 31 日
7 月 25 日	1991 年 7 月 05 日	8 月 26 日	1990 年 6 月 30 日
8 月 11 日	8 月 14 日	1985 年 6 月 14 日	7 月 02 日
8 月 13 日	1992 年 6 月 21 日	6 月 15 日	1991 年 7 月 06 日
8 月 20 日	8 月 02 日	7 月 09 日	7 月 18 日
1987 年 8 月 02 日	8 月 03 日	7 月 21 日	8 月 05 日
8 月 22 日	8 月 21 日	8 月 10 日	8 月 09 日
8 月 26 日	8 月 24 日	8 月 12 日	8 月 23 日
8 月 29 日		8 月 18 日	1992 年 6 月 02 日
1988 年 6 月 21 日		8 月 21 日	6 月 19 日
7 月 12 日		1987 年 7 月 25 日	8 月 04 日
7 月 15 日		7 月 26 日	8 月 20 日
8 月 06 日		1988 年 6 月 06 日	8 月 28 日

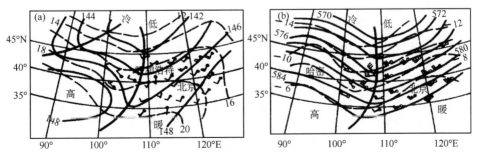

图 9.5.3　1983—1992 年 6—8 月竖槽型出现强对流天气的合成环境形势
(a)850 hPa；(b)500 hPa

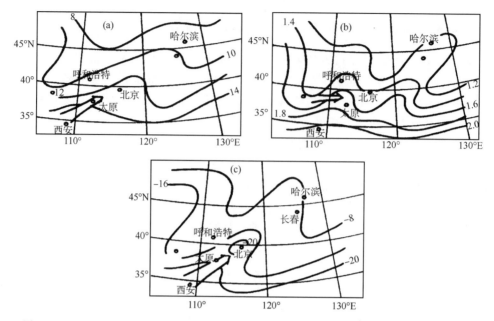

图 9.5.4　1983—1992 年 6—8 月竖槽型出现强对流天气的合成湿度场及位势不稳定分布

(a)850 hPa;(b)500 hPa;(c)$\Delta\theta_{se(500-850)}$

散度计算表明(图略),低槽前部速度辐合,在中空急流前方槽线附近,存在中尺度规模的强辐合区。量级接近 10^{-4}/s,这是引发强对流天气的动力条件。

在对流低层(850 hPa,图 9.5.3a),槽线从乌兰巴托经河套,伸向松潘(站号:56182)地区,和 500 hPa 槽线对照,槽轴呈垂直分布,冷平流仅出现在槽后地区,在槽前河套附近为暖平流,量级为 10^{-5} ℃/s,铺垫在 500 hPa 冷平流的下方,且暖平流区又是湿平流区(图 9.5.4a)和水汽通量强辐合区,强度达 -3×10^{-7} g/(s·cm²·hPa)(500 hPa 水汽通量散度很弱,比 850 hPa 小一个量级),这种温湿垂直分布特征导致北京上游地区位势不稳定,强不稳定区在太原、西安之间,$\Delta\theta_{se(500-850)}$ 达 -20 ℃(图 9.5.4c),北京地区午后的强对流天气出现在强不稳定区的下风方。值得注意的是北京地区槽前类(包括斜槽、竖槽)强对流天气发生前,位势不稳定的建立,温度平流和湿度平流都有贡献(见 9.4 节),而低涡类(包括西北涡和东北涡)位势不稳定的形成机制主要是差动温度平流(见 9.1 和 9.2 节),这是两类强对流天气环境场的不同点。

在对流层高层(200 hPa,图略),宽广的槽前偏西南风覆盖我国大部分地区,在 40°N 附近存在一支高空急流,强风中心在酒泉附近,风速为 38 m/s,北京地区位于急流轴附近的流线辐散区,为强对流天气发生提供有利条件。槽后型强对流天气发生前,200 hPa 存在一支很强的高空急流,风速达 50 m/s 以上(见 9.3 节),与其相比,槽前型高空急流要弱得多,由此两型高低层(200~850 hPa)纬向风垂直切变也有较大差别,槽后型达 6×10^{-3}/s,而槽前型只有它的1/3。根据这些事实,将垂直风切变和位势不稳定综合考虑,可以看出,槽前型强对流天气的发生,由层结提供的热力不稳定能起主导作用,而槽后型不同,环境风垂直切变提供的动能是很重要的。这是两型不同的动力学特征。

图 9.5.5 综合了北京上游地区呼和浩特(站号:53463),海流图(站号:53336)、临河(站号:53513)、东胜(站号:58543)及延安(站号:53845)5 站平均的散度垂直廓线。明显看到,出现强对流天气的竖槽,由于系统的垂直结构特征,08 时已经出现低层辐合和高层辐散的动力机制,

850 和 500 hPa 的上升速度分别为 -1.1×10^{-3} hPa/s 和 -2.0×10 hPa/s，提供了强对流天气发生必需的动力条件。

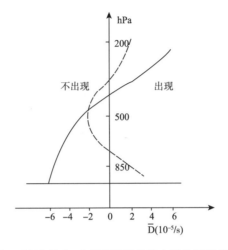

图 9.5.5　1983—1992 年 6—8 月竖槽型北京上游地区平均散度垂直廓线

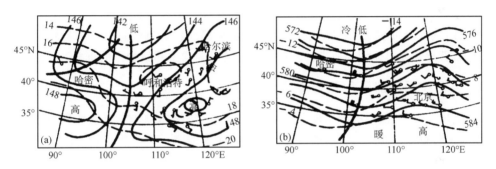

图 9.5.6　1983—1992 年 6—8 月北京地区竖槽型不出现强对流天气的合成环境形势
(a)850 hPa；(b)500 hPa

图 9.5.6 是本型不出现强对流天气的合成环境形势，和出现强对流天气的环境特征对比，主要有三点不同。

低槽的位置和强度不同。不出现强对流天气的 500 hPa 低槽槽线位于 103°E 附近（图 9.5.6b），比出现强对流天气的槽线偏西约 450 km。计算槽线附近 35°—45°N 之间的高度差看到，出现强对流天气的高度差 90 gpm，不出现强对流天气的只是它的 2/3。槽区附近的风速也是这样，出现强对流天气的为 12~20 m/s，不出现强对流天气的要弱得多，只有 6~10 m/s，且槽后无强风区存在，说明强对流天气的发生要求低槽要有一定的强度，强度不够不足以提供强对流天气发生的条件。

温压场结构不同。出现强对流天气的槽轴近于垂直，不出现强对流天气的 500 hPa 槽线在 850 hPa 槽线以西 200~300 km，低槽呈后倾结构。出现强对流天气的 500 hPa 低槽前部直至东北地区为广阔的槽前偏南西气流（图 9.5.3b），而不出现强对流天气的低槽前部，从河南、山东至东北地区受暖性高压脊控制（图 9.5.6b），它对低槽东移有抑制作用，不利于北京地区出现强对流天气。在对流层低层，环流形势差别更大，出现强对流天气的，北京地区位于低槽前部；不出现强对流天气的，整个华北地区被弱变性冷高压盘踞，并在渤海存在高压环流，这样的环流结构不能导致北京地区出现强烈天气。

在对流层高层(200 hPa,图略),不出现强对流天气的无高空急流特征,从西向东风速都很小,在北京上游河套地区,最大风速只有 26 m/s,比出现强对流天气的小 12 m/s,仅流线表现出微弱的辐散,比较可见,两者有明显不同。

物理量场特征不同。计算表明(图略),在 500 hPa 图上,不出现强对流天气的冷平流只出现在银川以西,在北京上游河套地区,温度平流符号和出现强对流天气的相反,受接近 10^{-5}℃/s 量级的暖平流影响,且无干空气入侵,而表现出弱水汽通量辐合。对流层低层,河套地区暖平流较强,比 500 hPa 大一倍,虽在偏西南风区伴有湿平流,但因高压脊区速度辐散而导致水汽通量辐散。因此,不出现强对流天气的对流层中低层为弱位势不稳定,$\Delta\theta_{se(500-850)}$ 仅为 −2 ℃,比出现强对流天气的小一个量级。

图 9.5.5 中的断线是在和实线相同地区计算的平均散度的垂直分布,显然,出现和不出现强对流天气的动力条件存在明显差别。

值得提出,在上一节分析斜槽型强对流天气环境条件时曾经强调,500 hPa 斜槽前部的短波槽是制约北京地区强对流天气的直接影响系统,本型表明,在竖槽前部未发现短波扰动。对比看到,斜槽槽线距北京较远,其前部等高线近于纬向分布,一旦纬向气流中有小扰动形成,与其伴随的小股冷空气向东伸进,提供北京地区强烈天气发生必需的热力、动力条件。竖槽型不同,一则槽前盛行南西气流,不易形成短波扰动,再则槽线距北京较近,因此,特定结构的竖槽本身足以具备导致强对流天气所需的环境条件。这是竖槽型和斜槽型的重要区别。

9.5.3 竖槽型强对流天气预报着眼点

综合上述,北京地区竖槽型出现和不出现强对流天气的环境特征及物理量分布有很大不同,归纳起来可得如图 9.5.7 所示的概念模式。图中实线表示等高线,断线表示等温线,粗实线为槽线,实矢线为流线,其他见图中标注,说明详见前文。由此得到竖槽型强对流天气预报的主要着眼点:

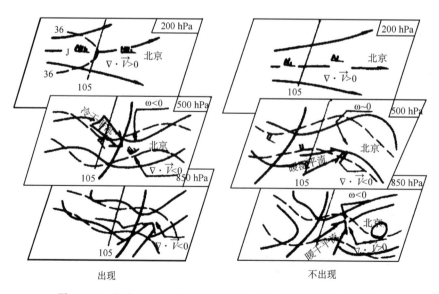

图 9.5.7 北京地区竖槽型出现和不出现强对流天气的概念模式

分析槽线的位置和强度。出现强对流天气的槽线在 105°E 以东,不出现的槽线在 105°E 以西;出现强对流天气的低槽较强,风速较大,槽后有中空急流,不出现的相反,槽较弱,风速较小,槽后没有强风。

注意低槽的温压场结构及其垂直配置。出现强对流天气的低槽槽轴近于垂直,北京上游地区有明显的中空干冷平流和低空暖湿平流,且具有很强的位势不稳定;不出现的低槽槽轴后倾,北京上游地区,暖平流随高度减弱,低空变干,中空变湿,层结为弱位势不稳定。出现强对流天气的存在高空急流,不出现的高空风弱,没有急流。

关心物理量场特征及其垂直分布。出现强对流天气的北京上游地区水汽通量低层强辐合,中层弱辐合;不出现的水汽通量低层辐合,中层辐散。出现强对流天气的速度散度在低、中层辐合,高层辐散;不出现的在低、高层辐散、中层辐合。

9.6　北京地区冷涡类和槽后类强对流天气大尺度环境条件

9.6.1　冷涡类和槽后类强对流天气与环流型的统计特征

本章 9.1—9.5 节的分析表明,不同的大尺度环流型,强对流天气的表现形式不尽相同,强对流天气生成条件的建立机制不完全一样,预报着眼点也有区别。为了对北京地区强对流天气的大尺度环境条件有一个整体的把握,我们对 1983—1992 年 6—8 月计 920 d 资料逐日分型进行统计,结果如表 9.6.1 所示。

表 9.6.1　1983—1992 年 6—8 月 08 时 500 hPa 北京地区环流型

项目	东北冷涡型	西北冷涡型	斜槽型	竖槽型	槽后型
次数	257	122	186	210	145
概率(%)	27.9	13.3	20.2	22.8	15.8

考虑到冷涡和槽后型强对流天气出现在涡、槽的后部,低槽型出现在槽前,由此归并,影响北京地区较多的是冷涡、槽后类系统,计 524 次(占 57.0%),其次是槽前类系统,计 396 次(占 43.0%)。

根据 1983—1992 年 6—8 月加密华北航空区域地面图和天气纪要,对照强对流天气标准,以有一站出现强对流天气即算一个强对流天气日,得到北京地区各环流型出现强对流天气日数(表 9.6.2),10 a 合计 276 d,占 10 a 6—8 月总天数的 30%,其中冷涡、槽后类 163 次(占 59.1%),槽前类 113 次(占 40.9%),前者西北冷涡型环流日数最少,而其出现强对流天气的概率最大(55/122=45.1%);后者竖槽型环流日数较多,而其出现强对流天气的概率较小(49/210=23.8%)。统计表明,冷涡、槽后类主要出现冰雹、大风天气(概率 84.4%),槽前类在山区以冰雹、大风天气为主(概率 70.7%),在平原地区多出现强雷雨天气(概率 58.2%)。

表 9.6.2　1983—1992 年 6—8 月北京地区各环流型强对流天气日数

项目	东北冷涡型	西北冷涡型	斜槽型	竖槽型	槽后型	合计
次数	79	55	64	49	29	276
概率(%)	28.8	19.9	23.2	17.8	10.5	100

9.6.2　冷涡类和槽后类强对流天气的大尺度环境场特征

分析表明,不论哪一种环流型,出现强对流天气的总是少数,多数不出现强对流天气,因此,在同一环流型中,出现和不出现强对流天气的环境形势及其区别需深入研究。为揭示其总体特征,我们在个例分析的基础上,从上述各环流型中抽取出现和不出现强对流天气个例共计295个(详见表9.6.3),分别作合成分析,研究其温压场形势及物理量分布特征。本节讨论冷涡、槽后类,槽前类下节阐述。

表 9.6.3　北京地区各环流型参加合成分析的样本数

类别	东北冷涡型	西北冷涡型	斜槽型	竖槽型	槽后型
出现强对流天气	30	30	30	27	25
不出现强对流天气	39	27	30	32	25

冷涡、槽后类强对流天气出现前,08时500 hPa图上,北京以北至50°—55°N和100°—130°E范围内存在冷性低涡,或大尺度低槽槽线已移过北京。它们的共同特点主要有四个:

(1)涡、槽后部存在准东西向的横槽

环流形势建立时,500 hPa图上,冷涡平均位置,西北冷涡在乌兰巴托附近,东北冷涡在海拉尔和嫩江之间,槽后型的主槽槽线在北京以东约200 km。显著的特点是在涡、槽后部偏西北气流区中,都存在准东西向的横槽。图9.1.3b是西北冷涡型的例子。在横槽附近,温压场呈斜压结构,冷平流较强(量级10^{-5}℃/s),随着横槽南下,冷空气向南侵袭。这种中空干冷空气入侵是北京地区出现强对流天气的重要条件,计算表明,横槽附近存在范围较小的辐合、上升运动,量级分别为10^{-5}/s和10^{-3}hPa/s,它镶嵌在涡、槽后部大范围辐散、下沉区中,是形成强对流天气的重要动力条件。

分析显示,一次冷涡活动过程中,其后部的横槽可能不止一个。它们或同时存在,或交替出现,在冷涡系统稳定少动时,北京地区可连续几天出现强对流天气。由此看到,天气尺度的冷涡或低槽是诱发其后部短波横槽的环流背景,而短波横槽则是北京地区强对流天气的直接影响系统。

(2)对流层中低空存在"干暖盖"

对流层中低空存在"干暖盖",是冷涡、槽后类的第二个特点。如前所述,此类中涡、槽后部为冷平流(图9.1.3b),在大尺度下沉气流作用下,冷空气沿西北气流下沉到华北地区的对流层低层,可引起700~850 hPa约2~3℃的正变温和4~5℃的正变温度露点差,有利于中低空形成下沉逆温。另外,在边界层以上的低中空,还有来自蒙古高原向东伸展的干暖平流,也有利于形成具有"干暖盖"特征的逆温层。分析表明,逆温层高度在900~600 hPa之间,多见于850 hPa附近。其上下界的温差约1℃,而露点差能达到-3~-5℃,充分表现出涡、槽后部下沉增温、变干的层结特征。有例子表明,北京地区的"干暖盖"主要出现在850 hPa槽线附近至500 hPa涡、槽后部的范围内,并呈东高西低分布(如1987年6月8日)。这和我国华东地区的"干暖盖"相似[62],而和美国中部的"干暖盖"不同。

(3)低空存在温度脊

强对流天气出现前,低层850 hPa图上,北京上游地区40°—45°N附近,存在东西走向的温度脊。图9.1.3a是西北冷涡型的合成结果,可表示此类的基本特征。明显看到,在呼和浩特附近有温度脊,其形成和涡、槽后部的下沉增暖及蒙古高原东部的暖空气东移有关,在偏西风的作用下,暖空气向华北地区输送(温度平流量级 10^{-5}℃/s),铺垫在 500 hPa 冷平流区的下方,这种垂直配置使大气层结趋于不稳定。计算 08 时平均 $\Delta\theta_{se(500-850)}$ 表明,对流不稳定强度达 -10 ℃,北京地区位于不稳定区的下风方,因而对强对流天气的形成十分有利。

(4)高空有明显的急流活动

此类强对流天气出现前,对流层高层 35°—40°N 之间有明显的急流活动,其平均强度以槽后型为最大。合成形势表明(图 9.6.1),急流区中的强风核在银川附近,风速达 52 m/s,华北地区位于急流出口区左侧,这里的高层辐散(量级 10^{-5}/s)叠加在低层辐合区的上方,形成贯穿性的上升运动,提供深对流发展的条件。

在以上大尺度环境条件下,如果中尺度条件有利,就会有深对流发展,并出现以大风、冰雹为主的强对流天气,甚至发生与弓状回波联系的下击暴流(如 1991 年 6 月 8 日)[63]。冷涡、槽后类不出现强对流天气的合成环境形势和上述有明显区别,主要有三点不同。

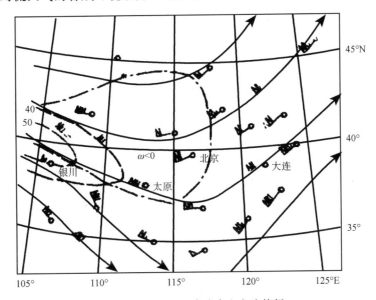

图 9.6.1　槽后型合成高空急流特征

断线:等风速线,单位 m/s;点画线内为上升运动区

(1)冷涡的强度和结构不同

不出现强对流天气的冷涡型,涡心部位的位势高度和温度比出现强对流天气的分别高 20 gpm 和 2 ℃(参见图 9.1.3c、d);西北冷涡 500 hPa 主槽槽线附近 35°N 和 45°N 的高度差和温度差只是出现强对流天气的一半。东北冷涡与此类似,其后部 40°—50°N 地区不出现强对流天气的平均温差只是出现强对流天气的 2/3,因而风和温度平流强度也不同。不出现强对流天气的槽后型,其主槽位置较偏东(约 150 km),槽后冷平流强度约弱 1/2。这说明出现强对流天气的冷涡、槽后型要有足够的强度和特定的结构,否则强对流天气难以形成。

(2)涡、槽后部横槽的有无和特征不同

不出现强对流天气的冷涡、槽后型,其后部或不存在短波横槽,温度场上亦无冷中心表现(冷涡型),或后部横槽位置偏东,其西端点不过 115°E,且无冷温槽配合(槽后型)。在涡、槽附近,对流层中下层都是冷性结构,盛行大尺度下沉气流,北京上游地区层结呈对流稳定状态,不利于强对流天气的形成。

（3）高空急流特征不同

不出现强对流天气的冷涡型,对流层高层虽有高空急流活动,但强度较小,平均最大风速仅 34~36 m/s;08 时北京上游地区位于急流入口区的右侧或急流轴附近的弱辐散区中。即使有低层辐合和高层辐散的垂直配置,但强度比出现强对流天气的小 1~2 个量级,因而对强对流天气的形成不利。槽后型与此类似,急流强风核在大连、丹东附近,北京地区位于急流入口区的左侧,受辐合、下沉气流控制,也不利于强对流天气的形成。

图 9.1.7 是北京地区西北冷涡型出现和不出现强对流天气的天气学概念模式,东北冷涡型和槽后型的主要特征与其类似(详见 9.2 节和 9.3 节)。出现强对流天气前,500 hPa 低涡在乌兰巴托附近,主槽从低涡中心向西南方伸展,其后部存在短波横槽。横槽附近中层变冷,低层增暖,层结对流不稳定。低层强辐合,高层强辐散。强对流天气出现在"干暖盖"易于被冲破的部位,随后影响北京地区。不出现强对流天气的 500 hPa 低涡位置偏北 400~500 km,其后部不存在横向低槽。温压场强度比出现强对流天气的弱两倍左右,北京上游地区低层冷平流,中层弱暖平流。中、低层水汽通量散度均为辐合,层结对流稳定。高空急流强度弱,高、低层辐散辐合小 1~2 个量级。

9.6.3　槽前类强对流天气的大尺度环境场特征

此类强对流天气出现前,08 时 500 hPa 图上,35°—50°N、100°—120°E 范围内存在低槽,北京地区位于低槽的前部,强对流天气出现在槽前。和冷涡、槽后类相比,强对流天气出现的概率较小,且在平原地区多为强雷雨天气。

环流型建立时,北京地区位于 500、700 和 850 hPa 三层槽前,华北地区受深厚偏南西风控制。斜槽型槽轴西倾,竖槽型槽轴近于垂直。500 hPa 图上影响强对流天气的显著特征,斜槽型是槽前的短波低槽,平均位置在北京以西呼和浩特至延安一线(图 9.4.3b),其作用主要表现在两方面:一是它携带小股干冷空气向东伸进(冷平流强度平均 10^{-5}℃/s 量级),提供中空干冷空气入侵的条件;二是短波槽前的辐合上升对强对流发展有利。竖槽型的显著特征不是槽前的短波扰动,而是槽后的中空急流(平均风速达 20 m/s,详见 9.5 节),它起到将中空干冷空气迅速向北京地区输送的作用,加上槽前低空暖平流产生的上升运动,同样利于强对流发展。这是槽前类强对流天气过程的第一个特点。

第二个特点是急流活动。槽前类的高空急流比冷涡、槽后类弱,平均风速不超过 40 m/s,但和冷涡、槽后类不同,槽前类常伴有偏南风低空急流活动(概率接近 70%)。急流的尺度可达上千千米,往往从贵阳经郑州伸向华北地区,北京位于急流核的左前方。急流区的水汽和能量输送,是强对流天气形成的必要条件。低空急流的强度一般 14~18 m/s,在持续性的强雷暴雨过程中,其强度可达 30 m/s,有时还出现双急流轴、多急流核的活动形式,导致多次强雷雨过程,形成罕见的特大暴雨(如 1991 年 6 月 10 日)[64]。

高、低空急流具有耦合的特征。槽前类出现强对流天气的例子中,偏南风低空急流斜穿于偏西风高空急流的下方,在低层辐合和高层辐散的重叠部位,出现深厚的上升运动,对深对流的发展十分有利。图 9.4.5 列出了斜槽型北京上游地区平均的散度和垂直速度廓线,可以见到,在高、低空急流耦合的形势下,上升运动贯穿在整个对流层内。

分析表明,槽前类强对流天气过程,出现过双高空急流和低空急流的耦合。当上空存在南、北两支高空急流,北面急速中心位于内蒙古的贝勒庙、锡林浩特至沈阳一线,南面急流的最大风速中心在华家岭、延庆一带。由于两个最大风速区的错位,使北面急流入口区的右侧和南面急流出口区的左侧重合,导致垂直急流轴的两个横向次级环流圈的上升支在重合区叠加,此时在低层有一支偏南风的低空急流,从华南经华东伸展到双高空急流重合区的下方,提供上升运动区大量的水汽和能量,引起特大雷暴雨过程。由此可见,槽前类中的急流活动,特别是南北两支急流次级环流的相互作用,对强雷雨的形成起到的十分重要的作用。

　　槽前类的第三个特点,是对流不稳定的建立。主要是差动湿度平流的结果。斜槽型北京上游地区水汽通量散度垂直分布结果表明(图 9.4.5):水汽通量辐合主要出现在低层,850 hPa 达 -6.4×10^{-8} g/(s·cm^2·hPa)。显然这是低空急流输送的结果。850 hPa 以上,水汽通量辐合减弱很快,差别接近一个量级,到 500 hPa 已为弱辐散,反映出槽前类中,对流层中低层水汽通量的差别≥温度平流差别,因而对流不稳定的建立主要是差动湿度平流的结果。这与冷涡、槽后类不同,那里低层的水汽通量辐合只是槽前类的一半。中、低层水汽通量的差异也小,因而对流不稳定的建立主要是差动温度的平流的作用。

　　槽前类不出现强对流天气的环境特征和上述有明显区别,以斜槽型为例(图 9.4.6),主要有以下三点不同。

　　低槽前部短波槽的位置和结构不同。不出现强对流天气的短波槽位于北京以东,主体在 40°N 以北(图 9.4.6b),与其相随的冷空气主要在东北地区,不能侵入华北上空。短波槽区的散度分布,和出现强对流天气的也不同,低、高层均为辐合,中间层散、合相间分布,这样的结构不利于强对流天气形成。

　　物理量场特征不同。表现在多方面,如温度平流,不出现强对流天气的北京上游地区,低层为弱冷平流,中层为暖平流,水汽通量散度低、中层均为弱辐合,因而层结呈对流稳定状态。这些特征对强对流天气形成不利。

　　急流特征不同。不出现强对流天气的,低层偏南风区中没有低空急流活动,高空急流强度也较弱,且急流轴在北京地区的上空,呈现速度辐合特征,和前述相反,不能提供强对流天气形成的动力条件。

　　综合上述,得到槽前类出现和不出现强对流天气的概念模式,图 9.4.7 是斜槽型的例子(竖槽型主要特征类似)。图中实线表示等高线,断线是等温线,粗实线为槽线,矢线是流线和急流轴。其他见图中标注,说明详见前文。

9.6.4　小结

　　强对流天气是北京地区夏季(6—8 月)主要的灾害性天气,在五个环流型中,出现强对流天气的概率,冷涡、槽后类大于槽前类。强对流天气的落区,冷涡、槽后类在其后部,槽前类在其前部。强对流天气的类别,冷涡、槽后类主要是冰雹、大风天气,槽前类在平原地区多强雷雨天气。

　　强对流天气的形成发展和 500 hPa 大尺度环流中的次天气尺度特征有关。其表现形式,一是短波扰动,二是中空急流。在有利的环境场中,它们是强对流天气的直接影响因素。

　　冷涡、槽后类和槽前类形成强对流天气条件的过程明显不同。前者对流不稳定的建立主要由差动温度平流引起,后者湿度差动平流重要;前者高空急流作用明显,后者低空急流活跃,高、低空急流存在相互作用;前者水汽通量辐合弱,后者水汽通量辐合强。因而冷涡、槽后类多飑线活动,主要出现冰雹、大风天气,具有"干"对流风暴特征;槽前类多强雷雨过程,对应"湿"对流风暴。

　　强对流天气毕竟是中小尺度天气现象,大尺度环流特征只是其发生发展的环境背景,在此基础上深入进行中尺度分析是必不可少的,我们在第七章已有讨论,还将在后面的章节作进一步的讨论。

第 10 章　北京地区强对流天气中尺度环境条件

众所周知,强对流天气的短时预报问题和强对流天气的中尺度环境条件相联系,尤其是强对流天气的落时落点预报问题。因此,加强对强对流天气系统活动规律及其生存发展的中尺度环境的了解和认识,有利于提高强对流天气预报水平。

10.1　强对流天气地面中尺度环境场合成分析

北京地区的强对流天气与冷空气的活动有密切关系,通常,北京地区的冷空气活动有西北路、北路、东北路和西路等路径。北京地区强对流天气路径也基本与之相匹配(见 6.2.2 节)。为揭示强对流天气出现前地面中尺度形势场特征,寻求临近预报指标,利用业务化的航空区域地面资料(时间分辨率 1 h,空间分辨率 20 km)及物理量诊断计算(水平格距 15 km,边界层取30 km),以强对流天气出现前 3 h 资料,分别对四条不同路径出现和不出现强对流天气进行合成分析[65]。为使合成结果更好显示出系统特征,采用了移动坐标方法,即以不连续线(冷锋、飑线、切变线)为参考线作资料合成,得到以下有意义的合成结果。

（1）西北路型中尺度环境场合成分析

图 10.1.1 是西北路型强对流天气的中尺度环境场合成结果。北京地区出强对流天气时(图 10.1.1a),北京与其上游西北方向的张家口之间,气温、气压、露点温度等值线密集,它们的水平梯度分别达 7.6 ℃/150 km,−2.1 hPa/150 km,5.7 ℃/150 km,且三者均呈近似平行的 NE—SW 走向,表明该区域有气温、气压、露点温度的不连续线存在,说明存在一个中尺度的能量锋。在气压场上,北京西北方向(张家口地区)有一闭合高压,在其东南方为低压辐合

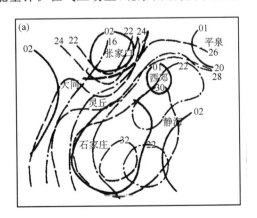
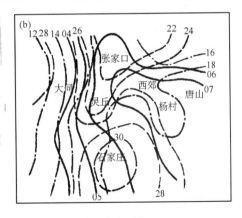

图 10.1.1　西北路型强对流天气中尺度地面环境场合成形势

（a）出现强对流天气；（b）不出现强对流天气

实线:等压线,单位 hPa;断线:等温线,单位℃;点画线:等露点线,单位℃;粗实线:不连续线

带,其中北京地区为中低压中心。温度、露点温度场表现为包括北京地区在内的平原地区,均为高温($T \geqslant 29$ ℃)和高湿($T_d \geqslant 20$ ℃)区。而且,北京、天津、涿县、保定一带为露点温度 22 ℃的闭合高湿区,其中心位于通县,露点温度达 23.6 ℃。该型不出现强对流天气的中尺度环境场合成形势与出现的有明显不同(图 10.1.1b)。

(2)北路型中尺度环境场合成分析

图 10.1.2 是北路型强对流天气的中尺度温、压、湿环境场合成结果。从中可见,北京城区与北部延庆县之间,存在一个呈准 E—W 走向中尺度的能量锋,气温、气压、露点温度的水平梯度分别达 9.2 ℃/70 km,−2.1 hPa/70 km,3.0 ℃/70 km。在气压场上,锋后为闭合的雷暴高压,在其前部为低压辐合带,其中北京地区为中低压中心。北京地区处于气温 $T \geqslant 28$ ℃的暖脊和露点温度 $T_d \geqslant 21$ ℃的高湿区。而且,北京的南苑、良乡和通县为露点温度 22 ℃的闭合高湿区,其中心位于通县,露点温度达 22.6 ℃。

(3)西路型中尺度环境场合成分析

图 10.1.3 是西路型强对流天气的中尺度地面环境场合成图。同北路、西北路型中尺度地面环境场一样,西路型在北京的上游(西南方向)存在呈 NNE—SSW 走向的中尺度能量锋,气温、气压、露点温度的水平梯度分别达 12.4 ℃/10^6 km,−3.4 hPa/10^6 km,4.9 ℃/10^6 km。气压场上,锋后有较强的闭合雷暴高压,锋前后相差 3.4 hPa。锋前是低压带,值得注意的是,在北京的东北部存在高压区。北京处于由南向北伸展的近似南北向的暖脊区,30 ℃等温线已北伸到良乡。北京处于露点温度 20 ℃的小湿区之中。

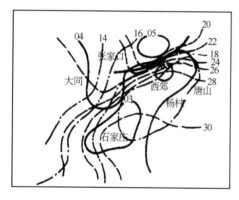

图 10.1.2　北路型出强对流天气的地面环境
场合成形势
图例说明同图 10.1.1

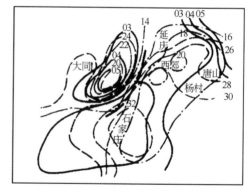

图 10.1.3　西路型出强对流天气的中尺度地面
环境场合成形势
图例说明同图 10.1.1

(4)东北路型中尺度环境场合成分析

图 10.1.4 是东北路型强对流天气的中尺度地面环境场合成图。在北京的上游(东北方向)存在呈 ENE—WSW 走向的中尺度能量锋,气温、气压、露点温度的水平梯度分别达 7.3 ℃/135 km,1.4 hPa /135 km,7.4 ℃/135 km。气压场分布特征表现为北京东北方向为高压、西南方向为低压,锋后有有两站以上的雷暴高压。北京地区的温度、露点温度场分布特征为东北部干冷、西南部暖湿,北京处于暖湿脊的顶端。该型 22 ℃等露点温度线范围属各型最大,露点温度中心为 23.9 ℃,也为各型最高。

不同路型强对流天气地面中尺度环境场具有相同的特征,它们是:在北京上游方向(西北方向、偏北方向、西南方向和东北方向),存在气温、气压、露点温度等值线密集的中尺度的能量锋,锋后为雷暴高压,处于锋前的北京位于中低压辐合和高温、高湿区。

各型地面中尺度环境场的差异主要有三点:一是北京上游地区的中尺度能量锋的强度不同,北路和西路强度较强,西北路和东北路较弱;二是北京所处的高温、高湿区强度不同,气温以西和西北路较高,北和东北路较低,露点温度以东北和西北路较高,西和北路较低;三是中尺度能量锋后雷暴高压和锋前中低压的强度不同,雷暴高压西路和东北路较强,西北路和北路较弱,中低压以东北路和西北较较低,北路和西路较高。

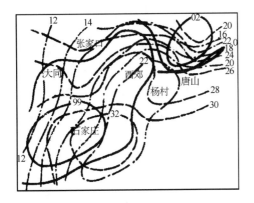

图 10.1.4　东北路型出强对流天气的中尺度地面
环境场合成形势
图例说明同图 10.1.1

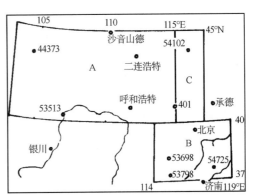

图 10.2.1　地面形势分型区域划分示意图

10.2　强对流天气地面中尺度天气系统分析

北京地区的强对流天气,既受空中环流型影响(见第 8 章),又与地面中尺度天气系统有关。根据 1980—1989 年统计,08 时地面天气图上,一定范围内是否存在气旋、冷锋、切变线或华北平原北部闭合小低压,与北京地区对流天气是否出现有一定的对应关系。

(1)地面中尺度天气系统定型标准

将 08 时地面天气图的一定区域划分为 A、B、C 三个区,如图 10.2.1 所示。在此基础上对地面中尺度天气系统进行统计分析。

气旋(1 型):　A 区内有闭合的气旋或锋面低压,且冷锋后有 1 站的风向在 WNW—NE间,风速≥4 m/s,其前部(含 C 区、北京)有明显的偏南风,统称为气旋型。

冷锋(2 型):A 区内无气旋有冷锋,且锋前、后有明显的正负 3 h 变压配合,锋后有≥2 站的 NW—NE 之间的风向,其中有 1 站风速≥6 m/s,锋前部(含 C 区、北京)偏南风或静风,称冷锋型。

切变(3 型):A 区内无气旋、冷锋,但有风切变,其风向风速条件同冷锋,称切变型。

闭合小低压(4 型):B 区内有一华北平原北部小低压,称闭合小低压型。

(2)地面中尺度天气系统统计特征

按存在 1～4 型中任何一型即为有地面中尺度天气系统计算,1980—1989 年 6—8 月 10年共 920 个样本,有地面中尺度天气系统 523 次,出强对流天气 235 次,占 44.93%。无中尺度系统 397 次,出强天气 14 次,占 3.53%。说明无上述系统时,不出强对流天气的占到

96.47%。因此,上述中尺度系统可以起到很好的强对流天气"消空器"的作用,对提高强对流天气监测预报能力以及设计预报系统都具有重要意义。

1980—1989 年气旋型 159 次,出强对流天气 82 次,占 51.57%;冷锋型 251 次,出强对流天气 106 次,占 42.23%;切变型 63 次,出强天气 25 次,占 39.68%;闭合小低压型 50 次,出强天气 22 次,占 44.0%。各型出现强对流天气的概率由高至低,分别是气旋(1 型)、闭合小低压(4 型)、冷锋(2 型)和切变(3 型)。

对上述四种型中次数较多的 1、2 型统计,1 型主要出冰雹天气(40.0%),大风、强雷雨分别为 27.89% 和 32.11%;2 型以出大风(52.11%),冰雹(46.67%)为主。

(3)地面中尺度天气系统环境场合成分析

1984 年 6—8 月 92 d,符合上述定型标准的共 50 d,气旋型共有 12 d,出强天气 8 d,占 66.7%,未出 4 次,占 33.3%。冷锋型共有 23 d,其中出强天气 10 d,占 43.48%,不出 13 d,占 56.52%。切变型共有 10 d,其中出强天气 3 d,占 30%,不出 7 d,占 70%。闭合小低压型,5 d。不符合定型标准的 42 d。其中高后 31 d,冷锋后、脊前 11 d(以天安门为中心,半径 200 km范围内,仅 8 月 14 日,唐山 19 时 02 分至 19 时 06 分出小冰雹)。

为了对上述中尺度天气系统有进一步的了解,对出现和不出现强对流天气的中尺度天气型进行综合分析。

对比气旋型出现与不出现强对流天气的合成分析图(图略),发现两者存在明显差异。一是气压场分布特征不同。出现强对流天气的气旋中心位于沙音山德与二连之间,中心气压为 995.1 hPa,冷锋后正 3 h 变压明显,气压梯度较大,锋前有闭合小低压。不出现强对流天气的气旋中心位置偏北约 100 km,中心气压为 1000.7 hPa,冷锋后正 3 h 变压和气压梯度都较弱,锋前无闭合小低压;二是气温分布特征有区别。有强对流天气时,锋前暖区 $T \geqslant 24.0$ ℃的暖中心存在,且范围较大(≥5 站)。无强对流天气时,锋前暖区 24.0 ℃等温度线范围很小,仅有 1 站。

图 10.2.2 是冷锋型地面场合成分析结果。出现与不出现强对流天气合成特征明显不同。气压场上,出强天气的低压槽气压为 1002.5hPa 且低压槽线南伸到临河(站号:53513),不出强天气的气压为 1005.0 hPa,低压槽只南伸至满都拉庙(站号:53149)。出强天气的冷锋已过二连,锋后 $\Delta P_3 \geqslant 1.0$ hPa 的范围大,锋前北京及其南部平原出现较大范围闭合低压(5 站),不出强天气的冷锋在沙音山德与二连之间,锋后无 $\Delta P_3 \geqslant 1.0$ hPa 配合,锋前也无闭合低压;温度场上,出强天气的锋前有 8 站 $T \geqslant 24.0$ ℃,最高为 25.9 ℃。不出强天气的锋前只有 1 站温度为 24.1 ℃,其他均低于 24.0 ℃。

切变型合成场特征(图略):出现强对流天气的合成场,在北京西北 200 km 的多伦(站号:54208)至大同一线存在明显的中尺度切变线,其后部呼和浩特至东胜有一闭合小高压并伴有明显 $\Delta P_3 \geqslant 1$ hPa 和风场配合;温度场表现为由石家庄伸向北京的明显的暖中心($T \geqslant 24.0$ ℃)。不出强天气的情形与之不同。北京至呼和浩特为弱高压控制,较弱的中尺度切变线在满都拉庙以西,比出现强对流天气的切变线位置偏西约 550 km,且无 1.0 hPa 的正三小时变压配合,风场也比较弱;温度场上,$T \geqslant 24.0$ ℃的暖中心范围很小,仅局限于北京,且中心值比出强天气的低 1.3 ℃。

关于闭合小低压,由于样本少,未做合成分析。

另外,不符合定型标准的共 42 d。其中高压后 31 d,冷锋后 11 d,北京均没有出现强对流天气(天安门为中心,半径 200 km 范围内,也仅 8 月 14 日唐山 19 时 02 分至 19 时 06 分出小冰雹)。

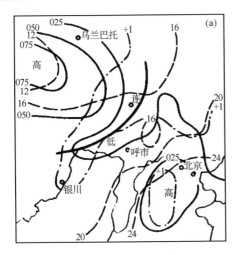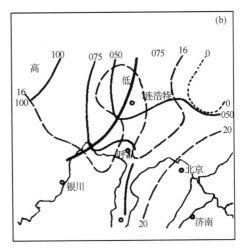

图 10.2.2　冷锋型地面场合成形势

(a)出强天气的合成;(b)不出强天气的合成

10.3　地面物理量场与强对流天气的关系

10.3.1　地面降温与强对流天气的关系

(1)降温区范围与强对流天气的关系

根据 57 个强对流天气样本统计,凡北京上游(小于 150 km)地区出现因雷雨造成的(1 h 降温)$\Delta T_1 \geqslant 6$ ℃的情况,北京地区易出强对流天气,且 $\Delta T_1 \geqslant 6$ ℃的观测站点越多,出强对流天气的概率越高(如表 10.3.1)。其中 1 站降温达标($\Delta T_1 \geqslant 6$ ℃,下同)36 次,出强对流天气 31 次,占 86.1%,2 站同时或先后达标 16 次,出强对流天气 14 次,占 87.5%,3 站或 4 站先后达标分别 2 次或 3 次,均出了强对流天气。

表 10.3.1　北京上游地区因雷雨导致的 1 h 降温范围与北京强对流天气的关系

一次达标次数	达标站数	出强对流天气次数	百分率(%)
1 站	36	31	86.1
2 站	16	14	87.5
3 站	2	2	100.0
4 站	3	3	100.0
合计	57	50	87.7

(2)降温强度和强对流天气强度的关系

从表 10.3.2 看出,降温的强度,不仅与强对流天气出现概率的大小有关,而且与强对流天气的强度也有较好的对应关系。ΔT_1 在 6~7 ℃,共 27 次,有 5 次未出强对流天气,出强对流天气的概率 81.5%,但出现的强对流天气较弱,其中 12 次风速 17~24 m/s,7 次在 24~28 m/s,只有 2 次风速达 28~36 m/s,另有 1 次仅出了小冰雹;ΔT_1 在 8~9 ℃,共 19 次,仅有 2 次未出强对流天气,出强对流天气概率为 89.5%,风速在 17~20 m/s 仅出 1 次,20~24 m/s、24~28 m/s 各出 7 次,32~40 m/s 出 2 次;ΔT_1 在 10~11 ℃时 12 次,均出了强对流天气,其中出

20~24 m/s、24~28 m/s 雷雨大风各 4 次,28~32 m/s、32~36 m/s、36~40 m/s 分别 2、1、1 次。说明上游地区因雷雨导致的降温强度越大,不仅北京出现强对流天气的概率越高,且强度也越大。这是易于理解的,因为上游地区因雷雨导致的降温强度越大,说明上游地区出现的强对流天气的强度也大,对下游地区的影响可能性也大。

表 10.3.2　北京上游地区因雷雨导致的 1 h 降温强度与北京强对流天气的关系

降温强度(℃)	17~20 m/s	20~24 m/s	24~28 m/s	28~32 m/s	32~36 m/s	36~40 m/s	冰雹	不出	合计
−6	2	5	2				1	2	12
−7		5	5	1	1			3	15
−8		5	6		1			1	13
−9	1	2	1			1		1	6
−10		3	3	2					8
−11		1	1		1	1			4

(3)不同路径降温与强对流天气的关系

统计表明(图略),张家口(NW 路)降温达标 32 次,出强对流天气 28 次,强对流天气出现率 87.5%;延庆(称 N 路)达标 17 次,出强对流天气 15 次,强对流天气出现率 88.3%;平泉(称 NE 路)达标 7 次和灵丘达标(称 W 路)8 次,均出了强对流天气,出现强对流天气率为 100%。

10.3.2　地面总能量与强对流天气的关系

根据 57 个强对流天气样本进行合成分析,得到四种不同路径的地面总能量分布情况。

图 10.3.1 是 NW 路出现与不出现强对流天气的地面总能量合成分析图。出现强对流天气时,北京地区为 72 ℃的高能中心,北京西北方向为低能区,高、低能量区之间存在明显的梯度方向为 NW—SE 向的能量锋,北京与张家口之间的能量最大梯度达 24.6 ℃/200 km;不出现强对流天气的,北京地区为 60 ℃的弱的小范围的高能中心,没有明显的能量锋存在,北京与张家口之间的能量最大梯度仅为 7.8 ℃/200 km。

其他三条路径出现强对流天气时的地面总能量合成形势基本近似(图略),都表现为在北

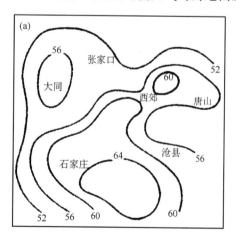
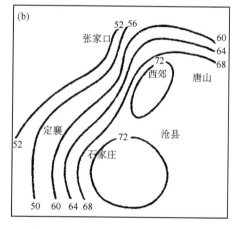

图 10.3.1　NW 路出现与不出现强对流天气的地面总能量合成分析图(单位:℃)
(a)不出现强对流天气;(b)出现强对流天气

京上游方向存在中尺度能量锋,各型间的区别是北京地区高能中心的强度有所差别。对于 N、NE 和 W 路而言,闭合高能中心等总能量线数值分别为 68 ℃、72 ℃ 和 64 ℃。上述三型能量最大梯度分为 24.0 ℃/200 km、27.2 ℃/200 km 和 25.0 ℃/200 km。

如果采用与上一节相同的资料,针对不同的地面中尺度天气系统做地面总能量合成分析,发现各型地面空气总能量形势大体相同,均表现为北京地区是高能区,上游为相对低能区,各型间的区别主要在于北京地面总能量的高低有别,如表 10.3.3 所示。说明不同天气型强对流天气所需要的能量不同,冷锋型出现强对流天气所需要的能量较高,且与该型不出现强对流天气的能量差也最大。切变型出现与不出现强对流天气的能量值相差不大。

表 10.3.3　不同天气系统地面总能量合成

天气系统	出现强天气(T_{tp1})	不出现强天气(T_{tp2})	$T_{tp1}-T_{tp2}$
气旋	56.7	52.1	4.6
冷锋	62.1	54.6	7.5
切变	52.7	52.3	0.4

10.3.3　地面假相当位温与强对流天气的关系

图 10.3.2 是 NW 路强对流天气地面假相当位温合成场。出强对流天气时,在燕山以南,太行山以东的平原地区为大范围 352 K 的高 θ_{se} 中心,北京西北部为低值区,高、低值区之间存在明显的梯度方向为 NW—SE 向的能量锋,北京与张家口之间能量最大梯度达 27.9 K/200 km;不出强对流天气时,平原地区虽然也是高 θ_{se} 区,但北京处于相对低槽之中,且北京与张家口之间能量梯度较弱,仅为 9.01 K/200 km。

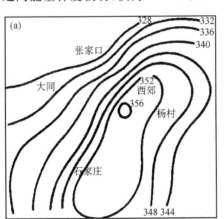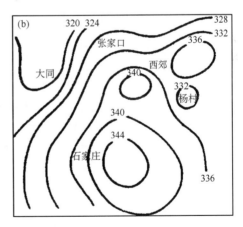

图 10.3.2　NW 路径强对流天气地面假相当位温特征(单位:K)
(a)出现强对流天气;(b)不出现强对流天气

N、NE、W 路这三种路径出强对流天气的地面假相当位温特征与西北路特征相近(图略),都是在燕山以南,太行山以东的平原地区为大范围高 θ_{se} 中心,各路径对应的上游地区均为低值区。各路径之间的区别主要在于北京与上游 θ_{se} 的高低有别,也即 θ_{se} 的梯度强度不同,如表 10.3.4所示。这同样说明不同情况下,强对流天气所需要的能量不同。

表 10.3.4　不同路径出现与不出现强对流天气 θ_{se} 值对比　　　　　　　单位:K

路径	出现强天气(θ_{se1})	不出现强天气(θ_{se2})
NW 路径	324.1(张家口)	352(西郊)
NE 路径	323.3(平泉)	356(通县)
N 路径	348(延庆)	375.2(通县)
W 路径	318.4(灵丘)	347.3(涿县)

如果采用与上一节相同的资料,针对不同的地面中尺度天气系统做 θ_{se} 合成分析,结果如表 10.3.5。

表 10.3.5　不同地面中尺度天气系统出现与不出现强对流天气 θ_{se} 值对比　　　　单位:K

天气系统	出现强天气(θ_{se1})	不出现强天气(θ_{se2})	$\theta_{se1}-\theta_{se2}$
气旋	335.3	333	2.3
冷锋	341.3	336.2	5.1
切变	339	332.9	6.1

10.3.4　地面水汽通量与强对流天气的关系

对上述几种地面中尺度天气系统型,分别作了是否出强天气合成的水汽通量场诊断。从图 10.3.3可以看出各型水汽通量分布特征。

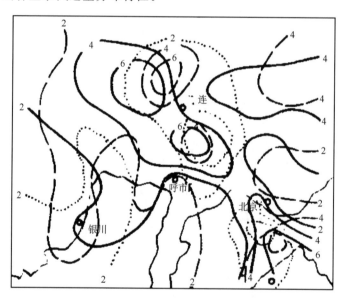

图 10.3.3　气旋型和冷锋型出强天气的水汽通量合成[单位 g/(s·cm²·hPa)]
实线:气旋型;虚线:冷锋型;点线:切变型

图 10.3.3 中实线和虚线分别为气旋型和冷锋型出强天气的情形,其明显特征是在北京西北部的沙音山德、朱日和(站号:53276)和东南部的沧州、忠民(站号:54725)均为水汽通量高值区;不出强天气的情况(图略),没有水汽通量大值区存在。

图 10.3.3 点线为切变型出强天气的合成情况。出强天气的在北京南北方向存在两个水汽通量高值区;不出强天气的合成(图略),水汽通量有较大的减小,没有闭合中心存在。

第 11 章　地形对强对流天气的影响

随着气象科学研究的不断深入,地形对天气的影响愈来愈引起气象工作者的重视。大量的观测事实和研究表明,许多灾害性天气的发生与地形有着密切的关系。例如山脉的阻档和摩擦效应形成的强迫抬升、绕流、穿谷流、背风波、重力波,地形的热力差异产生的山谷风、海(湖)陆风等中尺度环流对局地强对流天气有显著影响,在大尺度天气形势所建立起来的位势不稳定区以及强的垂直风切变的条件下,一些特定的地形(如山脉的迎风坡、地形喇叭口等)还可以形成强对流的局地发生源和外来对流系统的加强地。

本章利用每 3 h 一次的卫星云图、北京雷达站稠密的雷达回波资料,结合其他常规气象资料,对影响北京地区的 11 次强对流过程进行了分析研究,得出了地形对北京地区局地强风暴活动影响的一些规律,并提出了进行强对流监测和临近预报的线索。强对流过程的划分标准为北京市至少有三站降雹或出现≥17 m/s 的雷雨大风。所分析的区域是以北京为中心的半径150 km范围以内的地区。北京地区东临渤海,西靠太行山,北倚内蒙古高原和燕山山脉。为山地与平原的过渡地带。其东北、北、西三面群山耸立,在这些山脉之中又有许多河流穿插其间,构成许多河川谷地,东南部是向渤海倾斜的平原,因此形成一个背山面海的特殊地形。分析表明,北京的特殊地形对强对流天气具有明显的制约与影响[9,66~69]。

11.1　北京地区地形概况

北京地处广阔的华北平原北端。其北面、西面和西南面是呈东北—西南走向的连绵不断的军都山和太行山山脉的北段,只有少数非常狭窄的山谷或河谷(如南口和永定河)沟通山的两侧。山的高度大都在海拔 1000 m 以上,与华北平原形成强烈的反差。在山脉的北侧,有源自晋北的桑干河河谷(呈西南西—东北东走向)和源自内蒙古高原的洋河河谷,那里地势相对比较低洼。在两条河谷的交汇处有官厅水库。北京地区的北面和东北面是大致呈东西走向的燕山山脉,高度稍低(拔海 500~1000 m),有多条大致呈南北走向的河流(白河、黑河、汤河和潮白河)穿越其间,构成向南开口的地形喇叭口。北京地区的东面、东南面和南面是平原,海拔高度不足 100 m(图 1.1.1,图 11.1.1)。

11.2　地形对地面气象要素场的影响

北京地区地形复杂,地面流场、气压场受其影响十分明显。统计发现,北京地区强对流天气发生前,地面流场存在着中尺度辐合线、中尺度切变线等中尺度系统。与流场对应,地面气压场存在着相应的辐合区,它们对强对流天气的发生、发展有直接的影响。

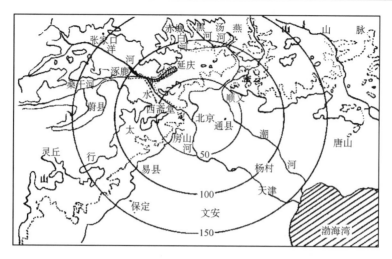

图 11.1.1　北京地区地形及河流分布图

(图中每圈距离为 50 km)

11.2.1　地形强迫与中尺度辐合线

在北京东南方的广阔平原上,有时存在着一条中尺度地形辐合线,它位于太行山脉东侧的盛行气流与来自渤海湾的偏 E 和 SE 气流之间,并准定常地维持着。在有利的大气层结条件下,午后沿这条辐合线可以触发产生一系列对流回波,形成一条呈离散排列的对流回波带,并且也停滞少动。除了在个别强回波处产生局地冰雹或大风外,一般不会产生强烈的灾害性天气。但若有外来扰动与它结合时,地形辐合线就将成为华北北部强对流天气发生发展的一个重要的中尺度系统,可以提供强对流天气所需的水汽和能量,并可起到触发强对流天气的作用,如 1991 年6 月 8 日强飑线过程,外来对流回波系统自西面移入,与辐合线上产生的对流回波带合并,产生强烈对流天气(见 7.1 节)。

图 11.2.1 是 1983—1992 年 6—8 月北京地区276 次强对流天气发生前(12 时)华北地区盛行风向及平均气压场。夏季,华北地区受到中心位于印度北部的强大热低压及副高控制,因此,平原至沿海盛行南到东南风,它是一支暖湿气流,有暖湿舌伸向华北平原。这股气流遇到燕山转为偏东风,到太行山东侧受到阻挡,又转为东北风,因此,从图 11.2.1 可见,在北京及其周边地区,存在两条受地形影响而形成的近于南北向或近于东西向的中尺度辐合线(4.2 节暴雨部分已

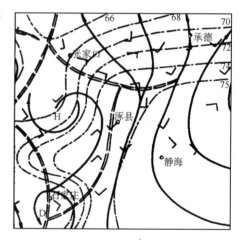

图 11.2.1　流场及气压场合成分析

—·—等压线　→流线　＝切变线或辐合线

有详细介绍)。辐合线的水平尺度约300～400 km,根据部分过程的北京探空曲线,可以大致看出辐合线的一些结构特征。辐合线的厚度为 1 km 左右,为明显的位势不稳定层,其顶部为一逆温层,厚度 30～50 hPa。再向上仍为不稳定层。逆温层下具有较高的相对湿度,是水汽、能量的聚集区(图略)。

在强对流天气发生前,这种流场特征表现越来越明显,会产生一股经永定河谷吹向洋河河谷的较强的偏东风暖湿气流。这股偏东风气流为强对流天气的发生、发展提供了非常有利的动力和热力条件,当强对流天气移过之后,这种流场不复存在。辐合线随着日变化(受海陆风、山谷风影响),会有南北摆动和强度变化。

下面用两个实例来阐明上述特征。

(1)"82615"强对流过程

1982 年 6 月 15 日 08 时,在 500 hPa 图上,北京处于冷涡的东南部。在 850 hPa 图上,北京位于槽前、入海高压后部,吹偏 S 风。在地面天气图上,北京受入海高压后部控制(图略)。探空资料分析表明,大气层结为对流性不稳定。

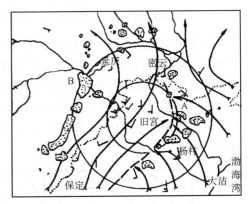

该日华北平原南部盛行偏南气流,由于受太行山脉北段的阻挡,在北京附近为西南气流。与此同时,在北京东南方的平原地区,由于受地面入海高压后部的影响,盛行偏东和东南气流。这两股气流在北京附近相遇,形成一条近似南北走向的气流辐合线,且准定常地维持着。由于它的形成与地形有关,因而是一条中尺度地形辐合线。午后,沿这条辐合线上触发产生了一条对流回波带 A (图 11.2.2),形成后停滞少动。与此同时,在北京的西面有一条尺度较大的飑线回波带 B 东移(图 11.2.3)。17 时 40 分以后,当外来的飑线回波带 B 与辐合线上的回波带 A 合并时,进一步发展加强,在北京东面的通县引起一场持续达 40 min 之久的降雹天气(雹粒大的似核桃),受灾面积达 2 万亩,而在合并前,A 只产生一般性的雷雨天气,飑线回波带沿途也只产生雷雨大风和小于 B 冰雹(直径为 5 mm)。

图 11.2.2　1982 年 6 月 15 日北京地区 15 时地面中尺度流场和 15 时 15 分雷达回波位置

图中粗断线为气流辐合线,实线为流线,点区为雷达回波,点线为 100 m 地形等高线。距离每圈 50 km

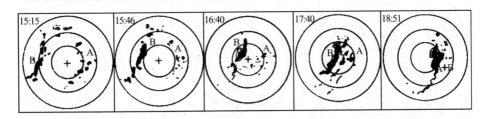

图 11.2.3　1982 年 6 月 15 日雷达回波动态图

距离每圈 50 km

(2)"8701"强对流过程

1987 年 7 月 1 日,北京地区出现了一次雷雨大风并局部伴有冰雹、暴雨的天气过程。该日 08 时,在 500 hPa 图上,冷涡位于我国东北地区,北京处于冷涡的后部。在 850 hPa 图上,北京位于槽前、入海高压后部,吹东南风。在地面天气图上,北京为入海高压后部控制(图略)。上述大尺度天气形势下,北京地区大气层结是对流性不稳定的(08 时,北京站 $\Delta\theta_{se(500-850)}$ 值为 $-5\ ℃$)。

该日华北平原北部吹偏北风,在北京东南方的渤海湾附近盛行偏东风和东南风。这两股气流之间构成了一条呈东北—西南走向的中尺度气流辐合线(图11.2.4),它的形成也与地形有密切关系。

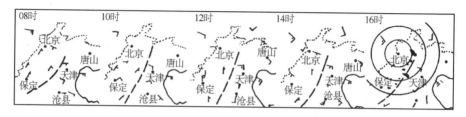

图 11.2.4　1987 年 7 月 1 日华北地面中分析

图中虚线为辐合线,点线为 200 m 地形等高线,涂黑区为 16 时 32 分雷达回波位置,距离每圈 40 km

这条中尺度地形辐合线形成以后,准定常地维持着。午后,沿该辐合线上有对流回波新生和发展,形成对流回波带 A,也准定常地维持着。实况表明,在其中强回波下方的局部地区出现小冰雹和雷雨大风天气。此时,有一条外来的飑线回波带 B 东移(图11.2.5),20 时与回波带 A 的南段发生合并,在北京的南面产生暴雨和冰雹天气(历时 20 min,大的似核桃)。其中,大兴县南各庄降水量达 82.1 mm,局部还伴有大风,而回波带 A 的北段东移减弱,未产生强对流天气。

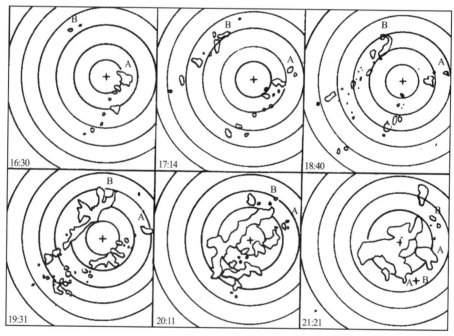

图 11.2.5　1987 年 7 月 1 日雷达回波动态图

距离每圈 40 km

11.2.2　地形对地面温、压、湿场的影响

由图 11.2.1 可见,流场上的中尺度辐合线对应着气压场上的气旋性弯曲或低压区,流场的反气旋环流对应高压区。统计结果表明,地形对地面温、湿场的影响也十分明显。北京地区夏季盛行偏南、偏南东风,受其影响沿海及平原地区为相对的高温、高湿区,由于太行山、燕山对气流的阻挡作用,山区为相对的低温、低湿区(图 11.2.6)。由图 11.2.6 可见,山区平均气温在 17~25 ℃,正适宜于降雹所要求的温度,而平原地区的平均气温在 25 ℃以上,不利于降雹,从湿度场上看,平原地区水汽充分,利于强雷雨天气的发生。

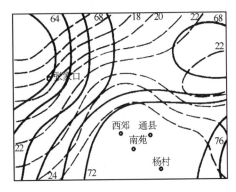

图 11.2.6　温度、相对湿度分布
—相对湿度——温度

综合分析流场、气压场及温、湿场分布形势,不难看出,在一些地区存在着有利强对流发生、发展的动力和热力条件,如洋河河谷、桑干河谷、永定河谷、坝头地区。这里均是流场和气压场的辐合区。特别是温湿特性不同的几股气流汇合处的坝头、洋河河谷地区,对强对流天气的发生、发展更为有利,致使上述地区成为强对流天气局地发生源地、加强地和相对固定的强对流天气移动路径[9,45,63,69]。

11.3　地形热力、动力作用

我们的研究已经表明,在有地形的边界层内,由于受热不均匀性,北京北部山区和南部平原地区之间午后容易形成较强的水平温度梯度。低空温度梯度的存在,不仅造成边界层热力不稳定水平分布的不连续性,而且必然造成局地低空流场发生改变,出现风场垂直切变分布的不连续性,从而形成动力不稳定分布的不连续。另一方面,局地水平流场的改变有利于形成中尺度切变或气旋,为对流的启动提供动力源。本小节,我们将结合典型天气个例,分析地形热力作用、动力作用对冰雹和对流降水分布特征的影响[68]。

11.3.1　地形热力作用与对流强弱的关系

假设有如图 11.3.1 分布的层结曲线分布(S),H 是山坡上某一地点对应的 P 坐标高度。地面比湿值(A 点)对应的等饱和比湿线与层结曲线的交点(C)称之为对流凝结高度(CCL),一般情况下,两个水平距离相距较近、但海拔高度不同的测站之间的地面比湿在局地对流环境没有形成以前,可以被认为处于同一条等饱和比湿线上——即它们的对流凝结高度相同。从对流凝结高度沿干绝热线下降到地面对应的温度为"对流温度",对于海拔高度为 H 的测站,"对流温度"对应于

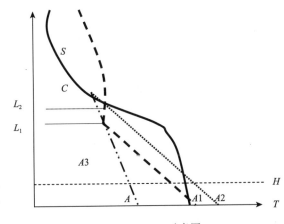

图 11.3.1　CCL 示意图

A3,低海拔高度的测站对应于 A2。当白天气温达到对流温度时,近地面空气将沿干绝热线上升至 C 点,然后沿湿绝热线继续上升,形成对流。从图 11.3.1 上可以看到,位于高海拔测站要求的"对流温度"更低,这可能是山区比平原地区更容易在晴空的午后形成对流的重要原因之一。

在一定的环流背景下,山坡上午后的气温有可能高于平原地区,使得山坡上地面气温比"对流温度"更高,造成对流活动发展剧烈,形成冰雹。当对流云随着环境流场向平原地区移动时,由于平原地区的地面气温有可能低于"对流温度"而出现对流活动减弱、对流高度降低,造成降雹过程转变为降雨过程。

我们以 2002 年 8 月 22 日对流天气过程为例来说明冰雹落区与主要降雨落区差异形成的热力原因。从当日 08 时 T-$\ln P$ 图(图 11.3.2)可以得到平原地区(1000 hPa)的对流温度(A2)为 35 ℃左右,而高度为 400 m 左右的对流温度为 32 ℃左右。但是在"焚风效应"作用下,北京北部山区午后气温明显高于平原地区(图 11.3.3),西北部(延庆至门头沟山区)14 时气温超过34 ℃,其中斋堂气象站气温高达 35.9 ℃,而山区南侧平原地区的气温只有 30～31 ℃。16—17 时,两个强烈发展的对流云团先后在温度梯度最大地方生成,并很快出现降雹。从雷达强度回波演变图上(图略)可以明显看到,对流云团在高空环境气流的作用下,开始向西南方向(图 11.3.3 中箭头方向)——即偏冷一侧移动,由于平原地区气温明显低于对流温度,对流强度有所减弱,降雹过程停止,在山区与平原地区分界线上出现了一条平行于温度锋区的主要降雨带。

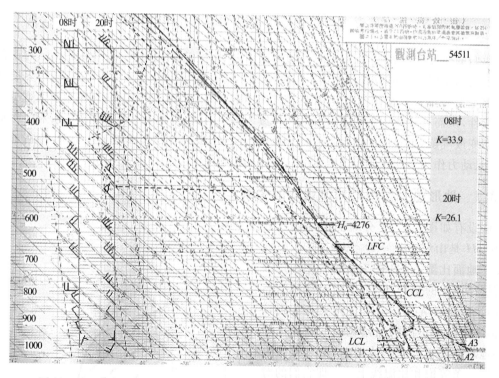

图 11.3.2　北京(54511)2002 年 8 月 22 日 08 时 T-$\ln P$ 图及 20 时单站风、稳定指数
(LCL:抬升凝结高度,CCL:对流凝结高度,LFC:自由对流高度,H_0:零度层高度(单位:gpm))

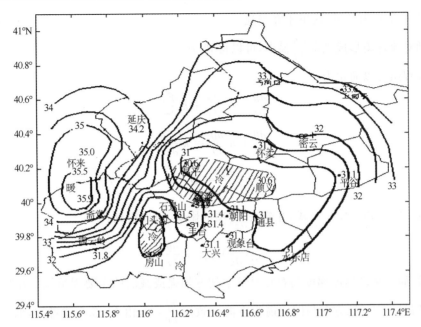

图 11.3.3　2002 年 8 月 22 日 14 时北京地区地面气温分布(间隔:0.5 ℃)与
14—20 时对流降水落区(斜线阴影区≥5 mm)和降雹区(阴影区)

11.3.2　地形热力强迫与低空垂直切变的形成

人们早就注意到风的垂直切变特征对雷暴有着重要影响,Weisman 和 Klemp[70]的统计结果表明,低空风(0~3 km)随高度顺时针旋转是风暴发展的一个关键因子——即大多数风暴发生在 0~3 km 相对风速≥10 m/s,风随高度顺时针旋转角度≥90°的环境中。这可能是人们很容易将边界层急流与降雹事件联系起来的主要原因。但是我们的研究结果表明,北京地区边界层急流存在明显的日变化特征,午夜表现得最清楚,午后最弱。而冰雹事件却主要集中在午后发生。不可否认,边界层急流可能为某些午夜强对流系统的启动提供了动力强迫源,但是利用边界层急流来解释北京地区降雹事件的时空分布特征显然是不合理的。

北京地区 2002 年 8 月 22 日 20 时的探空资料证实了 Weisman 和 Klemp 的观点——即强烈发展的风暴(冰雹事件)确实发生在明显的低空风切变环境中,此时 925 hPa 以下出现了 4~7 m/s 偏南风(08 时盛行北风),700~1000 hPa 的相对风速超过 20 m/s,风向随高度顺时针旋转角度超过 120°。问题是,这种低空风切变的形成是否与地形的热力作用有关? 为什么冰雹事件只发生在狭小的特定区域范围?

取 x 坐标沿环境风场方向,略去科氏力影响的 Boussinesq 近似扰动方程为:

$$\frac{\partial u}{\partial t} + u\frac{\partial u}{\partial x} + w\frac{\partial u}{\partial z} = -\frac{\partial \pi}{\partial x} + k\frac{\partial^2 u}{\partial z^2} \tag{11.3.1}$$

$$\frac{\partial \theta}{\partial t} + u\frac{\partial \theta}{\partial x} + w\frac{\partial \theta}{\partial z} = k\frac{\partial^2 \theta}{\partial z^2} \tag{11.3.2}$$

$$\frac{\partial \pi}{\partial z} = \lambda\theta \tag{11.3.3}$$

$$\frac{\partial u}{\partial x} + \frac{\partial w}{\partial z} = 0 \tag{11.3.4}$$

其中，λ、π、k 都是常用参量，这里不在赘述。

考虑到对流环境形成之前 $\dfrac{\partial u}{\partial x}$ 很小，可以得到 $w=0$。

上述方程组可以简化为：

$$\frac{\partial u}{\partial t} = -\frac{\partial \pi}{\partial x} + k\frac{\partial^2 u}{\partial z^2} \tag{11.3.5}$$

$$\frac{\partial \theta}{\partial t} + u\frac{\partial \theta}{\partial x} = k\frac{\partial^2 \theta}{\partial z^2} \tag{11.3.6}$$

$$\frac{\partial \pi}{\partial z} = \lambda\theta \tag{11.3.7}$$

利用(11.3.7)和(11.3.5)式，并略去 $\dfrac{\partial^3}{\partial z^3}$ 项的影响，可以得到：

$$\frac{\partial}{\partial t}\left(\frac{\partial u}{\partial z}\right) \cong -\lambda\frac{\partial \theta}{\partial x} \tag{11.3.8}$$

这表明，局地扰动温度梯度的存在是低空切变加强或减弱的主要强迫源。在如图 11.3.3 分布的气温背景下(x 轴方向与图中箭头方向一致)，$\dfrac{\partial \theta}{\partial x}<0$，由 11.3.8 式可知，低空切变在午后将明显加强，这种低空切变加强表现为边界层顶北风气流加速，而近地面层北风减弱消失甚至形成穿过扰动温度梯度的偏南气流(如图 11.3.2)。扰动温度梯度越大的地方，强迫产生的低空切变越强。因此，地形热力强迫产生的动力不稳定分布是不均匀的，这可能是与冰雹事件相联系的强烈对流发生在扰动温度梯度最大而不是地面气温最高的地方的根本原因。2002 年 8 月 22 日午后的冰雹落区证实了这一点。

11.3.3　地形在对流系统触发过程中的作用

上面的分析已经表明，北京地区冰雹事件的时空分布与地形热力作用形成的热力不稳定和动力不稳定有关。但是，不稳定能量只是对流发展的"潜能"，只有在某种强迫作用下造成不稳定能量释放才能最终形成对流。这种触发机制既可能是大尺度系统，例如锋面、高空槽或切变等，也可能是中尺度系统。在这里我们只讨论与地形环流有关的问题。

在如图 11.3.3 分布的气温背景下，垂直切变加强的结果表现为，在近地面层暖中心南侧偏南气流加强，即在燕山南侧产生吹向山坡的气流，形成一个穿过温度锋区、在暖区一侧(山区)上升，冷区一侧(平原地区南部)下沉的直接次级垂直环流。20 时风场随高度变化特征(图 11.3.2，相当垂直于次级环流的剖面图)已经证明了该环流的存在。

更重要的是，当这支低空南风气流吹向北侧山坡时，迎风坡将强迫抬升产生上升运动。如图 11.3.2 分布的垂直风场可以近似认为满足线性分布，即任意高度 z 点的南北风分量为：

$$u = u_0(1 - z/Z_0) \tag{11.3.9}$$

其中 u_0 为近地面层最大南风($u_0>0$)，Z_0 为 $u=0$ 的高度。

由连续方程求得南风层顶(南北风分界高度)的垂直速度为：

$$w_{Z_0} = \int_0^{Z_0}\left[\frac{u_0}{Z_0}\frac{\partial z}{\partial x} - \left(1 - \frac{z}{Z_0}\right)\frac{\partial u_0}{\partial x}\right]\mathrm{d}z \tag{11.3.10}$$

由地面垂直速度为零可知：$\dfrac{\partial u_0}{\partial x}=0$，即：

$$w_{z_0} = \int_0^{z_0} \frac{u_0}{Z_0} \frac{\partial z}{\partial x} \mathrm{d}z \qquad\qquad (11.3.11)$$

因此,迎风坡上任意位置的强迫上升运动速度取决于山体坡度和近地面层南风的大小。对于坡度相同的山体来说,上升运动中心位于近地面层南风最大处。由公式(11.3.8)可知,午后低层最大南风出现的时间应该落后于扰动温度梯度,出现的地点位于温度梯度最大处。

2002 年 8 月 22 日午后的降雹时间和地点证实了这一推论(如图 11.3.4):15—16 时,延庆、西斋堂气温达到日最高值(分别为 35.5 ℃、37 ℃),此时与平原地区(位于山区与平原分界线上的昌平、门头沟气象站气温与平原地区接近,图中用门头沟代表平原地区气温)形成的气温梯度最强。16—17 时,先后有两个独立的对流云团在延庆—昌平之间和西斋堂—门头沟之间生成(如图 11.3.3),并很快出现降雹。由于对流云的强烈发展,伴随降雹过程的下沉气流蒸发冷却,吸收潜热使环境温度降低,到达地面后造成近地面层气温迅速下降。观测结果证实了孙凌峰等人[71]的数值模拟结果,对流活动越强,下沉气流造成的地面降温幅度越大,延庆气象站 16—17 时地面降温幅度达到了 11.7 ℃。降雹区气温的迅速下降使原有的扰动温度梯度迅速消失甚至反向,对流环境条件的改变可能是对流云随环境风场向下游方向移动过程中迅速减弱,造成降雹演变为降雨过程的另一个重要原因。

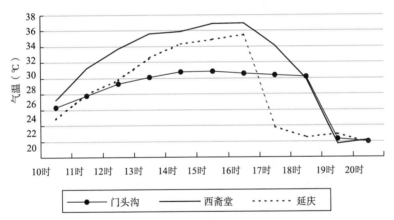

图 11.3.4　2002 年 8 月 22 日 10:00—20:00 时山区与平原气温逐时变化(单位:℃)

11.4　地形对强对流天气的影响

11.4.1　地形对强对流天气源地的影响

地形对北京地区强对流活动的影响之一是形成局地对流发生源。研究表明,北京地区的局地对流发生源主要有三个,它们是在不同的气象条件下形成的,在其上触发产生的对流风暴的发展演变和影响区域也不相同。

（1）涿鹿西南方的地形喇叭口

呈东北东—西南西走向的桑干河河谷,在涿鹿西南方附近由于南北山脉的对峙而突然变窄(图11.1.1),形成向西南开口的喇叭口。当山西省北部、内蒙古中部地面盛行较大的偏西风时,地形对气流的强迫抬升作用,在有利的大气层结条件下,可以触发产生对流运动。1987年6月20日过程就是其中的一个典型例子。

该日08时,北京和涿鹿地区处于500 hPa短波槽槽后,受西北气流控制,冷平流明显(图略)。在850 hPa图上,北京与涿鹿两地处在槽前偏S气流影响之下,有暖平流。在地面天气图上,气旋位于阴山山脉以北,北京、涿鹿两地处于冷锋前部的暖区中。这种对流层中上层有冷平流,低层有暖平流,有利于对流性不稳定大气层结的建立。事实上,08时北京站$\Delta\theta_{se(500-850)}$值为−2.0 ℃,表明大气层结是对流性不稳定的。

图11.4.1是该过程雷达回波动态图。14时54分,在北京西部山区有对流回波Al和B新生。对流回波单体Al初生于西斋堂西北方约10 km处附近的山窝中,可能是由于白天山区的热力作用触发产生的。对流回波B初生于河北省涿鹿西南方约20 km处的桑干河河谷的地形喇叭口附近,其形成和地形作用有关。3个有代表性的测站地面风的逐时演变情况可以看出,09时以前,山西北部,内蒙古中部为静风,10时起,偏西气流建立起来。这股盛行的偏西气流平均6 m/s左右,进入桑干河谷地区。与此同时,位于桑干河支流上的蔚县在13时转为偏南风。这两股气流在涿鹿西南方汇合后,受到河谷喇叭口地形的强迫抬升,由于大气层结是对流性不稳定的,触发产生了对流回波B。

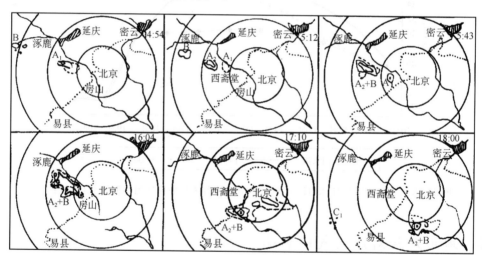

图11.4.1　1987年6月28日雷达回波动态图

点线为海拔100 m地形等高线,回波廓线为15 dBZ、25 dBZ、35 dBZ,距离每圈40 km

对流回波单体A1形成后很快东移减弱消亡。15时12分,在西斋堂附近的又有对流回波单体A2新生。对流回波B形成后随高空引导气流快速向东偏南方向移动,并于15时43分与其前方新生的对流回波单体A2合并在一起。回波合并后迅猛发展加强,在平显上,其水平尺度和强回波区也迅速扩大,强中心达50 dBZ以上;在高显上,回波顶高达12 km。以后回波强中心移向明显偏于高空引导气流的右侧,向偏南方向移动,在其所经之地普遍降雹,冰雹最大直径达2 cm;局部还伴有大风,受灾面积5.3万亩。17时10分以后,回波从山区进入平原地区,由于离开了它赖以发生和发展的有利地形而开始减弱消散,这时,其移向也与高空引导气流较为一致(图略)。

(2)太行山脉北段的天镇、灵丘和涞源地区

太行山脉位于华北平原西部,南北延绵数百千米,其南段山脉呈南北走向,而其北段(五台山以北)山脉呈东北—西南走向,海拔高度达 1000 m 以上(参见图 11.1.1)。因此,当华北平原低层盛行较大的偏南气流时(一般要求平均风达 8 m/s 以上),由于受到太行山脉北段迎风坡的强迫抬升作用,在有利的大气层结条件下,可以触发产生对流运动,使其成为对流发生的源地。在其上形成的对流回波在东移过程中影响北京南部地区。若这股较强的偏南气流持续维持时,可以在那里不断触发产生新的对流运动,形成呈东西走向的对流回波短带,或新生的对流单体,不断并入其前方的老单体中,使得对流回波得以发展加强,并维持较长的时间,在北京南部地区持续地出现强对流天气现象,造成灾害。1987 年 6 月 28—29 日的强对流过程就是这样的例子。北京站高空风随时间演变表明,20 日 14 时,1500 m 高度以上为一致的西或西北气流,地面至 1000 m 为偏南气流,风速较小,只有 4 m/s。至 20 时,边界层中的偏南气流已扩展到 1500 m 高度以上,风速增大,平均为 8 m/s 以上。由于当时的大气层结很不稳定(20时,其 $\Delta\theta_{se(500-850)}$ 为 -12.0 ℃),这股较大的偏南气流受到山脉的阻挡而产生的强迫抬升作用,触发产生对流运动。事实上,在 20 时的卫星云图上,位于北京西南方附近的山区(太行山脉北段)已有对流云团新生(图略),该云团形成以后不断发展加强,面积扩大,在缓慢东移过程中影响北京南部地区。

图 11.4.2 是这次过程的雷达回波演变特征。18 时,北京雷达站探测到在其西南方120 km 处的太行山脉北段(灵丘、涞源地区)有对流回波系统 C1 新生,其形成后随高空引导气流向东偏南方向快速移动,影响北京南部地区。与此同时,在同一源地又有新的对流回波系统 C2、C3、C4、C7 等相继产生并东移,且不断并入前方的对流系统中,使之发展加强,在北京南部地区造成持续数小时的强对流天气。

(3)燕山山脉南麓

燕山山脉位于华北平原的北侧,呈东—西走向,海拔高度在 500 m 以上,其间有多条近于南北向的山谷、河谷,形成向南开口的地形喇叭口(参见图 11.1.1)。当北京地区地面盛行较大的偏南风时,山地对气流的强迫抬升作用,在有利的大气层结条件下,可以触发产生对流运动,使其成为北京地区又一个局地对流发生源。下面我们用"87630"强对流过程来阐述上述特征。

1987 年 6 月 30 日 08 时,在 500 hPa 图上,北京处于冷涡槽后,吹西北风。在 850 hPa 图上,北京位于一条近似于东—西走向切变线南侧,吹偏南风。在地面天气图上,北京位于冷锋前部的暖区中(图略)。08 时,北京站 $\Delta\theta_{se(500-850)}$ 为 -7 ℃,表明大气层结是对流性不稳定的。该日环境风垂直切变较大,为 3.8×10^{-3} /s 因此,大尺度环境条件十分有利于强对流的发生发展。

图 11.4.3 是该日地面中尺度流场,可以看出,10 时北京平原北部还为一致的偏北气流控制,偏南气流只及北京南部附近,而且风速较小。以后随着白天近地面层气温的升高;偏南气流逐渐北推,但此时风速仍较小,一般为 2~3 m/s。13 时,偏南气流风速增大,达 4~5 m/s,并北推到燕山山脉的南坡。由于山地对偏南气流的抬升作用,午后触发产生了对流回波单体 A 和 B。

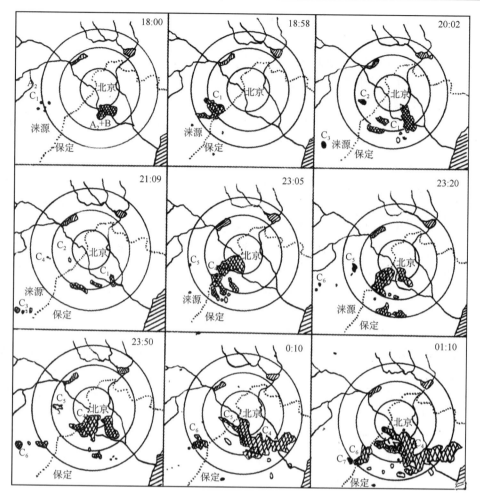

图 11.4.2　1987 年 6 月 28—29 日北京雷达回波演变动态图

图中虚线为 100 m 地形等高线,涂黑区为新生回波,回波廓线为 15 dBZ、35 dBZ、45 dBZ,距离每圈 40 km

　　对流回波单体 A 初生于海坨山附近的白河河谷向南开口的喇叭口地形处,发展极为迅速,平显上出现了一个强度为 45 dBZ 的强核 A1(图 11.4.4)。以后,A1 在缓慢向东南方向移动的过程中减弱消亡。与此同时,在其前进方向的右侧先后有强核 A2、A3 等形成并发展加强,成为单体 A 内的主强核,形成回波单体内部的新陈代谢,从而使对流回波 A 得以维持,在其所经之地的延庆县东部山区等地普遍引起降雹(雹粒大的似核桃),并伴有局地大风。14 时 50 分后,对流回波单体 A 移出山区进入平原,其内部和西侧不再有新的强核形成和并入,对流回波 A 开始减弱,其原因可能是由于 A 回波单体离开了其赖以发生和发展的有利地形条件。

　　对流回波单体 B 形成后发展缓慢,强度也较弱。15 时,在对流回波 B 附近地面流场出现涡旋性环流(见图 11.4.3),可能是由于地面流场的辐合加强作用,对流回波 B 开始发展加强,在其强中心 B1 的西侧出现新的强核 B2 和 B3,并通过强中心 B1、B2 和 B3 的合并,使得对流回波 B 进一步发展加强。15 时 36 分,在强核合并附近的顺义引起局地大风。16 时后,由于偏南气流减弱,对流回波单体 B 迅速减弱消散。

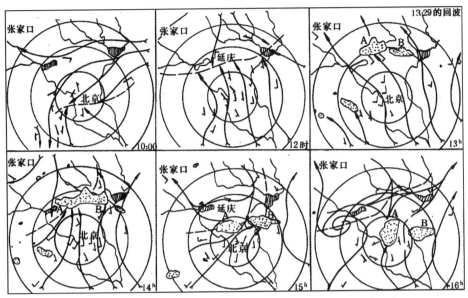

图 11.4.3　1987 年 6 月 30 日地面中尺度流场特征和雷达回波区位置

图中点区为雷达回波,粗断线为切变线,细实线为流线,每圈间距 40 km

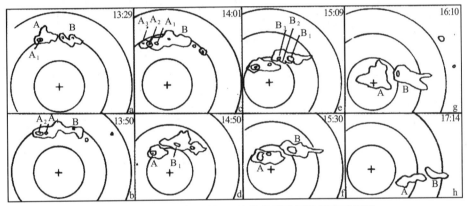

图 11.4.4　1987 年 6 月 30 日北京雷达回波演变动态图

回波廓线为 15 dBZ、35 dBZ、45 dBZ,每圈间距 40 km

　　通过对强对流天气发生源地的分析,不难看出地形对它们的影响,这些源地不是山脉迎风坡,就是河流谷地或受地形强迫导致的辐合线影响。在局地对流发生源上触发产生的中尺度对流系统,当沿引导气流移入平原地区后,由于离开了它所赖以发生发展的有利的局地条件,其强度通常趋向减弱,不会影响很大的范围。但许多个例研究证实洋河河谷附近,常常有弓状回波产生。这与当地的地形条件有关,尤其与受地形影响造成几股不同温、湿特征的气流常在此交汇有着十分重要的关系。因为当几股气流在河谷交汇后,造成低层的强辐合再加上地形对气流的抬升,很易触发产生新的对流运动,同时由于交汇气流具有不同的温、湿特征,使该地区形成强不稳定能量,所以当有强对流回波带移入河谷后,在上述情形下,猛烈发展,形成弓状回波[45,66]。

11.4.2　弱冷锋南下时地形对强对流活动的影响

　　当弱冷锋从北面南下时,由于锋后冷空气势力较弱,浅薄的冷空气受到北京北部山脉的阻挡后,冷空气主要沿大的山谷、河谷等低洼地带渗透南下;这些低洼地带也是偏南暖湿气流的主要通道。因此,在有利的环境条件下,沿冷锋触发产生的对流回波带并不是排列紧密的,而是由少数对流回波组成的,它们位于大的山谷或河谷中,并随弱冷锋一起向偏南方向移动,在一些有利的局地地形处猛烈发展,引起强烈的灾害性天气。1982 年 6 月 22 日强对流过程即为此类中的一例。

　　该日 14 时地面天气图表明,冷锋已靠近北京,锋后 3 h 正变压不足 1 hPa,并出现中心值为 -1.0 hPa 的负变压区(图略),表明冷锋很弱,是一次弱冷空气南下过程。08 时,北京探空资料表明,大气层结是对流性不稳定的。

　　15 时 06 分,北京雷达站探测到沿地面冷锋有对流回波 A、B、C 新生,并只存在于一些朝南开口的较大的河谷、山谷中,带状的特征不明显(图 11.4.5)。以后,这些对流回波随同冷锋向偏南方向移动。从图中还可以看出,由于暖区中偏南气流较强,在北京西南方的局地对流发生源上也有对应回波产生并东移,形成一条东西向的短对流回波带 D,强度较弱。

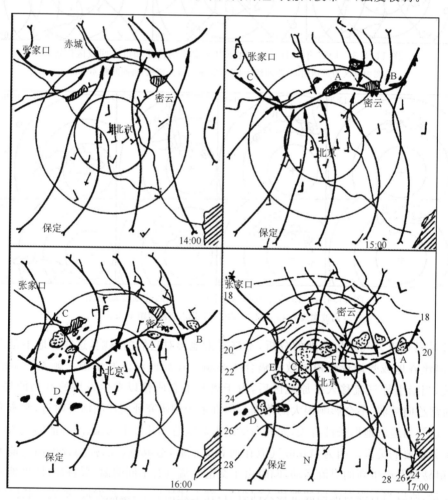

图 11.4.5　1982 年 6 月 22 日地面中尺度分析

图中涂黑区为对应时次的雷达回波,实线为流线,虚线为等温线,距离每圈 50 km

　　由于冷空气势力弱,其触发产生的对流回波主要依照各自所处的地理环境条件的不同,而有不同的演变特征。其中对流回波 A 位于密云水库南侧的喇叭口地形处,猛烈发展,中心强度达 60 dBZ 以上,在其所经之地引起强烈的冰雹天气(雹粒大的似鸡蛋),局部还伴有大风;在洋河河谷中产生的回波 C,随冷空气沿河谷东移南下,回波不断增多增强,于 17 时形成一条弯曲的短回波带,引起北京及其附近地区降雹。以后,随着冷锋移入平原地区,沿地面锋线有多处回波新生,带状的回波特征变得明显,但强度减弱,在其经过之地只产生雷阵雨天气。

11.4.3　地形对强对流天气空间分布的影响

图 11.4.6 是强雷雨的日数分布。与图 1.1.1 和图 11.1.1 对比,表明强雷雨的空间分布与地形的作用是分不开的。具体表现为处于太行山东侧迎风坡和喇叭口的房山、易县,处于燕山南麓迎风坡和地形喇叭口的通县、平谷、顺义、遵化、唐山,分别为强雷雨的两个高频区。由于地形对水汽的阻挡作用,冀北高原是强雷雨的低频区。

冰雹类天气的分布特征,如图 6.1.2 所示。降雹日数的等值线和地形等高线的型式非常接近,降雹日数由山区向平原逐渐递减。降雹事件大多是沿燕山南坡分布的,延庆、怀柔和密云山区是一个东西向带状分布的高发区,而 40°N 附近则是一个带状分布的低发区,丰台—通县以南为降雹低频中心。显示出山区及河谷多冰雹、平原少的特征,由此可见,地形因素对降雹的作用。

同样,与图 1.1.1 和图 11.1.1 对比,雷暴大风的空间分布与强雷雨、冰雹类天气分布不同,有两个明显的特点(图 11.4.7)。一是平原多,山区少;二是沿永定河谷雷暴大风日数存在着"一带两中心",即西郊—杨村—静海一线的雷暴大风的多发带;西郊、静海为中心的两个雷暴大风的高频中心。靠近山区的延庆—通县、定兴—易县是其发生的低频区。

为了进一步印证地形对强对流天气落区的影响,我们将上述分布特征,与按 500 hPa 环流分型统计得出的强对流天气的落区进行了对比,表明大尺度环流形势可以影响强对流天气的落区,但对不同类别的强对流天气,其落区受地形的影响更为直接,关系更为密切(图略)。北京地区强对流天气总的分布趋势是,西部山区多冰雹,少雷暴大风,弱的强雷雨;平原地区少冰雹,沿永定河谷多雷暴大风,靠近山区多强雷雨。若不划分强对流天气类别,对强对流天气的空间分布进行统计,其结果显示出一条从张家口沿洋河河谷及永定河谷自西北向东南分布的强对流天气的多发带(图 11.4.8,图 11.1.1)。

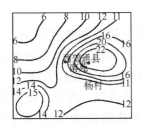 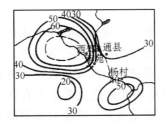 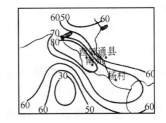

图 11.4.6　强雷雨日数分布　　图 11.4.7　雷暴大风日数分布　　图 11.4.8　强对流天气总日数分布

11.4.4　小结

在一定条件下,地形的影响可为强对流天气的发生、发展提供必要的动力、热力和不稳定能量条件,造成不同区域强对流天气的分布差异。由于地形的多种作用,形成了北京地区若干相对固定的局地对流发生源地和强对流天气移动路径。

　　涿鹿西南方的桑干河河谷中的地形喇叭口是影响北京的对流风暴的一个重要局地发生源,当山西北部、内蒙古中部地区地面盛行较大的偏西气流时,要注意警戒午后在该地新生的对流回波。它们形成后在东移过程中往往在北京西部山区发展加强,进入平原以后很快减弱消散,其生命史较短,可引起北京西部山区及其邻近平原上产生强烈的天气现象。

　　太行山脉北段(天镇、灵丘、涞源地区)是影响北京南部地区的风暴的一个重要局地发生源。当华北近地面层盛行较大的偏南气流(平均≥8 m/s)时,要注意警戒在该地区触发产生的对流风暴,当偏南气流持续维持时,常常是在太行山脉北段不断有对流回波新生,在东移过程中不断并入前方的老单体中,使对流回波得以发展加强,并维持较长时间,可造成北京南部平原地区较长时间内出现强对流天气。

　　燕山山脉南麓是影响北京北部地区的对流风暴的一个重要局地对流发生源。当北京地区地面盛行较大的偏南气流时,要注意警戒在该地区新生的对流回波。它们通常是就地发展加强,主要引起北部山区及其附近的平原地区产生冰雹、大风等强烈天气。

　　当北京东南方的广大平原上存在一条准定常地维持着的中尺度地形辐合线时,午后在其上常触发产生对流回波带。这种回波带也停滞少动,除了在个别强回波处产生局地降雹外,一般不会产生强烈的天气现象。但当有外来对流回波系统自西向东移入时,常常会与辐合线上的对流回波发生合并,在合并处对流回波迅猛发展,可产生强烈的灾害性天气。

　　弱冷锋从北面南下影响北京时,可在北京北部山区的有利地形(如大的河谷、山谷等)处触发产生对流回波。它们是沿冷锋离散排列的。当对流回波随弱冷锋南移时,可在一些有利的局部地形处猛烈发展,产生强烈的灾害性天气。

　　洋河河谷通常是强对流天气的加强地,一旦有适宜的条件,会使移入河谷的强对流天气猛烈发展,而成为北京地区弓状回波的多发地带。

　　由于迎风坡作用造成的气流辐合上升,以及激发雹云形成的冷空气易逢山口而入,择谷地而行的特点,再加上午后山区的气温更有利降雹等原因,形成山区、河谷地带多冰雹,平原地区较少的分布特征。北京地区降雹时间一般出现在午后,主要是由于山区与平原地区之间,白天形成强烈的热力差异造成不稳定以及由此产生的局地流场强迫造成的。由于迎风坡和地形喇叭口地区的增雨作用,使得强雷雨的高频区分布在山前迎风坡和喇叭口地区,平原和山脉背风坡较少。北京地区的雷暴大风有多沿永定河谷传播的特点,并形成一带状分布。西郊、静海为两个高频中心。

　　在同样的大气状态环境条件下,海拔高度相对较高的山区启动对流所要求的"对流温度"比平原地区低。但是在一定条件下(例如"焚风效应"等),午后山区的实际气温有可能接近甚至明显高于平原地区,为强对流天气系统在山区发展提供了更有利的热力不稳定条件。

　　午后由山区指向平原的扰动温度梯度是造成低空垂直切变的强迫源。扰动温度梯度越大,低空垂直切变越强——即动力不稳定越强。这是对流最旺盛(形成降雹)的地点为什么出现在扰动温度梯度最大而不是地面气温最高的地方的重要原因。

　　地形热力环流和动力强迫构成的上升运动有利于强对流的启动。垂直切变加强的结果不仅造成了近地面层暖中心南侧偏南气流的出现,形成一个穿过温度锋区、在暖区一侧(山区)上升,冷区一侧(平原地区南部)下沉的直接次级环流。同时,扰动温度梯度越大,吹向山坡的低空气流越强,由地形动力强迫产生的上升运动也就越大,在坡度相同的迎风坡,上升运动中心位于近地面层南风最大处。

　　由于地形对流场、温、湿场的分布影响,在北京地区周围,常可形成相对固定的地形强迫的中尺度辐合线和一定的暖湿空气输送通道,而地形热力差异产生的海陆风等中尺度环流有使地形辐合线向北移动的作用。同时,也是中尺度系统发展加强的重要因素。这些对强对流天气的发生、发展都有着重要的作用。

　　研究结果表明,在同样的大尺度环境条件下,中尺度环境条件的差异对于我们判断强对流发生区间、降水性质(降雹还是降雨)至关重要,而地形和水陆分布状况等都有可能造成中尺度环境条件上的差异。

第12章　强雷雨、风雹类强对流天气环境条件比较

强对流天气过程是在特定的大尺度环境中发生的,不同类别的强对流天气过程,其环境特征明显不同。北京地区的强对流天气可分为两类,一类主要是冰雹、大风天气(简称风雹天气),另一类主要是强雷雨天气,强雷雨天气又可分为短时、局地强降水和持续性暴雨两种情形。和风雹天气联系的中尺度系统是飑线,而和强雷雨联系的主要是雷雨云团。统计表明,北京地区冷涡、槽后型多飑线活动,主要出现风雹天气,具有"干"对流风暴特征;槽前型多强雷雨过程,对应"湿"对流风暴。所以,北京地区夏季强对流天气的类别是可以划分的,而且它们和不同的中尺度系统联系。这是北京地区强对流天气过程的规律性特征之一,也是强对流天气类别可预报性的基础。

12.1　强雷雨、风雹类天气特征和大尺度环境条件比较

12.1.1　天气特征差异

表12.1.1列出了1992—1994年16个强对流日中的20次强对流过程的日历及天气特征,包括强对流天气发生的时段、中尺度系统、天气类别及强度等,从中可看出如下基本特征:

(1)强对流天气类别

强对流过程带来的天气有两类,一类主要是冰雹、大风天气(简称风雹天气,表中Ⅰ型),另一类主要是强雷雨天气(表中Ⅱ型),其次数分别为5次和15次,各占总次数的25%和75%。与强对流天气联系的前者均为飑线;后者雷雨云团占14次(93.3%),飑线仅1次(6.7%)(1992年6月22日)。在飑线风雹过程中,伴有雷雨天气,但它仅出现在局部地区,且降水强度较小,除1993年7月17日出现1 h雨强为29.4 mm外,余均小于20 mm/h。在雷雨天气过程中,可伴有雷雨大风或冰雹天气,但概率也很小,分别为4次(占26.7%)和2次(占13.3%)。分析表明,北京地区夏季强对流天气的类别是可以划分的,而且它们和不同的中尺度系统联系。这是北京地区强对流过程的规律性特征之一,也是强对流天气类别可预报性的基础。

表 12.1.1　强对流过程的天气特征

日期	强对流天气时段	中尺度系统	天气类别	天气强度		主要落区
				最大降水	最大风速(m/s)	
1992年6月21日	16时—19时	飑线	大风、冰雹、局地雷雨(Ⅰ型)	18.2 mm/h 26.8 mm/5 h	>17	门头沟、海淀、顺义
1992年6月22日	20时—23时	飑线	局地强雷雨(Ⅱ型)	25.3 mm/h 27.8 mm/6 h		门头沟

续表

日期	强对流天气时段	中尺度系统	天气类别	天气强度		主要落区
				最大降水	最大风速 (m/s)	
1992 年 7 月 25 日	20 时—01 时	雷雨云团	强雷雨（Ⅱ型）	56.7 mm/h 70.6 mm/6 h		门头沟、海淀、顺义、古北口
1992 年 8 月 2 日	13 时—15 时 17 时—18 时	雷雨云团	局地强雷雨（Ⅱ型）	32.2 mm/h 43.0 mm/3 h		丰台、顺义
1992 年 8 月 3 日	15 时—20 时	雷雨云团	强雷雨（Ⅱ型）	27.9 mm/h 55.4 mm/5 h		大兴、通县、密云、古北口
1993 年 6 月 5 日	15 时—18 时	飑线	大风、局地冰雹、雷雨（Ⅰ型）	12.0 mm/h 12.6 mm/2 h	26	房山、西郊、南苑
1993 年 6 月 22 日	12 时—15 时	飑线	大风、局地冰雹、雷雨（Ⅰ型）	18.1 mm/h 19.3 mm/3 h	22	门头沟、西郊、南苑
1993 年 7 月 5 日	1 时—8 时 17 时—23 时	雷雨云团	强雷雨、雷雨大风（Ⅱ型）	33.7 mm/h 81.0 mm/6 h 105.5 mm/7 h	17	房山、海淀、良乡、西郊、南苑
1993 年 7 月 9 日	14 时—17 时	雷雨云团	强雷雨（Ⅱ型）	29.4 mm/h 58.0 mm/6 h		平谷、遵化
1993 年 7 月 17 日	12 时—17 时	飑线	大风、局地冰雹、强雷雨（Ⅰ型）	29.4 mm/h 44.1 mm/4 h	>17	怀柔、海淀、沙河
1993 年 8 月 7 日	15 时—19 时	雷雨云团	冰雹、局地强雷雨、雷雨大风（Ⅱ型）	（冰雹直径 5.3 mm） 19.5 mm/h 24.6 mm/3 h	>17	平谷、西郊、石景山、怀柔
1993 年 8 月 16 日	3 时—07 时 15 时—16 时	雷雨云团	局地强雷雨、冰雹、雷雨大风（Ⅱ型）	22.7 mm/h 25.7 mm/3 h	18	古北口、通县
1994 年 6 月 26 日	18 时—21 时	飑线	冰雹、局地雷雨（Ⅰ型）	10.6 mm/h		房山、门头沟、朝阳
1994 年 7 月 7 日	4 时—11 时 15 时—24 时	雷雨云团	局地大暴雨（Ⅱ型）	45.6 mm/h 273.0 mm/24 h		门头沟、海淀
1994 年 7 月 12 日	1 时—24 时	雷雨云团	大暴雨（Ⅱ型）	46.4 mm/h >400 mm/24 h		顺义、密云
1994 年 7 月 22 日	18 时—24 时	雷雨云团	强雷雨、雷雨大风（Ⅱ型）	27.9 mm/h	17	昌平、大兴

(2)强对流天气类别时空分布

表 12.1.2 统计了强对流天气类别的月际分布。风雹天气主要出现在 6 月,7 月很少,8 月没有;强雷雨天气相反,主要发生在 7 月和 8 月,6 月很少。这是大型环流特征的月际差别所决定的。

表 12.1.2　强对流天气类别的月际分布

月份	风雹天气次数（概率）	强雷雨天气次数（概率）
6 月	4(80.0%)	1(6.7%)
7 月	1(20.0%)	8(53.3%)
8 月	0	6(40.0%)

　　强对流天气出现的时间虽各有差别（表 12.1.1），但总体特征仍表现出一定的规律性。风雹天气出现在午后至傍晚以前（平均 14—18 时），强雷雨天气集中在两个时段，一个在下半夜至午前（概率较小，约占 36%），另一个在下午至上半夜（概率较大，约占 64%）。两类天气出现的时间不同，表明风雹天气对局地的大气状态（如边界层热力特征和对流不稳定度）要求较高，而强雷雨天气则在相当程度上取决于大尺度环境条件，对局地的大气特征有时（如夜雷雨）并不要求很高。

　　两类强对流过程的持续时间也不相同，风雹天气过程时间较短（约 4 h），强雷雨过程历时较长，有 8 次降水时间达 8 h 以上。因而相对说来，前者突发性更强，预报难度更大。

　　强对流天气的落区和地形特征相关。飑线风雹天气虽对全北京地区都有影响，但天气强度沿飑线分布不均。在 5 次飑线过程中，飑线的中、西段近山脉地区（怀柔、顺义、通县一线以西）和永定河谷出口区附近，天气更强烈，1992 年 6 月 21 日是有代表性的例子，如图 12.1.1 所示。

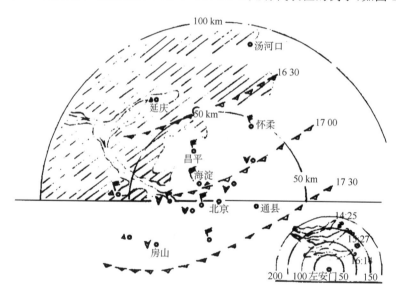

图 12.1.1　1992 年 6 月 21 日飑线回波和风、雹天气分布

　　局地强雷雨天气常起源于太行山东侧迎风坡地区，如西斋堂、霞云岭、房山等地，形成后沿基本气流向东偏北方移动，往往在门头沟、海淀等城市近山地区附近获得加强，而到顺义至平谷地区趋于减弱，图 12.1.2a 描绘出 7 次强雷雨雨团的路径，其特征显而易见。持续性暴雨的落区和地形的相关更明显，强降水区紧靠山脉的东或南侧，并呈带状特征，暴雨中心集中在两个地带，一是太行山山脉东侧永定河谷出口地区（门头沟附近），如图 12.1.2b 所示；一是阴山山脉南侧顺义、密云附近的喇叭口地区。

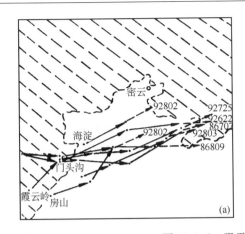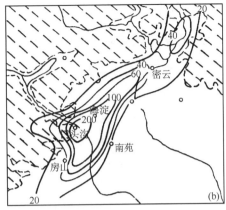

图 12.1.2　强雷雨过程天气分布

(a)强雷雨雨团路径;(b)1994 年 7 月 7 日暴雨过程降水量(单位:mm)分布

(3)天气强度

对流天气的强度也是预报中关注的内容,但很遗憾,对冰雹的观测目前尚无统一的定量记录。从掌握的资料看到,5 次飑线风雹过程中有 4 次风速≥17 m/s,记录到最强的一次是 1993 年 6 月 5 日。风速达 26 m/s。研究表明,在北京地区,当飑线从北或北西方越山侵入本区时,常表现出下坡加速和天气增强。1992 年 6 月 21 日和 1993 年 6 月 5 日都是典型的例子。在 6 月 21 日中,飑线越过军都山侵袭北京地区,移速由 50 km/h 增为 80 km/h,同时天气增强,在 20 个有详细记录的测站中,4 站出现冰雹,13 站出现大风,其中 7 站风速≥17 m/s。6 月 5 日的飑线由北西方越山下坡侵入北京,出现大片大风和局地冰雹天气,其中 6 站风速≥20 m/s,冰雹达卫生球大小。

强雷雨过程的天气强度有两种情形,一是短时局地强降水,一是持续性暴雨,前者过程历时较短(一般不大于 6 h),总雨量较小,而降水强度较大,如 1992 年 7 月 25 日,雷雨历时 6 h,过程雨量 70.6 mm,而 1 h 雨强达 56.7 mm;1992 年 8 月 2 日类似,雷雨过程 3 h,过程雨量 43.0 mm,1 h 雨强为 32.2 mm。持续性暴雨的基本特征是过程总历时较长(>8 h),总雨量较大(>100 mm)而降水强度不一定很大,如 1994 年 7 月 12 日,最大日雨量≥400 mm,而 1 h 雨强只是 46.4 mm。

需要指出,强雷雨过程的天气表现除上述特征外,还有三点值得注意的中尺度特征:

激发新的对流。当原有的对流云团增强,出现较强的雷暴出流时,出流的前缘和与其反向的局地气流相遇,构成新的中尺度辐合线,激发出新的对流云团,出现强雷雨天气。1992 年 7 月 25 日和 8 月 2 日都是这样的例子(见图 12.2.6、图 4.2.4)。

云团碰头,天气增强。对流云团合并导致天气增强,是产生猛烈天气的一种重要形式。1993 年 8 月 7 日,当天午后有从南西向北东和从北向南移动的两个对流云团在北京地区碰头合并,合并地区(石景山、海淀、朝阳、顺义)出现强烈对流天气。这次过程中大冰雹形如鸡蛋,最大直径 5.3 cm,并伴有狂风,是北京地区少见的灾害性天气。

雨强的短时变动。即使在持续性的大暴雨过程中,雨强仍有短时变动,1994 年 7 月 7 日是一个明显的例子。当天降水历时 18 h,最大过程雨量 273.0 mm。降水集中在 4—11 时和 15—24 时两个时段,前一时段中 6—7 时和 9 时,后一时段中 20 时和 22—23 时各出现两次降水峰值,表现出鲜明的中尺度特征。

12.1.2　大尺度环境条件差异

为揭示强对流过程发生前的大尺度环境特征,我们对上述 16 个强对流日的环流形势及环境参数逐个调查,并采用 100 km 格距作物理量计算,表 12.1.3 列出了部分项目,其中对流层中、低层温度之和($\sum T$)、温度露点差之和($\sum(T-T_d)$)、特性温度层气压高度(P_T)、500 和 850 hPa 假相当位温差($\Delta\theta_{se}$)及逆温特征 5 项,来自当日 12 时南苑的探空观测,它们距强对流发生的时间更近,代表性更好,其他项目均根据 08 时的记录。为阅读方便,将风雹和强雷雨天气个例分别集中,并按时间先后列出。从中可见,强对流过程发生前大尺度环流形势有两类,一类是冷涡、槽后型;另一类是槽前型,它们都是 8 次。5 次飑线风雹日都发生在冷涡、槽后型中(占 63%),11 次强雷雨日中 8 次发生在槽前(占 73%),3 次发生在槽后(占 27%)。可以说北京地区飑线风雹天气的环流背景是冷涡、槽后型,而强雷雨天气大多发生在槽前型中,下面分别阐述其大尺度环境特征。

(1)冷涡、槽后型(风雹类)强对流天气环境特征

冷涡、槽后型出现强对流天气的概率约 30%。根据表 12.1.3,强对流天气出现前的环境特征主要有四点:

(a)"上冷下暖"及差动温度平流

强对流天气发生前,北京地区 500 hPa 受槽后北西气流控制,冷平流强度可达 -8×10^{-4}℃/s;而在 850 hPa 图上,中空冷平流区的下方为从西部高原向华北地区伸展的暖脊,随流场不同而表现为暖平流或弱冷平流(约为 -2×10^{-4}℃/s)。这种"上冷下暖"及温度平流的垂直配置,是此型的重要特征,也是导致对流不稳定的内在机制。

(b)较冷较干的环境和中空干冷空气入侵

850 hPa、700 hPa 和 500 hPa 三层温度之和($\sum T$)及温度露点差之和($\sum(T-T_d)$)表明,5 次风雹天气的平均环境温度为 11.0℃,温度露点差为 24.5℃,比槽前型强雷雨天气前的平均环境温度和温度露点差低得多和高得多,表明风雹天气发生在较冷较干的环境中,其中 1992 年 6 月 21 日表现更突出,三层温度之和只有 1.8℃(表 12.1.3)。分别计算 500 hPa 和 850 hPa 平均的温度露点差,前、后依次是 9.4℃ 和 7.8℃,说明较冷较干的环境在 500 hPa 更明显,反映出风雹天气前中层的干冷空气入侵是十分重要的特征,其作用不仅对对流不稳定的建立有贡献,而且也为对湿度要求不高、湿层要求不厚的风雹天气提供良好环境。

强对流天气发生前各特性温度(0℃、-10℃、-20℃)层的气压高度(P_T)表明(表 12.1.4),其平均值均≥槽前型对应的高度,再次表明风雹天气的发生和较冷的环境联系,而且,这一气压高度正是适合北京雷雨大风和冰雹增长的层次,依此设计的预报指标效果良好[72]。

(c)活跃的中空急流

5 次风雹过程中有 4 次(占 80%)在 500 hPa 槽后存在 20 m/s 以上的中空急流,且能伸展到槽前地区,其中最强的风速达 34 m/s(1993 年 6 月 5 日)。强劲的中空干冷平流不仅使层结不稳定度迅速增长,而且也增强中空的速度辐合,为强烈天气的爆发性增强提供条件。1993 年 6 月 5 日的飑线过程即如此。随着中空急流入侵,出现强冷平流(接近 10^{-3}℃/s),引起对流

不稳定（$\Delta\theta_{se(500-850)}$ 为 $-5\ ℃$）和中层辐合（量级 $-2\times10^{-5}/s$），导致强飑线过程。

表 12.1.3　强对流天气过程前的环境特征表

日期	天气类别	环流形势		$\sum T$ (℃)	$\sum(T-T_d)$ (℃)	温度平流 ($\times10^{-4}$)		$\Delta\theta_{se}$ K	P_T hPa			急流	逆温
		500 hPa	850 hPa	(8+7+5)	(8+7+5)	500 hPa	850 hPa	(5—8)	P_0	P_{-10}	P_{-20}		
1992年6月21日	风雹局地雷雨	槽后	槽后暖脊	1.8	25.0	-6.9	2.0	-4	662	514	440	JM	下沉逆温
1993年6月5日	大风局地冰雹雷雨	涡后	槽后暖脊	12.0	25.2	-8.2	-2.1	-5	632	543	432	JM	下沉逆温
1993年6月22日	大风局地冰雹雷雨	槽后	暖脊	10.9	25.0	-6.1	-2.6	-6	648	550	448	JM	下沉逆温
1993年7月17日	大风局地冰雹雷雨	槽后	槽后暖脊	17.6	20.2	冷平流	暖平流	-5	612	476	390		下沉逆温
1993年6月26日	冰雹局地雷雨	槽后	暖脊	12.9	27.0	-3.4	1.4	-5		495		JM	不明
1992年6月22日	局地强雷雨	槽后	槽后暖脊	6.9	24.6	-1.7	0.4	-13	641	550	449		下沉逆温
1992年7月25日	强雷雨	槽前	槽前	31.0	13.6	2.6	5.1	-20	540	418	333	JM JL	
1992年8月2日	局地强雷雨	槽前	槽前	24.3	9.7	暖平流	暖平流	-6	560	440	350		等温
1992年8月3日	强雷雨	槽前	槽前	27.0	10.4	0.9	2.8	-16	552	430	344	JL	等温
1993年7月6日	强雷雨雷雨大风	槽前	槽前	19.5	30.8	1.0	3.4	-8	608	480	398		等温
1993年7月9日	强雷雨	槽前	槽前	12.5	16.5	0.9	1.6	-14	602	502	403	JM	逆温
1993年8月7日	冰雹局地强雷雨雷雨大风	槽后	槽前	14.9	27.8	冷平流	暖平流	-13	618	522	420	JM	下沉逆温
1993年8月16日	局地强雷雨冰雹雷雨大风	槽后	槽后暖脊	6.3	22.5	冷平流	暖平流	-3	649	542	430		下沉逆温
1994年7月7日	大暴雨	槽前	槽前	20.5	1.8	2.6	2.8	-5				JL	不明
1994年7月12日	大暴雨	槽前	槽前	22.3	6.9	2.4	2.7	-6				JM JL	不明
1994年7月22日	强雷雨雷雨大风	槽前	槽前	25.9	14.6	1.3	1.4	-16					不明

表 12.1.4　强对流天气前平均的特性温度层气压高度表

项目	涡、槽后风雹过程（hPa）	槽前强雷雨过程（hPa）
P_0	638.5	576.4
P_{-10}	515.6	454.0
P_{-20}	427.5	365.0

值得注意的是,上述分析的 5 次风雹天气过程中均没有出现低空急流,而低空急流往往是水汽输送的机制,因此,这个事实是风雹类天气对水汽条件要求并不很高的又一证明。

(d)明显的下沉逆温

风雹天气前,在涡槽后部,除一次资料空缺,都有下沉逆温特征,有时有两层逆温或稳定层同时存在。逆温高度在对流层中低层(930～630 hPa 之间),其中有 3 次在 850 hPa 附近。逆温上下界的温差最大为 1.0 ℃,露点差最大达 −5.6 ℃(多数在 −2.5 ℃ 左右),充分表现出涡、槽后部下沉增温变干的特征。不言而喻,这种层结特征是抑制不稳定能量零星释放,将能量积累起来提供强烈天气爆发的条件。

(2)冷涡、槽后型(风雹类)强对流天气典型个例

1993 年 6 月 5 日北京地区出现的强烈对流过程,可作为冷涡、槽后型风雹天气的典型个例。当日午后,一条飑线从张家口、怀来地区向南东方移动,16 时左右,飑线越过军都山,以 60 km/h 的速度侵入北京地区,沿途出现大片大风和局地冰雹、雷雨天气(图 12.1.3),造成大范围风灾。由图看到,飑线越山之前,没有强烈天气,强对流天气是在飑线越山、加速下泄并冲击抬举前方暖湿空气过程中发生的。强对流天气集中在飑线中西段近山脉地区的事实,表现出地形对天气增强的作用。17 时飑线过南苑、涿县后逐渐减弱,21 时后趋于消失。

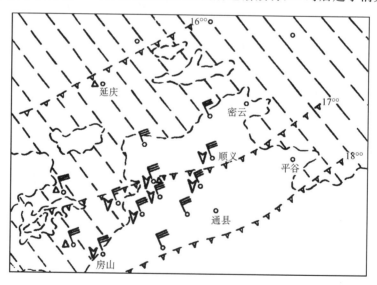

图 12.1.3　1993 年 6 月 5 日北京地区飑线天气特征

图 12.1.4 综合表示了 6 月 5 日大尺度环流形势,08 时 500 hPa 冷涡位于乌兰巴托以东 350 km 附近,其槽线逼近北京地区,20 时冷涡东移,槽线过北京。在槽后北西气流区中存在一支 α 中尺度中空急流(强度 34 m/s)。随着涡、槽的东进,强风核也向东南方传播。槽后冷平流较强,特别在中空急流区,强度达 10^{-3} ℃/s 量级。在 500 hPa 冷温区和强冷平流区下方,

对流层低层是从西部高原地区向东伸展的暖脊,并有 20 ℃的暖中心位于北京和济南之间,因而北京地区受弱冷平流影响(-2×10^{-4}℃/s)。根据前述,这种形势有利于出现强对流天气。

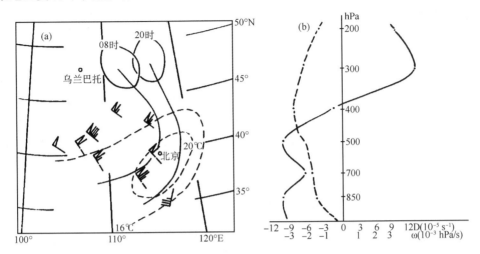

图 12.1.4　1993 年 6 月 5 日大尺度环境特征
(a)环流形势;(b)散度、垂直速度廓线
(a)断线:08 时 850 hPa 等温线,断风标为 20 时风记录,
(b)中实线为散度,量级 10^{-5}/s;断线为垂直速度,量级 10^{-3} hPa/s

　　5 日 12 时张家口的探空表现出两个明显的特征(图略):一是西北气流深厚,从近地层伸至 500 hPa,在 553～528 hPa 层存在下沉逆温性质的稳定层(ΔT 为-1.2 ℃,而 ΔT_d 为-3.9 ℃);二是气层干燥,近地层尤为明显,500、700、850 hPa 和地面层的 $T-T_d$ 分别为 14.7 ℃、8.1 ℃、21.9 ℃和 24.4 ℃。不仅如此,从 5 日 02 时至 12 时,400 hPa 以下 $T-T_d$ 明显增大,如 850 hPa,增大 4.5 ℃,500 hPa 增大 8.8 ℃,且各层露点明显降低(850 hPa 降低 5.8 ℃,500 hPa 降低 9.3 ℃)。南苑的探空与此类似。由此引起对流不稳定,12 时 $\Delta\theta_{se(500-850)}$ 为-5 ℃。在 500 hPa 涡槽后部大范围辐散、下沉区中,在中空急流速度梯度区内存在范围较小的辐合,上升运动,图 12.1.4b 是 5 日 08 时该区平均的散度和垂直速度廓线。显而易见,这是当日强对流天气猛烈爆发的动力条件。

　　(3)槽前型(强雷雨)强对流天气环境特征

　　北京地区槽前型出现强对流天气的概率较冷涡、槽后型小,为 28.5%。根据表 12.1.3,槽前型出现强对流天气的环境特征主要表现在三方面:

　　(a)深厚的偏西南风层

　　在 8 次强雷雨日中,华北地区都处于 850、700 和 500 hPa 三层槽前,受深厚的偏西南风控制。这是槽前型强雷雨天气前环境场的基本特征,也是和冷涡、槽后型的主要区别。计算表明,对流层中、低层均为暖平流,850 和 500 hPa 的平均值为 2.8×10^{-4}℃/s 和 1.7×10^{-4}℃/s,表现出暖平流向上递减的特征。850、700、500 hPa 三层温度之和及温度露点差之和的平均为 22.9 ℃和 13.0 ℃,分别比冷涡、槽后型高 11.9 ℃和低 11.5 ℃,表明槽前型强雷雨天气出现在较暖较湿的环境中,特别在 1994 年 7 月 7 日和 7 月 12 日两次持续性暴雨过程中,气层湿度更大,三层温度露点差之和的平均只有 4.4 ℃。将 850 和 500 hPa 的温度露点差之和分别计算,其平均值为 2.0 ℃和 6.2 ℃,显示出潮湿气层主要存在于低层,且中、低层存在明显的湿度差异。

槽前型中各特性温度层的气压高度和冷涡、槽后型也不一样(表 12.1.4),P_0、P_{-10}、P_{-20} 的平均值分别比冷涡、槽后型低 62.1、61.6 和 62.5 hPa。根据研究,这些高度不适宜于冰雹的增长和维持,这也是槽前型多强雷雨天气而少冰雹天气的物理依据[71]。

(b)活跃的低空急流

8 次槽前型强雷雨过程中,有 4 次在北京以南地区存在低空急流,其中有 2 次同时伴有中空急流。而在 5 次冷涡、槽后型风雹天气过程中没有发现低空急流活动。这既说明两类环流型制约强对流天气的因子不同,也说明低空急流对槽前型强雷雨天气的重要性,前述槽前型强雷雨天气前北京地区低层潮湿,正是偏南风低空急流对水汽输送的结果。低空急流的强度通常为 14~16 m/s,在持续性大暴雨过程中,其强度达 30 m/s(1994 年 7 月 12 日)。急流的尺度可达上千千米,往往从贵阳经郑州伸向华北地区;其中可同时存在 2~3 个强风核,它们随基本气流向前传播,北京位于强风核的左前方。

(c)对流不稳定的建立和湿度差动平流密切相关

槽前型强雷雨天气发生前,对流不稳定已经建立。其强度[$\Delta\theta_{se(500-850)}$]在持续性暴雨过程中较弱(平均$-5.5$ ℃),在强雷雨过程中较强(平均-13.3 ℃)。最强达-20 ℃(1992 年 7 月 25 日)。和冷涡、槽后型相比,槽前型层结不稳性更强。这种强不稳定的建立,虽有温度差动平流的贡献,但作用更大的是中、低层湿度的差异。根据计算,平均的水汽通量散度 850 hPa 为-13.5×10^{-8}g/(s·cm²·hPa),而 500 hPa 仅为-1.9×10^{-8}g/(s·cm²·hPa)。两者差达一个量级。此结果和前述槽前型强雷雨天气前水汽主要在低层的事实正相印证,反映湿度差动平流是槽前型对流不稳定建立的主要机制。

(4)槽前型(强雷雨)强对流天气典型个例

1992 年 7 月 25 日北京地区的强雷雨天气是槽前型强对流天气的典型例子。当日降水出现在霞云岭至平谷及其北面怀柔至古北口地区,经历 6 h,最大过程和 1 h 降水分别为 70.6 mm 和 56.7 mm,表现出过程时间较短、总雨量较小而雨强很大的强雷雨天气特征。

如前综述,这次强雷雨过程发生在 850、700 和 500 hPa 三层槽前深厚的西南气流区中(图 12.1.5)。08 时 500 hPa 槽线位于 105°E 附近,20 时东移至北京地区,强雷雨是在低槽逼近时发生的。08 时 500 hPa 槽后为冷平流,而其东南方槽前为暖平流,平流强度分别为-6×10^{-5}℃/s 和 4×10^{-4}℃/s,因而两者间出现锋生,导致 20 时在低槽附近形成中空急流,它对暖空气向北京地区输送和增强中空辐合起到积极作用。

前面提到的低空急流对强雷雨过程的贡献在本例中也表现出来。急流的水平尺度达千千米,位于贵阳、郑州至济南一带。08 时强风核在郑州上空,强度 18 m/s。20 时东移北传至济南地区,北京位于强风核的左前方(图 12.1.5)。低空急流区气层湿度较大,850 hPa 至地面层的 $T-T_d$ 只 1~2 ℃,850 hPa 水汽通量辐合达-5.1×10^{-8}g/(s·cm²·hPa),为强雷雨天气提供了良好条件。

和强雷雨过程相比,持续性暴雨过程对环境特征有更高要求,主要表现在两方面:

致雨系统稳定少动。虽然持续性暴雨过程也是发生在三层槽前,但这类低槽稳定少动,使北京地区维持深厚西南风层,较长时间受致雨系统作用,不是短时强雷雨过程那样,槽来降水,槽过雨停(如 1992 年 7 月 25 日和 1993 年 7 月 9 日)。而使致雨系统稳定少动的因素或是副热带高压强盛,阻止低槽东进(如 1994 年 7 月 7 日);或是台风路径异常,深入华北地区,使低槽难以东移,并和台风共同作用,酿成特大暴雨(1994 年 7 月 12 日)。

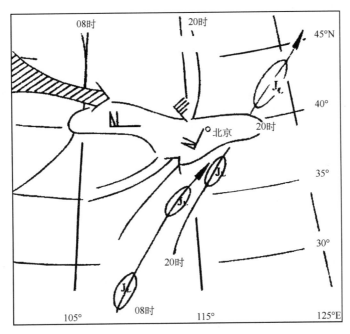

图 12.1.5　1992 年 7 月 25 日强雷雨过程前大尺度环流形势

粗实线:500 hPa 槽线;粗断矢线:850 hPa 急流轴影、空矢区为冷暖平流区

　　持续的水汽供应。持续的水汽供应是形成暴雨的主要条件之一。前面提到的两次暴雨过程对流层中低层水汽充沛,500、700、850 hPa 三层($T-T_d$)之和的平均仅为 4.4 ℃,而 6 次强雷雨过程三层($T-T_d$)之和的平均为 15.9 ℃(风雹过程的更大),不仅如此,潮湿气层还主要集中在低层,如 1994 年 7 月 7 日,850 hPa($T-T_d$)只有 0.4 ℃。输送水汽的机制主要是低空急流,暴雨过程中的低空急流有两个明显的特点.一是强度大(如前述,最强达 30 m/s);二是维持时间长(二次暴雨过程中 850 hPa 低空急流维持 12 h 以上)。在强风核左前方水汽通量辐合比强雷雨过程约大一个量级,达-1.9×10^{-7}g/(s·cm²·hPa)(1994 年 7 月 12 日)。显然,这种持续性的水汽供应和集中,对持续性暴雨过程十分有利。

12.1.3　小结

　　在 1992—1994 年 16 个强对流日、20 次强对流过程中,风雹和强雷雨各为 5 次和 15 次,它们分别和飑线及强雷雨云团联系。前者均发生在冷涡、槽后型中,后者 73% 和槽前型联系。风雹天气主要发生在 6 月,7、8 月很少;强雷雨天气相反,主要发生在 7、8 月,6 月很少。前者多出现在午后至傍晚以前,后者下午至上半夜多见,下半夜至午前较少。强对流天气的落区及强度和地形特征明显相关,在山脉的迎风坡及喇叭口地区,山脉的下坡区及河谷出口地带,常是强对流天气发生地或增强区。强对流过程表现出多方面的中尺度特征。

　　冷涡、槽后型风雹天气过程前,对流层中层北西气流强盛,中空急流活跃,坏境较冷较干,中空有干冷空气入侵;而在低层受东伸的暖脊影响,因而易于建立对流不稳定和中层辐合流场,在触发条件有利和"干暖盖"较薄弱的地区,导致强烈天气形成。

　　槽前型强雷雨天气发生前的大尺度环境特征和冷涡、槽后型不同,主要表现在深厚的偏西南风层、活跃的低空急流及主要由湿度差异导致的对流不稳定三方面。它们是制约强雷雨过程的关键性因子。对持续性暴雨过程还需具备致雨系统稳定和持续性水汽供应两个条件。

12.2　强雷雨、风雹类天气中尺度环境条件比较

利用加密的地面资料(时间分辨率 1 h,空间分辨率 20 km)、边界层资料(空间分辨率100 km)及物理量计算结果(水平格距地面取 15 km,边界层取 30 km),对 5 次冷涡、槽后型风雹及 5 次槽前型强雷雨天气过程进行分析,着重揭示其中尺度特征,为强对流天气的短时和临近预报提供基础。

12.2.1　风雹过程中尺度特征

(1)一般特征

表 12.2.1 调查了 5 次飑线风雹过程中北京地区出现强对流天气前、后的物理量特征,包括强对流天气出现前 3 h 近地层的主导流型、温度、露点及其变量;强对流天气出现后 1 h 的变温、变压及变露点;以及强对流天气出现前 3 h 和 1 h 北京上游 100 km 地区的速度及水汽通量散度等[73],可以看出,风雹过程前,北京地区近地层的主导气流为偏南风(S)型。受西和北部山脉的影响,偏南气流呈沿山绕流型式,出现中尺度切变线。切变线的位置通常在西郊和沙河之间。随着偏南风强度的变化及山脉和平原区变温的不同,其位置有南北摆动。当偏南风加强,切变线北推,而当北部山区降温较多,切变线南压。切变线多为准东西走向(如 1992年 6 月 21 日,图 12.2.1a),当西北部近山脉地区气温较低,切变线呈东北至西南或准南北走向,1993 年 6 月 5 日即为此例(图 12.2.1b)。

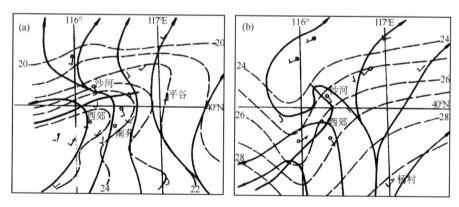

图 12.2.1　北京地区强对流天气出现前地面中尺度流场特征
(a)1992 年 6 月 21 日 13 时;(b)1993 年 6 月 5 日 12 时

表 12.2.1 表明,强对流天气出现前 3 h,切变线区均为速度辐合,平均量级接近 $10^{-4}/s$;由前 3 至前 1 h,辐合强度增大近 3 倍;且在北京上游地区也存在速度和水汽通量辐合,并由前3 h 到 1 h 强度增大。表明北京地区强对流天气的出现,是和本地区及上游区有利的并不断增强的中尺度环境紧密联系的。偏南风型不出现强对流天气的散度和水汽通量散度不是这样,只有切变线区有较弱的辐合,而在上游则是较宽广辐散区。

12 时加密的测风资料显示,近地层的中尺度切变线能伸展到 900~1500 m 高度,是边界

层的中尺度系统。其结构有两种情形,一是风雹过程前 08—12 时,北京地区处于 500 hPa 槽前,而强对流天气出现在槽线过境之后,这时切变线的南侧为南偏西风,北侧是南偏东风,切变线轴向北倾斜(图 12.2.2a);另一种是风雹过程前 08 时北京地区已位于 500 hPa 槽后,这时南偏西风和南偏东风之间切变仅存在于地面至 300 m 高度,其上已有槽后北西风侵透过来,且北西风所在的高度由西向东逐渐升高(图 12.2.2b),切变线东南侧为南偏西风,而西北侧为北西风,切变线轴向东南方倾斜。切变线轴高度的这种分布,和北京地区冷涡、槽后型强对流天气爆发前"干暖盖"东高西低的特征是一致的。由图 12.2.2 看到,不论哪种情形,切变线附近均为速度辐合,量级达 $10^{-4}/s$。这种存在于边界层的中尺度切变、辐合系统是北京地区出现强对流天气的重要动力条件。

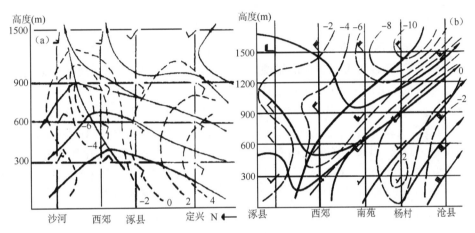

图 12.2.2　风雹过程前中尺度切变线结构特征,断线为等散度线,单位 $10^{-4}/s$

(a)1992 年 6 月 2 日 12 时;(b)1993 年 6 月 5 日 12 时

表 12.2.1　北京及其上游地区风雹天气前后地面中尺度特征

日期	强天气时段(地方时)	前 3 h 地面主导流型	前 3 h 切变线区 $\nabla \cdot \vec{v}$	前 1 h 切变线区 $\nabla \cdot \vec{v}$	前 3 h T, T_d(℃)	前 3 h ΔT_3 ΔT_{d3}(℃)	前 3 h 上游 T_t ΔT_{d3}(℃)	前 3 h 上游 $\nabla \cdot \vec{v}$ $\nabla \cdot q\vec{v}$	前 1 h 上游 $\nabla \cdot \vec{v}$ $\nabla \cdot q\vec{v}$	后 1 h ΔT_1, ΔT_{d1}(℃) ΔP_1(hPa)
1992 年 6 月 21 日	16—19	S 切变线(西郊—沙河)	−1.0	−1.1	24.3 15.0	1.7 −0.3	51.4 0.8	−1.2 −13.3	−1.0 −9.8	−9.3,−2.0 2.0
1993 年 6 月 5 日	15—18	S 切变线(良乡—沙河)	−0.4	−2.0	25.3 17.7	2.7 0.3	57.1 1.1	−0.3 −1.6	−0.6 −3.6	−5.0,−4.7 2.2
1993 年 6 月 22 日	12—15	S 切变线(杨村—南苑)	−0.7	−1.5	30.0 14.3	2.7 −2.3	57.4 3.2	−0.6 −6.0	−1.2 −6.0	−9.0,1.0 1.6
1993 年 7 月 17 日	15—17	S 切变线(西郊—沙河)	−0.6	−1.1	29.0 23.0	1.3 −0.3	77.0 2.3	−0.9 −5.4	−0.6 −9.6	−6.3,−2.3 1.1

续表

日期	强天气时段（地方时）	前3h地面主导流型	前3h切变线区 $\nabla \cdot \vec{v}$	前1h切变线区 $\nabla \cdot \vec{v}$	前3h T, T_d(℃)	前3h ΔT_3 ΔT_{d3}(℃)	前3h上游 T_t ΔT_{d3}(℃)	前3h上游 $\nabla \cdot \vec{v}$ $\nabla \cdot q\vec{v}$	前1h上游 $\nabla \cdot \vec{v}$ $\nabla \cdot q\vec{v}$	后1h ΔT_1(℃) ΔT_{d1}(℃) ΔP_1(hPa)
1994年 6月26日	18—21	S 切变线（西郊—沙河）	-0.3	-0.8	30.8 17.0	-0.1 0.6	66.7 0.8	-0.6 -9.9	-0.9 -14.0	-4.4,2.3 1.4
平均			-0.6	-1.6	27.9 17.4	1.7 -0.4	61.9 1.6	-0.7 -7.2	-0.9 -8.6	-6.8,-1.1 1.7

表中散度单位 10^{-4}/s,水汽通量散度单位 10^{-7} g/(s·cm²·hPa)

强对流天气出现前,北京地区近地层的平均温度、露点及温度露点差分别为 27.9 ℃、17.4 ℃和13.5 ℃,和强雷雨过程前的温湿特征相比,风雹过程发生在近地层既暖又干的环境中。而在边界层以上 850～500 hPa 层则是较冷较干的环境,因此,"上冷干"和"下暖干"的温湿结构及由此而来的对流不稳定,是导致风雹过程的热力条件。而风雹天气临近时的继续升温和降湿(平均 ΔT_3 为 1.7 ℃、ΔT_{d3} 为 -0.4 ℃,表12.2.1)及总能量的增大,对风雹天气更为有利。

飑线风雹过境后,引起气象要素强烈扰动,其基本特征是温度降低和气压升高,平均 1 h 降温(ΔT_1)为 -6.8 ℃,1 h 升压(ΔP_1)为 1.7 hPa,个别过程达 -9.3 ℃(1992 年 6 月 21 日),ΔP_1 达 2.2 hPa(1993 年 6 月 5 日),比强雷雨过境后 1 h 变量强烈得多。

(2)典型个例

1993 年 6 月 5 日北京地区出现的强对流天气可作为飑线风雹过程的典型个例。当日 16 时左右,飑线从西北方越过军都山,以 60 km/h 的速度侵入北京地区(图 12.1.3)。从延庆、汤河口天气报告看出,飑线下坡前天气不强,强对流天气是在飑线越山下冲、强烈抬举其前方暖湿不稳定空气过程发生的,且集中在飑线中西段近山脉地区,表现出地形对天气增强的作用。这次过程中北京普遍出现大风,其中 6 站风速 ≥20 m/s(最大风速 26 m/s);2 站出现扬沙,1 站出现冰雹;而降水强度则很小,在 20 个有逐时降水记录的测站中,≥5 mm/h 的仅 3 站,最大的 1 h 降水只为 12.0 mm,充分表现出风雹过程的主要天气特征。

分析表明,这次飑线的触发机制是中尺度干线。由图 12.2.3 可见,5 日 10 时左右,涡槽后部近地层的暖、干空气已进入张家口地区。10—12 时,张家口和延庆地区,气温前者略高于后者,而露点张家口比延庆(永宁,下略)低得多,两者间的露点梯度达 6 ℃/100 km,表明该地区已有干线活动。12 时后,随着涡槽东进,张家口偏北风增强,干线向延庆地区推进,使其露点明显降低(-3 ℃/h)。13—15 时,延庆温度略升,而露点继续降低,同时其东南侧沙河地区仍为冷湿空气控制,且露点升高,因而干线强度增大,14—16 时露点梯度达 12 ℃/45 km,且在干线附近出现带状辐合区,量级接近 10^{-4}/s(图略)。16 时 40 分,沙河出现雷雨、雷雨大风(16 m/s)并伴有扬沙,标志受干线触发,飑线已影响到沙河并迅速横扫北京城区,造成强烈风雹天气。飑线过境,沙河 1 h 变压 1.0 hPa,变露点 -11.0 ℃,而温度无变化,表明飑线后方的空气极为干燥。

图 12.2.4 是 1993 年 6 月 5 日 17 时飑线强盛期的地面中尺度图和散度计算结果,其明显的中尺度特征有以下三点。

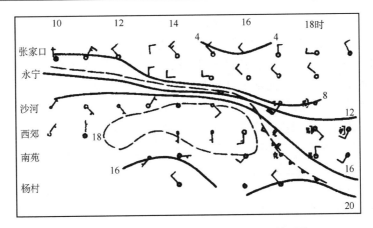

图 12.2.3　1993 年 6 月 5 日近地层时空剖面图

细实线为等露点线,单位℃

飑线附近及其前方(约 50 km),各有一个强温度和露点梯度带(图 12.2.4a),强度分别为 3.5 ℃/50 km、4 ℃/50 km 和 5 ℃/50 km、7 ℃/50 km。飑线附近的强梯度带由飑线前、后不同性质的空气造成,而飑线前方的强梯度带则和飑线区的强冷出流联系,这从风场特征可找到佐证。在该梯度带以南一直为偏南风,而以北地区(如杨村)16—17 时转为北西风,和飑线后方风向一致,说明飑线后的强冷空气已冲到前方。在冷出流前缘存在中尺度辐合带(图 12.2.4b,量级接近 10^{-4}/s),辐合带附近出现雷阵雨天气。

强烈对流天气出现在飑线的后方,其宽度 50~60 km,影响时间不超过 1 h。和强对流天气带对应的是一条中尺度辐合线(图 12.2.4b),其位置和飑线一致,强度达$-1.2×10^{-4}$/s 量级。

飑线前后有不同的风场特征。在冷出流前缘主要为风向辐合,飑线附近风速差明显,而飑线后方则是辐散外流的风场(辐散量 $1.4×10^{-4}$/s,图 12.2.4b)。

17 时后飑线趋于减弱。飑线前方的冷出流不再存在,后方的强风明显减小,一个范围扩大的辐散外流风场盘踞在飑线后方,表现出和强盛期明显不同的结构特征。

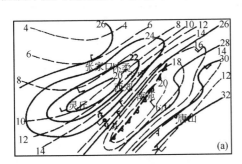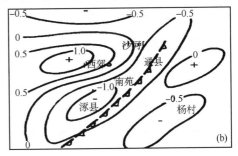

图 12.2.4　1993 年 6 月 5 日 17 时地面中尺度特征

图中实线是等温线,断线是等露点线

(a)地面中尺度图;(b)地面散度分布单位 10^{-4}/s

12.2.2　强雷雨过程中尺度特征

(1)一般特征

采用和表 12.2.1 类似的思路和方法,对 5 次槽前型强雷雨天气前、后北京及其上游地区的中尺度环境进行调查,得到表 12.2.2。和风雹过程(表 12.2.1)比较,可看出许多不同的特征,显示出两类强对流天气发生前中尺度环境的差异。

强雷雨发生前 3 h,北京地区近地层的平均温度较低(低 2.0 ℃),而露点温度较高(高 6.0 ℃),表明和风雹天气相反,强雷雨过程是发生在近地层较冷较湿的环境中。而在边界层以上,则较暖较湿,且在对流层中低层存在明显的湿度差异。详细分析发现,强雷雨前近地层环境温度较低的原因,一是强雷雨多发生在傍晚,处于气温日变化的下降期,二是强雷雨前天空往往已被密云覆盖,抑制了温度升高;强雷雨前平均露点较高,是因为槽前的偏南风水汽输送提供了良好的湿度条件。这种特征不仅表现在近地层中,地面层以上也如此,由表 12.2.3 可见,高露点和高饱和度层在局地强雷雨过程前(如 1992 年 7 月 25 日)可伸展至 850 hPa,在持续性暴雨过程前(如 1994 年 7 月 12 日)能伸展到 400 hPa,而在风雹过程前(如 1992 年 6 月 21 日)整个气层都被低露点和干燥空气控制,它们在湿度场上有明显差别。

强雷雨天气前不仅北京地区水汽含量较高,在其上游地区还存在明显的水汽通量辐合。表 12.2.2 表明,前 3 h 平均的水汽通量辐合达 -19.5×10^{-7} g/(s·cm²·hPa)(前 1 h 为 -19.8×10^{-7} g/(s·cm²·hPa))和风雹前北京上游地区水汽通量辐合相比,强雷雨前的辐合强度平均大 2 倍以上。特别是 1994 年 7 月 7 日和 12 日两次持续性暴雨过程大得更多(4~5 倍)。而且,即使同为强雷雨过程,持续性暴雨前的水汽通量辐合也明显大于短时局地强降水过程(大 3~7 倍),说明水汽条件不仅是区别强雷雨和风雹过程的判据,也是区别短时强降水和持续性暴雨的指标。

和风雹过程相似,强雷雨天气前近地层的主导流型除 1994 年 7 月 12 日受台风影响表现为偏东风(E)型外,都属偏南风型,偏南风中也存在中尺度切变线,不同的是强雷雨过程前切变线的伸展高度较低,5 次中 2 次达 600~900 m,3 次只到 300 m 高度。其原因主要是导致强雷雨过程的低槽较强,地形对环境风的影响相对较小,尽管如此,切变线区的辐合流场仍是制约强雷雨落区的控制因子,雷雨天气出现在切变线附近,并沿切变线向盛行气流下风方移动。

表 12.2.2　北京及其上游地区强雷雨天气前后地面中尺度持征

日期	强天气时段(地方时)	前 3 h地面主导流型	前 3 h切变线区$\nabla\cdot\vec{v}$	前 1 h切变线区$\nabla\cdot\vec{v}$	前 3 hT,T_d(℃)	前 3 h $\Delta T_3$$\Delta T_{d3}$(℃)	前 3 h上游$T_t$$\Delta T_{d3}$(℃)	前 3 h上游$\nabla\cdot\vec{v}$$\nabla\cdot q\vec{v}$	前 1 h上游$\nabla\cdot\vec{v}$$\nabla\cdot q\vec{v}$	后 1 hΔT_1(℃)ΔT_{d1}(℃)ΔP_1(hPa)
1992 年7 月 25 日	20—01	S切变线(海淀—昌平)	−0.4	−0.8	27.725.3	−0.40.0	76.91.0	−0.2−5.0	−0.8−15.2	−1.0,−0.3−1.0
1992 年8 月 3 日	15—20	S切变线(西郊—南苑)	−0.4	−0.8	24.723.0	0.60.7	68.51.8	−0.4−4.6	−0.4−7.4	−1.0,0.0−0.4
1993 年7 月 5 日	1—817—23	S切变线(西郊—南苑)	−0.1	−1.3	27.021.7	0.30.0	70.00.3	−0.4−7.0	−0.4−7.0	−0.7,0.41.1
1994 年7 月 7 日	4—1115—24	S切变线(西郊—沙河)	−0.8	−1.7	25.223.7	−0.40.2	75.9−2.8	−1.5−34.7	−1.7−31.7	0.0,0.1−0.6

续表

日期	强天气时段（地方时）	前 3 h 地面主导流型	前 3 h 切变线区 $\nabla\cdot\vec{v}$	前 1 h 切变线区 $\nabla\cdot\vec{v}$	前 3 h T, T_d（℃）	前 3 h ΔT_3 ΔT_{d3}（℃）	前 3 h 上游 T_t ΔT_{d3}	前 3 h 上游 $\nabla\cdot\vec{v}$ $\nabla\cdot q\vec{v}$	前 1 h 上游 $\nabla\cdot\vec{v}$ $\nabla\cdot q\vec{v}$	后 1 h ΔT_1, ΔT_{d1}（℃） ΔP_1（hPa）
1994 年 7 月 12 日	1—24	E 台风外围	-0.9	-1.5	24.8 23.5	-0.9 -0.4	70.3 1.8	-2.2 -46.2	-1.9 -37.6	-0.1,-0.6 -1.1
平均			-0.5	-1.3	25.9 23.4	-0.2 0.1	72.3 0.4	-0.9 -19.5	-1.0 -19.8	-6.0,0.0 -0.4

表中散度单位 $10^{-4}/s$，水汽通量散度单位 10^{-7} g/$(s\cdot cm^2\cdot hPa)$

表 12.2.3　北京地区各类强对流天气前各层湿度特征

日期	项目	地面	850 hPa	700 hPa	500 hPa	400 hPa	300 hPa	200 hPa
1992 年 7 月 25 日	T_d ℃	25.0	18.9	7.0	-8.5	-19.8	-31.0	-54.7
（局地强雷雨）	$T-T_d$ ℃	2.0	1.3	6.0	6.3	7.1	5.4	4.8
1992 年 7 月 12 日	T_d ℃	22.4	16.3	5.1	-6.3	-15.6	-31.0	-53.0
（持续性暴雨）	$T-T_d$ ℃	0.8	1.3	1.9	2.0	2.9	4.1	4.5
1992 年 6 月 21 日	T_d ℃	13.8	5.8	-3.2	-25.6	-40.2	-51.2	-55.6
（风雹）	$T-T_d$ ℃	10.2	6.9	6.2	11.9	15.3	14.2	13.6

（2）典型个例

1992 年 7 月 25 日北京地区的强雷雨天气是槽前型强雷雨过程的典型个例。图 12.2.5 是 25 日 20 时至 26 日 01 时的雨团动态和过程降水分布。这次降水由南、北两个雨团活动构成，南面的雨团开始于 25 日 20 时，发生在霞云岭地区，1 h 降水量 11.1 mm，21 时雨团向东北

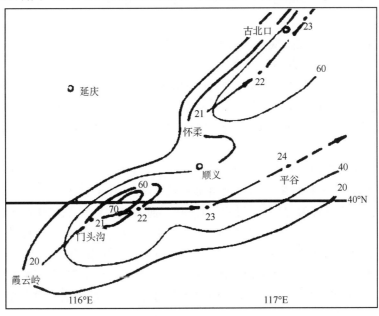

图 12.2.5　1992 年 7 月 25 日 20 时至 26 日 01 时雨团动态和过程降水分布

黑圆点：雨团动态

方移至门头沟附近,降水强度迅速增大(1 h雨量56.7 mm),24时至平谷地区,1 h降水仍达到33.9 mm。

值得注意的是,在21时南面的雨团迅速增强时,其北面的怀柔地区出现另一个雨团活动,开始1 h雨量为12.0 mm,以后向东北方移动,雨量增大,22时和23时最大的1 h雨量分别为26.2 mm(密云)和38.0 mm(古北口),23时移出北京地区。整个降水过程历时6 h,最大过程雨量为70.6 mm。

图12.2.6是强雷雨发生前地面和边界层的中尺度特征。雷雨前3 h(图12.2.6a),近地层为偏南风型,偏南风区中西斋堂、昌平至怀柔一线存在地形性中尺度辐合线,其附近速度辐合(量级10^{-4}/s)。图12.2.6b表明,该切变线伸展到600 m高度,其附近亦为辐合。17—19时切变线北侧风向偏东成分加大,切变线南压,辐合加强,20时在切变线西部南侧的霞云岭地区首先出现雷雨天气。在大尺度西南气流引导下,雷雨系统向东北方移向切变线区,雨强迅速增大,出现1 h降水量达56.7 mm的强烈降水。

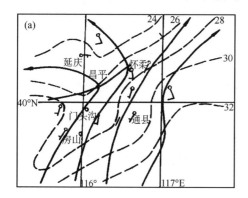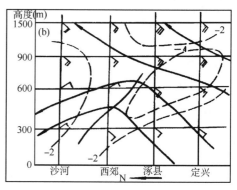

图12.2.6　1992年7月25日强雷雨发生前地面及边界层中尺度特征
(a)17时地面中尺度图;(b)12时边界层风场特征

图12.2.7是雷雨系统强盛期的地面中尺度形势,其鲜明的特征是雷雨区流场呈反气旋外流型式(图12.2.7a),而其前方则是一个气旋性涡旋,两者间的偏北气流使切变线南移,雷雨区在切变线的冷区一侧。图12.2.7b是同时间的散度分布,表现出强烈的中尺度扰动,雷雨区对应速度辐散量为3×10^{-4}/s,其东方则是和气旋性涡旋及切变线匹配的中尺度辐合带,强度和辐散同量级。散度场的这种分布,即是雷雨系统降水的结果,对其未来的移动也有指示意义。

有意思的是,南面雨团增强时出现的辐散外流的向北分支、及雨区前方气旋性涡旋东侧的偏南气流,和环境流场一致,结果使偏南风向北伸展到昌平、怀柔地区(如20时,昌平由东风转为南西风,怀柔由南西风转为南风)。与此同时,其北面山坡地区夜晚出现沿山坡下滑的偏北气流(如密云,20时东南风1.3 m/s,21时转为北西风3.3 m/s),两者相遇构成新的中尺度切变线,位于原有切变线的北方。计算表明,切变线区速度辐合(量级10^{-4}/s)。由图12.2.7b看到,怀柔地区的速度辐合位于其南面雷雨辐散区和北面沿山坡下滑气流辐散区之间,显示出雷雨系统的辐散外流和局地气流的相互作用。在有利的大尺度环境场中这条中尺度切变线成为新生对流的触发机制。

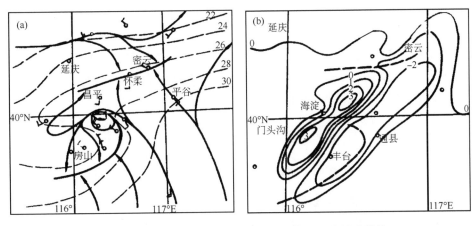

图 12.2.7　1992 年 7 月 25 日雷雨强盛期地面中尺度形势

(a)21 时地面中尺度图；(b)21 时地面散度分布　单位：$10^{-4}/s$

12.2.3　小结

飑线风雹出现前，北京地区近地层为偏南风流型，其中存在切变线，它能伸展到 900～1500 m 高度。其附近为速度辐合，且上游地区有水汽和能量向切变线区输送。这种中尺度环境对飑线系统有明显增强作用，是北京地区强对流天气过程的重要动力条件。

风雹天气发生在近地层既暖又干的环境中，而在边界层以上则较冷较干。"上冷干"、"下暖干"及由此而来的对流不稳定，是导致飑线、风雹过程的重要热力条件。而近地层的干线活动则是触发飑线生成的机制。

和风雹过程不同，强雷雨过程发生在近地层较冷较湿的环境中，而在边界层以上则较暖较湿，且对流层中低层存在明显的湿度差异。"下冷湿"、"上暖湿"及主要由湿度差动平流导致的对流不稳定，是强雷雨过程前中尺度环境的显著特征。

近地层的中尺度切线是制约强雷雨落区的重要因素。强雷雨区外流气流和局地气流间的相互作用，可导致新的强雷雨带，造成较大范围的强烈天气。

12.3　强雷雨、风雹类天气环境条件比较

12.3.1　强对流天气类别和环流型的关系

研究表明，强对流天气是否发生不仅受大尺度环境条件制约，而且强对流天气的类别也和环流条件紧密联系。在上一节中，根据 1992—1994 年 16 个强对流日资料，概括了北京地区强对流天气类别和大尺度环流型的关系，指出冷涡、槽后型多飑线活动，主要出现风雹天气，具有"干"对流风暴特征；槽前型多强雷雨过程，对应"湿"对流风暴。下面我们根据 1983—1992 年 6—8 月强对流天气资料，分别统计了槽前型（斜槽）和槽后型各站各类强对流大气出现的概率，表 12.3.1 是槽前型的例子。可以看出，表中各站强雷雨的平均概率为 31.0%，而冰雹的平均概率仅为 17.0%。如果将强雷雨加强雷雨伴大风、冰雹加冰雹伴大风计算，则平均概率前者为 37.6%，后者只有 20.6%，进一步显示出北京地区槽前型多强雷雨类天气，而少风雹类

天气的统计特征。同时可见,槽前型冰雹天气的概率由西北部山区(张家口、延庆)向东南沿海地区递减(杨村、静海概率为零),而强雷雨天气的概率分布相反,由西北部山区向东南沿海地区递增(杨村、静海平均概率达 50.6%)。槽后型强对流天气类别的统计特征和槽前型不同(表略),对比可见,在张家口、延庆地区,槽后型风雹类天气的概率 60% 以上,强雷雨类天气的概率不足 40%;沙河、西郊、南苑及杨村、静海地区,风雹类天气的概率增大,而强雷雨类天气的概率减小,前者平均分别增大 7.8% 和 37.7%,后者分别减小 4.2% 和 33.2%,表现出北京地区槽后型多风雹类天气,而少强雷雨类天气。

12.3.2　强对流天气类别和环境参数的关系

为寻求强对流天气类别的主要控制因子,我们在上述资料中,对 56 次强对流天气过程统计不同类别强对流天气发生前(08 时)的各种环境参数,包括对流层中、低层的温、湿特征、大气层结及 700 hPa 风速等,结果如表 12.3.2 所示。从中可见,风雹类和强雷雨类天气发生前的环境特征是不一样的,例如风雹类天气发生前中低层环境温度较低,850、700、500 hPa 三层温度之和平均为 18.1 ℃,而强雷雨类天气发生前的环境温度较高,三层温度之和平均为 21.1 ℃;风雹类天气发生前环境湿度较低,850～500 hPa 三层温度露点差之和 32.3 ℃,而强雷雨类天气发生前环境湿度较高,三层温度露点差之和平均仅 18.4 ℃,表明风雹类天气发生在较冷、较干的环境中,而强雷雨类天气的出现则需较暖较湿的环境条件,这是两类天气的重要差别。这种差别在温、湿特性结合的假相当位温上也清晰表现出来,风雹类天气三层假相当位温之和平均为 980～990 K,而强雷雨类天气三层假相当位温之和平均≥1000 K。详细比较两类天气各层的假相当位温还可看到,它们的差别主要不在对流层低层(850 hPa 两者平均差 5.3 K),而在对流层中层(500 hPa 两者平均差达 9.1K),可见风雹类天气发生前注意中层干冷空气入侵是非常必要的。两类天气发生前大气层结也明显不同,风雹类天气发生在较强的对流不稳定环境中,$\Delta\theta_{se(500-850)}$ 平均 -7.2 K,而强雷雨类天气则和较弱的对流不稳定联系($\Delta\theta_{se(500-850)}$ 平均 -2.7 K),特别是单独强雷雨天气,对流稳定度呈中性状态。两类强对流天气出现前对流层中低层风速也不一样,在 700 hPa 层,风雹类天气风速较小(平均 9.1 m/s),强雷雨类天气风速较大(平均 11.4 m/s)。

表 12.3.1　1983—1992 年 6—8 月北京地区槽前型(斜槽)各类强对流天气出现概率

强对流天气类别	张家口	延庆	沙河	西郊	南苑	杨村	静海
冰雹	28.6	22.2	28.6	27.3	12.5	0	0
	(25.4)		(22.8)			(0.0)	
大风	42.9	33.3	21.4	45.6	43.8	18.2	56.3
强雷雨	0	33.3	50.0	13.6	18.8	63.6	37.5
	(16.7)		(27.5)			(50.6)	
冰雹/大风	14.3	0	0	4.5	6.3	0	0
强雷雨/大风	14.3	0	0	4.5	12.5	9.1	6.2
冰雹/强雷雨	0	11.2	0	0	0	0	0
冰雹/大风/强雷雨	0	0	0	4.5	6.3	9.1	0

注:表中数字为该类强对流天气占强对流天气总数的百分比,括号中数字为该区平均概率

表 12.3.2　1983 年—1992 年 6—8 月北京地区各类强对流天气发生前的环境参数

项目	冰雹	大风	冰雹/大风	强雷雨	冰雹/强雷雨	强雷雨/大风	冰雹/大风/强雷雨
$\theta_{se}(850\ hPa)(K)$	331.8	329.5	334.6	337.8	335.5	339.1	333.4
$\theta_{se}(700\ hPa)(K)$	324.3	325.7	328.1	334.5	329.4	332.4	329.2
$\theta_{se}(500\ hPa)(K)$	324.4	326.2	327.6	336.2	326.7	334.0	326.8
$\Delta\theta_{se}(500-850)(K)$	-7.4	-3.2	-7.0	-0.3	-8.7	-5.1	-6.6
$\sum\theta_{se}(500+700+850)(K)$	980.5	981.4	990.2	1008.6	991.6	1005.4	989.3
$\Delta T(500-850)(℃)$	-28.7	-28.8	-30.3	-23.3	-27.5	-26.0	-28.0
$\sum(T-T_d)(500+700+850)(℃)$	30.6	35.5	34.0	16.5	26.2	20.3	25.3
$\sum T(500+700+850)(℃)$	14.4	17.1	21.7	20.5	17.3	21.7	16.2
$v(700\ hPa)(m/s)$	8.6	9.4	9.5	10.0	9.7	12.7	9.7

12.3.3　两类强对流天气的合成环境形势

　　分析表明,以上两类强对流天气发生前环境参数的不同,是由其大尺度环流形势的差异所决定的。图 12.3.1 是北京地区槽前(斜槽)型和槽后型强对流天气出现前(08 时)对流层中、低层合成的环流形势,它们分别是 1983—1992 年 6—8 月期间 30 个和 25 个样本的合成结果。明显可见,槽前型 500 hPa 主槽在 105°—115°E 之间(图 12.3.1b),槽线呈东北—西南走向,位于赤塔、海力素(站号:53231)和鼎新(站号:52446)一线。在主槽前方呼和浩特至延安一线存在一个短波扰动,它是该型北京地区强对流天气的直接影响系统。08 时,北京位于 500～850 hPa 三层槽前。结合温、湿场形势,北京地区为暖湿平流,尤其在低层 850 hPa 图上表现明显(图 12.3.1a),水汽通量辐合达 -6.4×10^{-8} g/(s·cm²·hPa)。在槽前型强雷雨个例中,对流层低层可见到偏南风低空急流活动,更为强雷雨的发生提供较充沛的水汽和能量条件。槽后型的合成环流形势与此不同,强对流天气发生前 500 hPa 图上,主槽槽线在索伦(站号:50834)、叶伯寿(站号:54326)、济南和郑州一线(图 12.3.1d),北京位于主槽的后部,盛行 8～14 m/s 偏北西气流。在主槽后部存在大尺度下沉运动,使“干暖盖”形成,为强对流天气爆发提供条件。值得注意的是在主槽后部巴林左旗(站号:54027)和朱日和(站号:54276)一线存在一条准东西向的切变线,它和前述槽前短波槽的作用相同,是制约北京地区槽后型强对流天气的关键性系统。由图显见,在槽后广大地区受较强的冷平流控制,华北北部的冷平流强度达 -1.0×10^{-4}℃/s量级。而在 850 hPa 图上,华北地区受由西向东伸展的暖脊控制,冷平流较弱或为弱暖平流。这种垂直配置导致层结不稳定,当槽后横向切变线及其所携带的强冷空气南下,易于触发北京地区午后强对流天气形成。和槽前型环流形势对比可见,两类强对流天气发生前环境参数的不同,根据在两种环流形势的差异。槽后型从 850～500 hPa 向上增强的冷平流,提供了较冷较干的环境及由之而来的较强的对流不稳定,为并不要求水汽充沛的风雹类天气提供合适的环境,而槽前型较深厚的偏南风暖湿平流及较弱的对流不稳定则是强雷雨类天气赖以发生的环境。

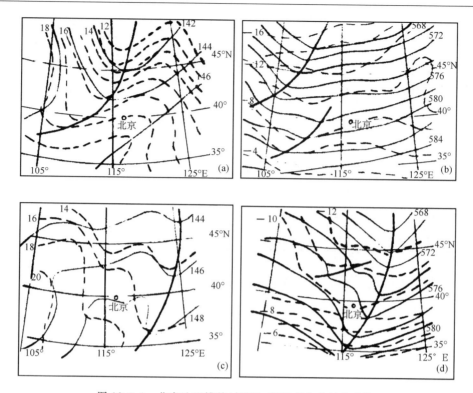

图 12.3.1 北京地区槽前(斜槽)、槽后型合成环流形势

(a)槽前型,850 hPa;(b)槽前型,500 hPa;(c)槽后型,850 hPa;(d)槽后型,500 hPa 实线:等高线,间隔 20 gpm;断线:等温线。图(a)、(d)间隔 1 ℃,图(b)、(c)间隔 2 ℃

12.4 典型个例

以上从统计方面对比分析了两类强对流天气的天气特征、环境参数及环流形势,这里再给出 1992 年 6 月 21 日和 7 月 25 日两次典型个例,进一步说明它们之间的不同。

12.4.1 天气特征

图 12.1.1 和图 12.2.5 分别是两次强对流天气过程的天气表现。它们的天气特征是截然不同的。6 月 21 日是一次强飑线过程,在飑线自北向南影响北京的近 3 h 中(16—18 时),各站先后出现以大风、冰雹为主的强烈天气,在 20 个有详细记录的测站中,4 站出现冰雹,13 站出现大风,其中 7 站(占 54%)出现≥17 m/s 的风飑。此过程中总计 14 站占总站数(70%)出现冰雹、大风或大风伴冰雹天气。这次过程也伴有雷阵雨,但雨量较小,最大过程降水量仅为 22.8 mm,最大 1 h 降水量只有 18.2 mm,没有≥20 mm/h 的记录。可见这是一次典型的风雹类天气,造成了严重的风雹灾害。7 月 25 日的天气特征与此明显不同,是一次短时强雷雨过程。强雨带呈 NE—SW 走向,最大过程雨量(25 日 20 时—26 日 01 时)为 70.6 mm,其中 5 h 为 40 mm 的 11 站(占总站数 55%),≥50 mm 的 6 站(占总数 30%)。最大 1 h 降水量为 56.7 mm,1 h 降水≥20 mm 的测站计 11 个,占总站数的 55%。令人惊奇的是此过程中各站都没有出现冰雹、大风天气,所以这是一次典型的强雷雨过程。

6 月 21 日左安门雷达站于 14 时 25 分在其偏西方向首先发现一条呈东北东—西南西走向的对流回波带(图 12.1.1),其长、宽约 200 km 和 40 km,回波顶高接近 11.5 km。由图看到,这是一条典型的飑线回波带。它生长在高空槽后偏北西气流中,并在环境风引导下,以与其右偏约 30°方向向东南方移动。15 时 27 分,回波带的主体移到距北京 100~150 km 范围内,位于军都山以北丰宁至赤诚一带,出现雷雨和冰雹天气。16 时 14 分,回波带越过军都山,距北京约 50 km。其后继续南移,侵袭北京。在这段时间中回波带表现出两个特点:一是其走向,从东北东—西南西转为近东—西向,其原因是在回波带东端的前方,不断有新的对流回波生成,并加入到飑线回波带中,促使其转向南移。这种由新的对流回波并入而使飑线回波带转向的特征,在其他例子中也出现过,是强对流天气分析应注意的问题。第二个特点是回波带的移速,在军都山以北(14 时 25 分至 15 时 27 分),移速约 50 km/h,越过军都山后移速增为约 80 km/h,表现出下坡加速的特征。而且,在飑线下坡加速南移过程中,天气也明显增强起来,出现大片大风、冰雹天气。这种飑线过山下坡加速、天气增强的特征,在北京地区不止一次看到,是强对流天气预报中应警惕的问题。

图 12.2.5 是 7 月 25 日强雷雨过程的天气特征,其中实线是 25 日 20 时至 26 日 01 时的过程降水量分布。逐时雨量分析表明,这次降水由南、北两个雨团活动构成,南面的雨团开始于 25 日 20 时,位置在北京西南方的霞云岭地区,1 h 降水量为 11.1 mm,21 时雨团向东北方移至门头沟,降水强度迅速增大(1 h 雨量 56.7 mm),其后雨团向东偏北方向移动,24 时至平谷地区 1 h 降水仍达到 33.9 mm。值得注意的是,21 时在南面的雨团迅速增强时,其北面的怀柔地区出现另一个雨团活动,开始 1 h 雨量为 12.0 mm,以后向东北方移动,雨强增大,22 和 23 时的最大 1 h 雨量分别为 26.2 mm(密云)和 38.0 mm(古北口),23 时后移出北京地区。7 月 25 日过程中出现南、北并列的两个雨团活动,在北京地区也很少见。

12.4.2 环境形势

上述两次过程不仅天气特征不同,大尺度环流形势也不相同,它们分别出现在 500 hPa 槽后和槽前型中,是北京地区槽前(强雷雨)、槽后型(风雹)强对流天气的典型个例。图 12.4.1a、b 分别给出其环流形势综合图。6 月 21 日,500 hPa 槽线 08 时刚过北京,20 时至大连地区,当日北京地区强对流天气发生前,700 hPa 以上受强劲的偏北西风控制,500 hPa 槽后 20~26 m/s 的中空急流从河套伸向济南地区,与之相应,槽后伴随强冷平流,并伸至槽前,100 km 格距的计算结果表明,槽后冷平流强度达 -9×10^{-4}℃/s,而 700 和 850 hPa 的温度平流分别是 -4×10^{-4}℃/s 和 2×10^{-4}℃/s,可见此例强风雹天气是和中空强冷空气入侵密切联系的,而且 850 和 500 hPa 的差动温度平流也为强对流天气发生前对流不稳定的建立提供了条件($\Delta\theta_{se(500-850)}$ 为 -5 ℃)。进一步分析风雹发生前 4 h 南苑的探空资料看到,在槽后偏北西气流区中,低层 880~850 hPa 和 755~740 hPa 分别存在下沉逆温,它们起到"干暖盖"的作用。可以预见,双重逆温覆盖,非一般强度的对流能够冲破,而一旦被冲破,必将爆发强烈对流,前述的天气实况已经证明。

500 hPa 槽后冷平流区下方暖脊的形成,既和从蒙古高原向东移动的暖空气有关,也和槽后下沉增暖紧密联系。21 日 08 时计算的垂直速度表明,在槽后河套至北京地区,500~700 hPa 气层中存在较大范围的下沉运动,量级 10^{-5} hPa/s(图略)。在下沉气流区中,张家口 21 日 02 时至 12 时的探空显示,对流层中低层明显增暖,700 和 500 hPa 分别增温 4.1 ℃ 和

4.9 ℃。南苑 21 日 12 时至 22 日 02 时也有类似表现,700 hPa 增温 2.7 ℃、850 hPa 增温 3.2 ℃,并在 700 hPa 以下存在下沉逆温,提供储存和积聚能量的条件。

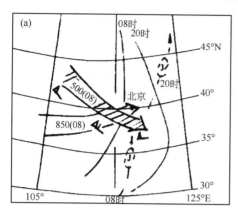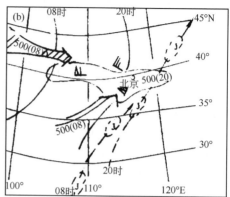

图 12.4.1　1992 年 6 月 21 日和 7 月 25 日 08 时大尺度环流形势

图(a)中实箭矢为低空急流图(b)点划区为中空急流区

粗实线:500 hPa 槽线;粗断矢线:850 hPa 急流轴影、空矢区分别为冷、暖平流区

这种"下暖上冷"的垂直配置,是低槽后部存在差动温度平流的内在条件,也是槽后型出现强对流天气前位势不稳定建立的机制。这种热力学场的垂直结构,是北京地区冷涡、槽后型出现强对流天气前环境场的重要特征。由此可见,槽后型强对流天气是在特定的环境条件下出现的,其中 500 hPa 槽后的中空急流、急流区的强冷平流、冷平流区低层的暖脊及作为"干暖盖"的下沉逆温,是十分重要的条件。

7 月 25 日强对流天气发生前的环流形势与其明显不同,它发生在 850、700 和 500 hPa 三层槽前南西气流区中。08 时 500 hPa 槽线位于北京以西 105°E 附近,20 时东移到呼和浩特和北京之间,北京地区 850～500 hPa 受槽前南西气流控制。由图看到,08 时 500 hPa 槽后为冷平流,而其东南方太原、济南地区为强暖平流,平流强度分别为 -6×10^{-4}℃/s 和 4×10^{-4}℃/s,因而导致锋生,锋生区风速增大,河套至大连地区出现中 α 尺度的中空急流,北京位于急流的强辐合区。这支急流对强雷雨过程起两方面作用,一是槽前强劲的西南气流向北京地区输送暖湿空气;二是槽前、槽后风的辐合为强雷雨发生提供上升运动条件。

在对流层低层(850 hPa)有低空急流活动,08 时强风核在郑州附近(风速 18 m/s),其后急流东移北传,20 时强风核进入济南上空,向华北地区输送暖湿空气。这一天北京地区的强雷雨发生在 500 hPa 槽线逼近、低空急流核左前方和中空急流强辐合区的叠加部位。

分析强对流天气当日南苑 12 时探空看到,两次过程环流形势的不同,导致环境参数明显差异。6 月 21 日,850～500 hPa 三层 θ_{se} 和 $(T-T_d)$ 之和分别为 963 K 和 25 ℃,而 7 月 25 日分别是 1039 K 和 15 ℃,可见前者的环境较冷较干,后者较暖较湿。表 12.4.1 详细列出各层的湿度对比,两者差别最大是在对流层低层。由此求得的凝结高度和自由对流高度两者也不一样,6 月 21 日分别为 860 hPa 和 720 hPa,而 7 月 25 日低得多,凝结高度和自由对流高度都在 960 hPa。700 hPa 风速两者也不同,6 月 21 日较小(西北风,10 m/s),7 月 25 日较大(西南风,20 m/s)。显而易见,强雷雨天气出现前,气层较湿,相对湿度较高,而风雹天气发生前,气层较干,相对湿度较低,并且前者在低层,后在中层,表现尤为明显。这些特征再次表明,两类强对流天气对环境条件的要求是明显不同的,其根据则是环流形势的差异,因此,大尺度环境场的分析对强对流天气的预报是十分重要的。

综合以上,可将两类强对流过程发生前环境特征的主要区别归结为:6 月 2I 日风雹天气出现在 500 hPa 槽后,7 月 25 日强雷雨天气出现在 500 hPa 槽前;前者中空急流和中空干冷平流重要,后者低空急流和低空暖湿平流重要;前者气层较干、相对湿度较低,后者气层较湿、相对湿度较高。因此 6 月 21 日的风雹天气具有"干"对流风暴特征,9 而 7 月 25 日的强雷雨天气则显示出"湿"对流风暴特点。

表 12.4.1　两类强对流天气过程前环境湿度特征　（单位:℃）

日期	1000		850		700		600		500	
	T	$T-T_d$	T	$T-T_d$	T	$T-T_d$	T	$T-T_d$	T	$T-T_d$
6 月 21 日	13.8	10.2	5.6	6.9	−3.2	6.2	−11.5	6.2	25.6	11.9
7 月 25 日	27.5	2.3	18.9	1.3	7.0	6.0	−1.3	7.4	−8.5	6.3

12.4.3　中尺度特征

分析表明,两例强对流天气的中尺度特征也有不同表现,6 月 21 日是外区移入北京的飑线风雹过程,7 月 25 日则是北京局地强雷雨过程。图 12.4.2a、b,分别是北京强对流天气出现前 3 h 地面中尺度流场和温度场。21 日 13 时(图 12.4.2a),飑线移入前,近地层已建立偏南风流场,风速 2～4 m/s,由于地形影响,偏南风区中在西斋堂、海淀至顺义一线存在中尺度切变线。分析 13 时测风资料看到,至 1000 m 高度切变线都有表现(图略)。10 km 格距的地面散度计算表明,和切变线相伴的是一条中尺度辐合带,量级 10^{-4}/s(图略)。分析边界层测风资料看到,这条切变线向上伸展约 1000 m 高度,并呈北倾结构,其南侧是和环境风一致的偏南西风,北侧是受地形强迫绕流的偏南东风(图略)。切变线区的速度辐合亦倾斜向上伸展,达 10^{-4}/s 量级。切变线附近及其以南地区受温度脊控制,它来自西部山区,其形成和山地的感热输送有关。同时它也是高露点区,因而也是高能量区,总温度达 53 ℃(图略)。13—16 时,切变线附近温度升高约 2 ℃,辐合增强近 3 倍。显然,这种中尺度动力、热力特征及其短时变化,是飑线来临前的良好环境。

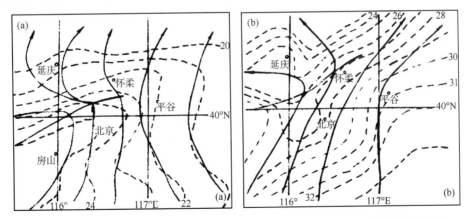

图 12.4.2　6 月 21 日和 7 月 25 日强对流天气出现前 3 h 地面中尺度流场和温度场
(a)6 月 21 日 13 时;(b)7 月 25 日 17 时实矢线:流线;断线:等温线,间隔 1 ℃

7 月 25 日强雷雨发生前 3 h(图 12.4.2b),虽近地层亦为偏南风流场,但风速小(1～2 m/s),

其中的切变线也很弱,且向上伸展只到 600 m 高度(图略)。切变线附近的速度辐合比前例小3 倍左右。由于此时北京地区已有低云覆盖,切变线附近温度场呈冷槽形式,且从 17 时至 20时无明显升温,速度辐合亦无明显增强,表明槽前型强雷雨天气的发生,主要取决于较深层次的环境条件,短时间近地层的温度较低不是决定性因素,而飑线风暴是否向本区移来,对近地层的热力、动力条件比较敏感。

　　两过程天气强盛期的中尺度特征也有区别,17 时,飑线越过军都山,以约 80 km/时的速度下坡快速南移到北京市(图 12.4.3a),并和中尺度切变线合并,两者相互作用的结果使飑线区水平温度梯度迅速增大(达 5 ℃/10 km),飑线过境引起强烈降温(10~12 ℃/h)和气压升高(2~3 hPa/h),并在沿途出现大范围大风和冰雹天气。与此同时,飑线区的速度辐合也明显增强(图 12.4.3b),特别是中西段部位辐合强度达 10^{-3}/s 量级,这里正是飑线天气最强烈的所在(参见图 12.1.1)。由本例可见,外来飑线系统越过山脉进入北京地区天气增强的原因,从中尺度条件分析,主要和两方面因素有关,一是飑线来临前本区的良好环境,表现在和地形有关的中尺度切变线及高值能量区;二是飑线系统越山后的下坡加速,促使飑线前方暖湿、不稳定且已具有辐合特征的空气迅速被抬举上升,融合到飑线区中,加剧天气发展。因此,对这类强对流系统的预报,外来系统和本区条件两方面都必须注意。7 月 25 日 17—19 时,随着850 hPa 气旋性涡旋逼近,近地层风向偏东成分加大,切变线南压到沙河、顺义和海淀、通县之间,且辐合加强,特别是切变线西段南侧房山地区,风向由南风转为南东风,使霞云岭附近迎风坡的辐合强度增大近 2 倍,导致 20 时雷雨天气首先在这里出现(霞云岭 20 时降水量11.1 mm)。在深厚南西气流引导下,雷雨系统向东北向切变线区移动。21 时由于切变线区辐合较强及山脉东侧南下弱冷空气的抬举,达到强雷雨过程的强盛期,最大 1 h 雨量(56.7 mm,门头沟)正出现在此时段。21 时后雨区向东偏北方向移动,24 时至平谷地区,1 h降水强度仍有33.9 mm。这次过程中有 4 个时次 1 h 雨量达到 20 mm 以上,说明这是北京地区少见的强雷雨过程。

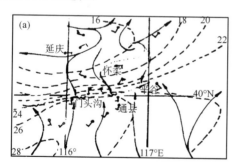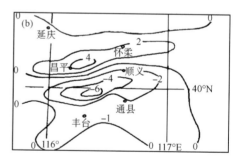

图 12.4.3　1992 年 6 月 21 日 17 时地面中尺度特征
(a)6 月 21 日 17 时地面中尺度场;(b)6 月 21 日 17 时地面散度分布(单位 10^{-4}/s)

　　值得注意的是,在这次强雷雨期中,其北面怀柔至古北口地区 21—24 时也出现一次强雷雨过程,最大 1 h 雨量 38.0 mm(23 时,古北口),形成南北并列的两个强雷雨带(见图 12.2.5)。分析原因,一是当天大尺度环境有利(前已述及);二是局地中尺度条件,主要是南面雨团增强引起的外流和本区局地气流之间的相互作用。当南面对流系统 21 时移至门头沟地区迅速加强时,降水区辐散外流的向北分支及雨区前方气旋性涡旋东侧的偏南气流和环境偏南风叠加,向北伸展到昌平、怀柔地区(如 20 至 21 时,昌平由东风转为南西风,怀柔由南西风转为南风);与此同时,其北面山脉地区夜晚出现沿山坡下滑的局地偏北气流(如密云,20时东南风 1.3 m/s,21 时转为北西风 3.3 m/s),两者相遇构成新的中尺度切变线,位于原有切变线的北方(图略)。计算表明,切变线区速度辐合,量级接近 10^{-4}/s,怀柔地区的速度辐合位于其南面雷雨辐散区和北面沿坡下滑气流辐散区之间,显示出雷雨系统的辐散外流和局地气流之间的相互作用(图略)。在有利的大尺度环境中,这条中尺度切变线成为新生对流的触发机制。雷雨形成后雨区沿切变线向东北方移动,和环境气流接近。1992 年 8 月 2 日北京地区两次强雷雨过程中,也发现第二次雷雨的形成和第一次雷雨区雷暴外流的触发有关,由此可见,在有利的环境场中,在已经出现的强对流区外围有可能触发出新的强对流天气,其原因主要不在环境条件,而是局地的中尺度特征,其中流场是最活跃的因素,注意原有系统的雷暴外流和局地气流之间的相互作用,是分析预报中重要的着眼点。

和 6 月 21 日相比,雷雨区附近温度梯度很弱,只有 1 ℃/10 km。由于低层潮湿,降水区云下蒸发致冷效应很小,1 h 降温不足 1 ℃。和雷雨区伴随的中尺度辐合线附近速度辐合为 -3×10^{-4}/s,虽比雷雨发生前(17 时)增强,但远小于 6 月 21 日 17 时飑线附近的辐合强度,两过程表现出明显不同的中尺度特征。

12.5　小结

统计表明,北京地区强对流天气可分为两类,一类主要是冰雹、大风天气(简称风雹天气),另一类主要是强雷雨天气。和风雹天气联系的中尺度系统是飑线,而和强雷雨联系的主要是雷雨云团。北京地区冷涡、槽后型多飑线活动,主要出现风雹天气,具有"干"对流风暴特征;槽前型多强雷雨过程,对应"湿"对流风暴。所以,北京地区夏季强对流天气的类别是可以划分的,而且它们和不同的大、中尺度系统联系。这是北京地区强对流天气过程的规律性特征之一,也是强对流天气类别可预报性的基础。除此而外,这两类天气还有以下区别:

槽前型风雹类天气概率由西北部山区向东南沿海地区递减,强雷雨类天气相反,其概率由西北部山区向东南沿海地区递增。槽后型,西北部山区冰雹天气概率 60% 以上,强雷雨天气概率 40% 以下,平原和沿海地区,冰雹天气概率大于强雷雨天气概率。

两类强对流天气发生前的环境参数明显不同,风雹类天气发生在较冷、较干、对流不稳定较强和 700 hPa 风速较小的环境中,其中的中空急流、急流区的强冷平流及低层的暖脊和作为"干暖盖"的下沉逆温,是重要的环境特征。而强雷雨类天气则出现在较暖、较湿、层结相对稳定和 700 hPa 风速较大的环境中,其主要的特征是深厚的偏南风层、活跃的低空急流及可致位势不稳定的向上递减的湿度差动平流。环境参数的不同,是由其环流形势的差异所决定的。

两次强对流过程具有明显的中尺度特征,其主要表现一是强对流天气发生前,本区在偏南风气流中都存在受地形影响而形成的中尺度切变线,其附近的速度辐合及水汽、能量条件,是局地强对流天气形成和加强的内在因素;二是中尺度系统之间的相互作用。这种作用可能发生在外部系统和本区系统之间,也可能发生在雷暴外流和局地气流之间,其结果是使对流天气强烈发展,或形成新的强烈对流。

槽前、槽后型强对流天气个例特征明显不同,不仅天气表现不同,环流背景和中尺度过程也不一样。由此对两类强对流天气的预报思路和主要着眼点也应区别对待。

第 13 章　北京地区强对流天气预报技术

强对流天气是有利的大尺度条件下的中尺度天气过程，并明显的受地形、下垫面等因素的影响。本书前几章分别介绍了这些内容。本章将介绍建立在这些内容基础之上的强对流天气预报方法。

13.1　大尺度环流客观分型技术

强对流天气的发生、发展是与大尺度环流形势分不开的，客观地对发生强对流天气的大尺度环流形势进行分型，是实现天气预报自动化的一个首要问题。要正确地描述高空 500 hPa 的形势，要考虑预报人员多年积累的各种天气环流分型的经验，又不带有人为的主观性，是一项比较困难的工作。我们从多层聚类分析入手，对 1981—1989 年 6—8 月份，发生在北京的 136 次强对流天气过程的 500 hPa 高度场进行客观分型，最后得的结果与预报员经验分型基本一致[74,75]。天气形势分型的客观化为今后实现实时业务客观预报自动化创造了条件。

13.1.1　主、客观及智能化客观分型的区别

天气形势分型是制作天气预报的方法之一，而客观分型与主观分型相比，其优点就是可以避免主观分型的随意性。但是，从我们所做的工作看，完全依赖于相似量进行的客观分型并不能取得满意的效果，有时，主、客观分型的结果差异较大。所以，应寻求一种包含人工智能在内的智能化客观分析法。

虽然客观分型有其"客观"的优点，但也有其不足。我们曾用两种客观分型法进行分型，效果不很理想。第一种是"分类—相似法"：即先用某种相似量以某种方法对一批样本资料进行分类，然后用待分类的资料与所分出的类进行相似比较，与哪类最相似，就分为哪类。这里就存在两个问题。一是对于要分类的样本来说，如果一种类型出某种天气的概率很高，而该类型的气候概率却很小，也就是说其样本数很少，则在分类过程中，其特征往往被气候概率大（样本数多）的类型特征所掩盖掉（即气候概率小，而出某种天气概率大的天气型可能不能自成一类），这样分出的类，其代表性就值得怀疑。二是由于是用相似量进行比较，而相似量是样本间整体形势相似的一个统计量，对于小槽、小低涡系统，往往难以分辨出来，可是这些系统往往带来天气。第二种是"逐日相似分型法"：即将样本库中每日的形势先人工定型，然后将要分型的样本与样本库中每日资料进行相似比较，以相似系数最大那天的型为要分的型。这种分型的问题也难以分辨出小槽、小低涡系统。

由此可见，虽然客观分型有客观的优点，但也存在不足。在两样本之间的比较上，它主要考虑大的形势，忽略小的系统；在对大量样本进行分类方面，主要考虑气候概率高的类型，而忽略气候概率低的类型。

对于主观分型,显而易见的缺点是不具有唯一性,但其优点也是客观分型所没有的,即主观分型往往是针对天气尺度较小的涡、槽位置来分型的,它抓住了关键系统,突出了问题的主要方面。因此,主观分型仍然普遍地在预报员中使用着。如何将主、客观分型的方法有机地结合起来,扬长避短,使分型既突出主要的天气系统,又不失其客观性呢? 这就是我们将要讨论的问题。

清楚了主客观分型的优劣之后,由此便产生一个新的分型(定型,下同)法,即先由人工给出各种天气型,这些天气型是在查阅大量历史资料,并结合预报员多年经验,归纳总结出来的。然后根据定型的标准,在微机上自动实现拟人化的判断。这里摒弃了以相似量作为定型的标准,而完全依照人的推理判断来确定低涡、槽脊的位置,进而达到分型的目的。由于分型过程完全由微机自动实现,也就自然达到了客观的目的。因此这种分型法既保持了主观的针对性,又具有客观的唯一性,所以在实际分型中,效果比纯客观分型法要好,与主观分型取得了满意的拟合效果。

13.1.2　智能化客观分型技术

以 500 hPa 高度场、风场为分型依据,以易于产生强对流天气的系统为侧重点,将大尺度环流分为东北冷涡型、交界涡型、西北冷涡型、斜(横)槽型、西来(竖)槽型和槽后型,其分型标准分别为:

东北冷涡型:在 $40°$—$55°N$,$117°$—$130°E$ 范围内,有闭合低压存在。

交界涡型:在 $40°$—$53°N$,$113°$—$117°E$ 范围内,有闭合低压存在。

西北冷涡型:在 $40°$—$50°N$,$100°$—$113°E$ 范围内,有闭合低压存在。

斜槽型:在 $40°$—$50°N$,$100°$—$120°E$ 范围内,东北—西南向或东—西向的槽线。

竖槽型:在 $35°$—$45°N$,$100°$—$110°E$ 范围内,有南—北向或北北东—南南西向的槽线。

槽后型:槽线已过北京,北京或张家口的风向为西北西—东北,且风速 $\geqslant 4$ m/s。

当具有两种以上的天气型,或无上述天气型时,其判别准则为:有涡不算槽;有槽不算槽后;有两种以上涡型时,按交界、西北、东北涡的次序判定;斜、竖槽都有时,以距离近者为准;距离相等时,定为斜槽型;当无上述六种型中的任何一种时,定为竖槽型。

低涡的判定。对规定区域内的各站点逐一进行是否为低涡内一点的判定。方法是,对选定的站点,先判断周围离该点较近的各站的高度值是否高于该点的高度值,并且它们之间是否至少有一根等值线通过。通常周围的站点选 6～8 个,在 0～360°方向上尽量分布均匀。当周围选定站点与该点之间都有等值线通过时,则判断有低涡,否则判断无低涡。这时,可将无等值线通过方向上的探测半径扩大一些,在更大的范围内(但不要超出该型规定的区域)判断是否有等值线通过。如果各探测方向上都有等值线通过,说明有低涡存在;若有一方向上无等值线通过,说明无低涡。判断过程示意图如图(13.1.1a)所示。图中 o 为待判定的测站,a、b、c、d、e、f 为参考测站,可以看出,小包围圈中,只有 a、b、c、d 四站可以判断出与 o 点之间有等值线通过,而 e、f 两站则没有,因此,c、f 方向上延长探测半径,这时可判断出 o 与 e′、f′之间有等值线通过,至此周围 6 站与 o 站之间均有等值线通过,因此判定有低涡存在。为了排除高压脊中,由单站低值形成的无意义的低涡,还要进行低值站周围风向的判定,看其是否为气旋性环流。方法是在低值站两侧选两站,判断风向是否为气旋性切变,如图(13.1.1b)所示。连接 oa、ob 得矢线 $\overrightarrow{oa}$、$\overrightarrow{ob}$,如要保持气旋性切变,风向杆均应位于 $\overrightarrow{oa}$、$\overrightarrow{ob}$ 的右侧,即风向有自右向左的分量,从而形成气旋性环流。此处限定 $\alpha \geqslant 30°$。如果 a、b 两站风向均在所示范围内,说明有气旋性切变,否则判无气旋性切变。

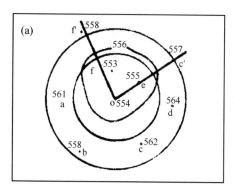 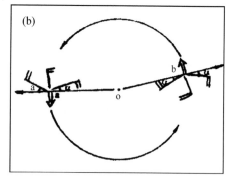

图 13.1.1 低涡判断示意图

(a)低涡判断示意图;(b)气旋性环流判断示意图

　　槽线的判定。首先对规定区域中可能的各种槽线位置在天气图上标画出来,然后对每一位置的槽线判断其有无。方法是:判断槽后一定距离内至少有两站与槽前至少有两站的风向是否存在气旋性切变;且切变角度 $\geqslant 30°$,若是,则判其有槽线存在,否则判无槽线。这里槽后风向限定在 $\leqslant 60°$ 或 $\geqslant 280°$,槽前风向限定在 $140°$—$330°$。判断示意图如图 13.1.2。通过对于不同位置槽线

图 13.1.2 槽线判断示意图

的判定,还可确定槽线距本站的距离,这在一定程度上可以解决横、竖槽都有定型问题。

　　槽后的判定。根据定型标准很容易得出其判定方法是,判断 54511 站或 54401 两站中是否有一站风向在西北西—北北东之间,且风速 $\geqslant 4$ m/s。

　　选取每日 08 时 500 hPa 图上 $100°$—$130°$E,$30°$—$55°$N 范围内 46 个测站的高度值作为样本资料,用相关系数公式 13.1.1 计算两样本间的相关程度:

$$r'_{ij} = \frac{\sum_{k=1}^{46} (X_{ik} - \overline{X}_l) - (X_{jk} - \overline{X}_j)}{\left[\sum_{k=1}^{46} (X_{ik} - \overline{X}_l)^2 \cdot \sum_{k=1}^{46} (X_{jk} - \overline{X}_j)^2 \right]^{\frac{1}{2}}} \tag{13.1.1}$$

$$\overline{X}_j = \sum_{k=1}^{46} X_{jk} \quad (i,j = 1,2,\cdots,n)$$

其中 n 为样本容量,i、j 为样本序号,X_{jk} 表示第 j 个样本中的第 k 个测站的高度值。从而得到相关矩阵 $R = (r'_{ij})_{n \times n}$。将 r'_{ij} 用公式(13.1.2)进行线性变换得矩阵 $\hat{R} = (r_{ij})_{n \times n}$。

$$r_{ij} = 0.5 + 0.5 r'_{ij} \tag{13.1.2}$$

　　根据合成运算规则,对 R 按连续平方幂改造,经有限次合成运算后,就得到了具有自反性、对称性和传递性的模糊等价关系的 R^*。对此模糊等价关系 λ 水平进行分类。规定:

$$R_\lambda = \left[r_\lambda(ij) \right]_{n \times n} \quad r_\lambda(i,j) = \begin{cases} 1 & r_{ij}^* \geqslant \lambda \\ 0 & r_{ij}^* < \lambda \end{cases} \tag{13.1.3}$$

　　则集合 R_λ 就表示了 λ 水平下的分类结果。进行聚类时,为计算方便,将 136 个样本按 1981—1983 年、1984—1986 年、1987—1989 年每 3 年分为 1 组,共分 3 组。每组包含的强对

流日数亦即样本容量 n 分别为 42、47、47。每组个例按上述方法进行聚类。关于 λ 的确定遇到了这样的问题,当 λ 取得较大时,每个样本自成一类;当 λ 取较小,很多样本归为一类。为此,采取了分层剔除归类法,即对给定的 λ,将包含样本较多(样本数为 n 的 $1/4 \sim 1/2$)的大类作为典型类剔除出去,再把剩余的样本再聚类,给定 λ,然后再剔除典型类。这样逐渐地就把典型类分离出来了。个别样本难以归类,就舍去不计,这并不影响最后分类结果,分类结果及 λ 取值如表 13.1 所示。

表 13.1.1　分层聚类过程表

组数	样本数	第一次分层剔除		第二次分层剔除		第三次分层剔除		典型类数
		λ 值	典型类—样本数	λ 值	典型类—样本数	λ 值	典型类—样本数	
1	42	$\lambda = 0.962$	1～10 2～10	$\lambda = 0.930$	3～11	$\lambda = 0.855$	4～9	4
2	47	$\lambda = 0.975$	1～15	$\lambda = 0.963$	2～14	$\lambda = 0.940$	3～9 4～4	4
3	47	$\lambda = 0.975$	1～12	$\lambda = 0.963$	2～10	$\lambda = 0.920$	3～6 4～16	4

由表 13.1.1 可以看出,3 组共分得 12 个典型类。由于是 3 组各自独立分型,所分出的典型类有可能是相同的,因此有必要再次进行聚类分型,从而得出对全体 136 个样本而言的典型天气形势。考虑到以往对地面或空中形势的经验分型及各种客观分型所得出的类型数一般 $\leqslant 6$,所以取 $\lambda = 0.984$,得到五种类型。以这五种类型的平均场为核心,将 136 个样本与之比较,计算它们间的绝对值距离:

$$L_j = \sum_{k=1}^{46} | X_k - X_{kj} | \quad (j = 1, 2, \cdots, 5) \tag{13.1.4}$$

其中 j 代表第 j 类,X_k 代表某个样本的第 k 个测站的高度值,X_{kj} 代表第 j 类天气型的第 k 个测站的高度值。

取 L_j 最小的归并 j 类,然后对所有属于这类的样本再次平均,得到新的平均场。再将 136 个样本与新平均场进行比较归类,如此反复,直至新平均场稳定不变为止(重复归并了 11 次)。最后得到五种环流形势。如图 13.1.3 所示。

当要判断一个天气形势与上述五种典型形势中哪一个最相似时,不仅要判断形状(槽脊位置)是否相似,还要判断其强度是否接近。为此,我们取相似系数

$$R_{ij} = \frac{\sum_{k=1}^{46} X_{ik} \cdot X_{jk}}{\left[\sum_{k=1}^{46} X_{ik}^2 \cdot \sum_{k=1}^{46} X_{jk}^2 \right]^{\frac{1}{2}}} \quad (i, j = 1, 2, \cdots, 6) \tag{13.1.5}$$

代表两个样本形状间的相似程度。由于 500 hPa 南高北低的大形势占主导地位,而槽脊的移动是小波动,待定样本与这五种型式的相似系数往往很接近,差异不明显。因此,我们将待定样本及五种型式的高度场,减去由 136 个样本求出的平均场,求得各自的"变高场",将它们进行相似比较,这时相似系数差异明显,由此而得的相关矩阵按前述的模糊聚类方法,将其改造为等价矩阵,则待定样本与五种典型类的相关关系 $\gamma_{6i}^* (i = 1, 2, 3, 4, 5)$ 中的最大值就决定了待定样本的类型。但这还不是最后的定型,因为还没有考虑强度。我们取距离系数 $D_{6i} = \frac{L_{6i} - L_{\min}}{L_{\max} - L_{\min}} (i = 1, 2, 5)$ 代表强度,L_{6i} 为待定样本与五个典型类的距离,$L_{\max}$ 是 136 个样本中与

五种类型距离的最大值，L_{min} 是距离的最小值。D_{6i} 越大，表示样本与典型类的距离相差越小，强度越接近；反之，说明强度相差大。所以为综合考虑 γ_{6i}^* 与 D_{6i} 的影响，将 γ_{6i}^* 与 D_{6i} 的乘积 DR 作为是否相似的度量，是比较合理和客观的。将待定型的样本与五种典型类计算 DR，DR 最大者即为欲定的型。

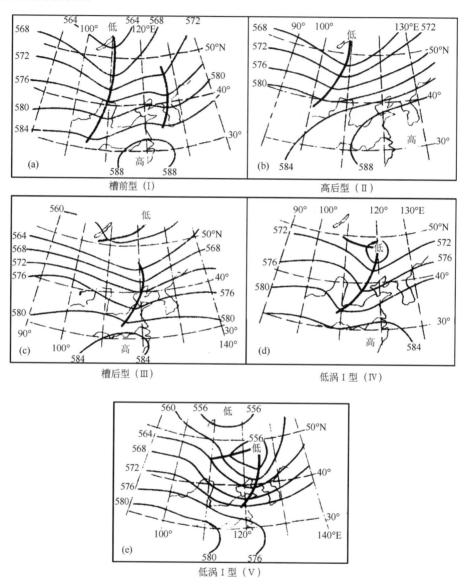

图 13.1.3　500 hPa 高度场客观分型的五种环流形势
(a)槽前型(Ⅰ)；(b)高后型(Ⅱ)；(c)槽后型(Ⅲ)；(d)低涡Ⅰ型(Ⅳ)；(e)低涡Ⅱ型(Ⅴ)

13.1.3　分型结果

为了更好地说明上述客观分型的优越性，有必要对我们以往分型工作做一回顾。最初，客观分型是采用"逐日相似分型法"，主客观差异较大，难以使用。这里定型的依据是完全根据相似系数的大小而定，由此作了部分改进，对东北、西北、交界涡三个型，先进行是否有低涡的判定,判定方法如上所述。如果没有低涡,再使用相似系数来判定。这种分型法较前法有所改进,但仍有问题。如有时开始判断无低涡,进而通过相似选择的历史天气型却为低涡型;另外,此分型法不能有效地区分斜槽、竖槽和槽后型,其原因是仍未完全摆脱相似系数。最后,完全舍弃了相似系数法,采取了拟人化的辨识方法,对相关区域的天气系统,进行多方位的逐站判断,形成了如上所述的"智能化客观分型法",表 13.1.2 是用以上三种分型法对 1994 年 500 hPa 形势分型的主客观拟合结果。从表中可以看出,部分相似法由于先对低涡进行智能判定,所以拟合率略有提高,但智能分型法的拟合率远远高于前两者,可满足日常应用。

表 13.1.2　主客观分型拟合率的比较

月	完全相似法	部分相似法	智能分型法
6	40.0%	46.7%	90.0%
7	22.3%	26.6%	83.3%
8	34.5%	37.9%	83.9%
平均值	32.6%	39.1%	85.7%

我们对 1995 年 7 月 13 日的 500 hPa 形势(图 13.1.4),用上述三方法进行分型,结果完全相似法和部分相似法定为东北冷涡型,而智能分型法定为竖槽型,与主观判断是一致的。这也说明了两样本间的相似系数只代表了整个形势场的相似程度,而对低涡、槽线这样的系统是无法判别的。智能分型法不仅能够判别,而且能区分是竖槽还是斜槽。图中斜槽位置较远,因此定为竖槽。

虽然智能分型法的客观分型效果较好,可以满足业务化应用,但也存在一些问题。

仍存在人为因素。从判别准则可知,这里人为因素是主要的,没有考虑当时实际的影响

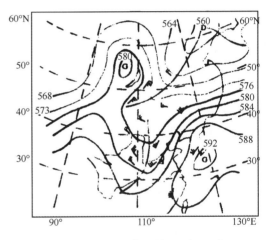

图 13.1.4　1995 年 7 月 13 日 08 时
500 hPa 形势场

系统,例如,当有西北冷涡和东北冷涡共同存在时,按判别准则应定为西北冷涡,而这里真正的影响系统可能是东北冷涡。幸好同时具有两种以上天气型的情况占少数,在整个分型当中,这种情况并不多见,但确实是一个难以克服的问题。因为对于这种问题,有时主观分型也会因人而异,这说明任何一种客观分型法与主观分型的拟合率都不可能达到 100%,一个好的客观分型法应与主观分型有尽可能高的拟合率。

缺乏低压中心位置的判定。从低涡的判定方法可以看出,它只是对某站点进行是否为低涡内一点的判定,而没有对低涡的中心位置进行判断,因此会出现这种情况,当东北低涡偏向交界涡时,这时交界涡区域内某点可能被包含在东北低涡内。这时进行分型判断时,就会判为交界涡而不是实际的东北涡。所以今后还需对低涡中心位置进行判断。

目前只是依高度场进行分型,如能结合温度场来分型,将会提高分型的合理性及准确性。

13.2 消空预报技术

强对流天气的发生、发展,必须具备一定的环流形势和物理条件,通过对空中和地面形势和物理条件的分析研究,可以把不具备产生强对流天气的天气形势滤掉(消空),从而增大强对流天气的气候概率,进而提高预报强对流天气的预报准确率。

13.2.1 空中形势消空

上一节所介绍的客观分型方法是针对强对流天气而言的,同样,这种客观分型方法对于消空也有一定的指导意义。

从 1983、1985、1987、1988、1989 年逐日类型演变过程的分析可以看出,当某型向另一类型转换时,常预示着好天的到来;某些型 DR 值的大小对于有无强对流天气有一定的指示作用;当距离系数 D_{6i} 所指示的型与相关关系不一致时,则 DR 所指示的型往往无强对流天气。由此得出空中形势消空规则如下:

对于 II 型天气:若 $DR \leqslant 0.70$,或前一天为 I 型天气且无强对流天气发生,则无强对流天气出现。

对于 III 型天气:若前一天为 I 型或 V 型天气,则无强对流天气出现。若距离系数 D_{6i} 指示的型为 I 型,或距离系数 D_{6i} 指示的为 IV 型,且 $DR \geqslant 0.62$ 时,则不出强对流天气。

对于 IV 型天气:若 $DR \leqslant 0.70$,且距离系数 D_{6i} 为 I 型.则无强对流天气出现。

上述消空规则有的物理意义较为明显,如第一种情况中:$DR \leqslant 0.70$ 说明不太相似;由无强对流天气的槽前型(I型)转为高后型(II型)。说明副高势力西进、北抬强盛,冷空气不易南下,故无强对流天气出现。若前一天出了强对流天气,说明冷空气有一定势力,加上地面增湿,在一定触发条件下,当日可能出强对流天气。再如第二种情况中的由前一天的槽前、涡后型(I、V型)的坏天形势转为当日的好天形势,当然不易出强对流天气。

对上述五年资料的检验结果看,消空率为 88/89＝98.9%,消空日数占总日数的 20%,对 1991 年的检验情况看,I 型消空 8 天,III 型消空 9 天,消空率为 100%。综上所述,500 hPa 形势的客观分型在一定程度上是能够起到消空作用的(每月平均消空 6 d),如果与其他消空方法相结合,应能收到满意的效果。

13.2.2 地面形势消空

在 10.2 节讨论有关地面中尺度天气系统时,发现 08 时地面图上,一定范围内的气旋、冷锋、切变线和闭合小低压与强对流天气有很好的对应关系。将这四种中尺度天气系统作为当日强对流天气地面形势消空条件。如果当日 08 时地面天气图中,这四种系统中没有符合定型标准的系统存在,则当日地面天气形势作消空处理。

1983—1992 年 10 a 共有样本 920 d,符合定型标准的 539 d,占 58.6%,其中出现强对流天气 283 d,占 52.5%,不符合定型标准的 381 天,其中出现强对流天气仅 19 次,占 6.29%。这 19 次强对流天气中,16 次为单站发生的局地性的强对流天气。

针对消空滤去的 381 天,进行合成分析,它们基本可以归纳为两种地面形势场[76]。

高后型。图 13.2.1 是高后型温度和气压场合成分析结果。表明北京地区处于弱的暖高压后控制,气压和温度均为东南方向高,西北方向低,气压和温度梯度都较弱。风场上,由于处于高压后部控制,为一致的西南风,其中二连、朱日和、满都拉庙达 4～6 m/s。表明暖湿空气已伸至内蒙古地区,在易产生强对流天气的形势下(如气旋、冷锋、切变线,下同),上述地区一般为西北风。同时,北京上游地区的平均温度略高于易产生强对流天气的形势,而北京地区平均温度却低于易产生强对流天气的形势 1～2 ℃。此外,虽然高后型地面湿度较大,但较易产生强对流天气的形势,T_d 还是偏低 1.0～1.6 ℃。

冷高或变性高压前型(简称高前型)。从图 13.2.2 可知,北京处在内蒙古至张家口地区的冷高或变性冷高前部。从内蒙的二连至河北南部的沧县为一致的西北风(4～6 m/s);该型另一明显特征是湿度小,T_d 比易产生强对流天气的形势,分别低 3.5 ℃、4.1 ℃、3.8 ℃。

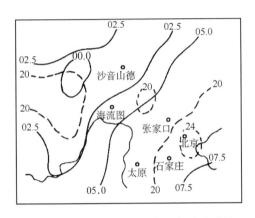

图 13.2.1 高后型温度和气压场合成形势

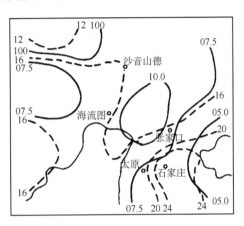

图 13.2.2 冷高或变性高压前型温度和气压场合成形势

用上述两型相同样本,分别对北京地区地面总能量、假相当位温进行诊断,并与易产生强对流天气的形势样本进行比较,得到如下结果(表略)。高前型和高后型总能量分别低于易产生强对流天气形势的平均值 7～9.3 ℃ 和 2.4～4.9 ℃。假相当位温的情况,也是如此,高前型和高后型比易产生强对流天气的形势分别低 8～11 K 和 3.4～6.4 K。

参见 10.2 节,与易产生强对流天气的形势(气旋、冷锋、切变线)相比,这两种形势不具有产生强对流天气的有利的中尺度能量锋、高温、高湿和辐合等条件,因此,它们也可作为地面形势消空的条件。

为了检验地面消空效果,我们对各天气型进行消空实验,如对 500 hPa 大尺度环境形势为斜槽型出现与不出现强对流天气各 30 个样本进行消空,结果是:出强对流天气的,仅消掉一次单站出现小冰雹的强对流天气过程(张家口 1987 年 8 月 10 日 22:15—22:25 冰雹),不出强对流天气消掉 18 天,占 60%。槽后型出现与不出现强对流天气各 25 个样本,强对流天气一次未消掉,不出强对流天气的消掉其中 60%。1993 年消空 40 d,无一次出强对流天气。1994 年消空 36 d,其中出强对流天气 2 d(6 月 8 日沙河、南苑、西郊 17～22 m/s 大风,7 月 15 日六里桥小冰雹),准确率 94.4%。

上述数据说明该方法有较好的应用效果,但应用中也存在一些问题:主要是对特殊的强对流天气过程有误消的情况。如前面所述的 1994 年 6 月 8 日和 7 月 15 日,分析原因,可能是除我们分析的冷锋、气旋、切变线等地面中尺度天气系统影响和制约强对流天气的生成外,还有其他一些,如重力波、密度流、地形等影响。由于我们建立的是一种能够满足业务化需求的预报方法,因此立足现有的常规资料和预报手段,对于其他影响因素产生的强对流天气没有综合考虑在内,这也是我们有待进一步解决的问题之一。

13.3　判断树预报技术

　　强对流天气的短时预报,历来为国内外气象工作者所关注,许多气象工作者都在致力于各种预报方法的研究。过去多沿用短期天气预报方法来解决强对流天气的预报问题。虽然有效,但基本上是经验性的,缺乏客观、定量。同时,以往的经验或指标中,有一些不是制约强对流天气的根本因子,有些过于繁琐,在日常业务工作中,不便应用,效果不理想。

　　Colquhoun[77]提出了一种用于预报雷暴、强雷暴和龙卷的判断树方法。判断树预报系统,是能揭示大气过程本质,将预报过程组成一系列逻辑判断,并能实现客观定量化的预报系统。它只包含一些对预报对象出现最根本的参数,被认为是减少主观性、增强科学性和提高预报效果的一个有效方法。目前已被国内外一些预报系统采用。

13.3.1　判断树设计思想和方法

　　判断树预报方法的设计思想是要将预报过程组成一个在结构上严谨,在物理上有解释的,并可通过微机实现的逻辑判断过程。设计判断树的主要方法为:

　　(1)构造逻辑框图

　　从有利于强对流天气发生、发展的物理因子考虑,构成如图 13.3.1 的框图。目的是使整个预报过程成为一个结构严谨、逻辑较强的有机整体。

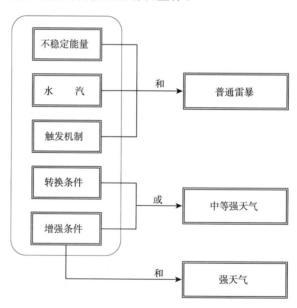

图 13.3.1　强对流天气判断逻辑框图

　　框图中共包括五个条件。前三个条件是雷暴出现的基本条件。如果满足,则可以出现普通雷暴。后两个条件是普通雷暴转化成组织化、强雷暴的转化条件,以及使强雷暴能够继续发

展或增强的增强条件。如果这五个条件都满足,则可以出现强对流天气。如果增强条件和转
换条件只满足其中之一,则可以出现中等强度的强对流天气。

(2)寻找制约强对流天气的主要条件和根本因子

判断树预报系统成败的关键,除要求系统结构严谨、逻辑性强外,与系统采用的预报因子,
是否是制约强对流天气的根本因子,有着非常重要的关系。根据不同天气型出现和不出现强
对流天气的合成场环境特征差异(参见第 9 章),我们找出了各环流型的预报着眼点,以此作为
选取预报因子的基础。逐型分别构造出数十个(平均 30 个)物理量参数,通过因子初选(点聚
图)和精选(逐步回归方法),最后筛选出各环流型的最佳因子[42]。

以西北冷涡型强对流天气的判断树预报为例,对 25 因子进行初选,最后选定 8 个因子
(表 13.3.1)。这些因子就是制约北京地区西北冷涡型强对流天气的主要因子。它们中既有
单因子(x_1)、双因子(x_3,x_5 与 x_7 要满足一定的函数关系);又有热力因子(x_1,x_2,)和动力因
子(X_6,X_4);以及反映大气物理量垂直梯度和水平梯度的因子(x_4,x_8,X_6)。

表 13.3.1　西北冷涡型北京地区强对流天气主要因子

序号	表达式	物理意义
X_1	500 hPa 温度平流因子(54511＋54401)/2	中空温度平流
X_2	$\Delta\theta_{se(500-850)}$＝(53068＋53463＋54401)/3	位势稳定度
X_3	$\Delta N_j = N_j(54511) - N_j(53068)$	不稳定能量,稳定度综合参数
X_4	D200(53543)－D850(53543)	垂直运动
X_5	850 hPa 水汽通量散度(54401＋54511)/2－(53453＋53463)/2	低层水汽条件
X_6	$\Delta D_2 = D_{200}53453 - D_{200}54342$	强天气增强条件
X_7	$\Delta H(54401-53068)850$ hPa	低层位势高度梯度
X_8	$\Delta\mu/\Delta Z(200-850$ hPa)	强天气转换条件

(3)区分因子重要性,按序排列

将制约强对流天气的物理条件,区分重要性,按序排列,目的是为判断过程提供系统的逻
辑和完整的结构框架。排序的方法通常有两种,一种是最重要的物理因子放在首位,次要的因
子,按序排列。这是一种"消空"的做法,这种排法,会造成强对流天气的漏报;另外一种方法是
按相反的方向排序,这种排序方法是逐层递进的方法,可以减少漏报,但仍有一定空报次数。
这两种方法仅仅依据因子与预报对象统计相关的重要性进行排序,并没有将强天气发生发展
的物理过程考虑在内。

我们采用的是这样一种方法,既考虑强天气发生发展的物理过程(图 13.3.1),又综合考
虑各因子的相对重要性,将它们按天气学原理和逻辑推理规则,组成如图 13.3.2 的逻辑判断
树(西北冷涡型)。

因子排序的基本原则是:①将无漏报且排空次数最多的因子放在首位。将无漏报,排空次
数次之,且与首位因子有相互排空补充的因子放在第二位,其余类推;②漏报较多的因子放在
判断树最后,以降低漏报率。③各因子间要符合天气学原理和逻辑推理原则,如果多个因子间
的逻辑关系为"OR",则要求这些因子间应尽量满足:(a)要有一定的互补性,漏报日历尽可能
相同;(b)物理意义要一致;(c)在"OR"关系中,有漏报的因子放在最后。

西北冷涡型判断树共 9 部分组成。1~7 部分是对强天气出现基本条件的判断;8、9 两部
分是对强天气转换条件和增强条件的判断。如果满足基本条件,则有雷暴出现;如果再满足

8、9 两条件之一,则有中等强天气出现;如果条件全部满足,则有强对流天气出现;如果基本条件不满足,或只满足一部份,则预报无强对流天气出现。

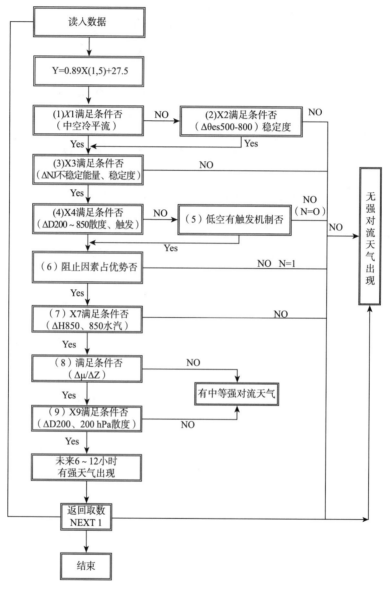

图 13.3.2　强对流天气逻辑判断图

判断树中第 5 部分触发机制的判断,主要包括低空的辐合、锋面、切变线、干线等。如果想对一些潜在的触发机制进行判断,则必须采用地面中尺度资料分析,如逐时天气实况图分析。同时,还必须详细了解预报区域的地形特征,因为有利的地形,常可起到触发机制的作用。第 6 部分,阻止因素判断是指如果对流层低层有稳定层(逆温)出现,则需要估计触发机制能否将其破坏,使气块抬升到自由对流高度。系统中 5、6 两部分,可以设计为人机对话功能。判断树中第 4、5 步判断,只要满足其中之一即可。同样,第 1、2 步判断,也只需满足其中之一。另外,第 5 步的设置,除上述考虑之外,它还具有利用最新资料的优点。因为其他几步判断均依据

08 时的资料得出。而第 5 步可以利用逐时地面实况图,根据最新资料进行判断,有利于预报员对预报进行不断修正。

(4)初步确定强对流天气是否出现的临界条件,将判断树中的判据定量化;预报效果检验和修改完善

判断树预报系统初建之后,要通过实际预报进行检验,进一步修改完善。主要是调整因子在逻辑判断树中的顺序,以及各因子的临界值,达到修改完善的目的。

为了检验判断树预报系统对强天气的预报能力,我们选取 1983、1985、1987、1988 年 6—8 月,西北涡样本 44 天,进行回报,历史概括率为 87.9%,临界成功指数 $CSI=0.72$。采用同样的样本资料和预报因子,使用逐步回归方程进行预报,历史概括率为 78.2%,$CSI=0.52$。表明判断树预报方法优于逐步回归预报方法。

13.3.2　设计判断树预报系统应注意的几个问题

通过对北京地区强对流天气判断树预报系统的设计,我们认为在设计判断树预报系统中应注意以下几个问题:

首先要对预报对象的发生、发展规律有深刻的认识,这样才能将判断树构成一个环环紧扣,步步深入的有机整体,组成一个在结构上严谨的逻辑判断过程。其次判断树中物理因子或参数的寻求,应建立在对一定数量的正反(出与不)两类天气深入对比分析基础之上,找出它们在环境场上的异同。由此构造预报因子或参数。这样寻找出的条件和因子,才有可能是制约天气事件的主要条件和根本因子。这些因子的数量不一定很多,关键是要找到对所报天气出现最具根本意义的条件。

对预报因子或参数在判断树中的排序,具有一定的技巧性。而排序的好坏直接关系到预报效果。应将天气现象发生、发展的物理过程与各因子的重要性综合考虑,并通过不断检验、调整,确定因子的最终顺序。另外,判断树中判据临界值的选取,就强对流天气而言,应遵循"宁空勿漏"的预报原则,通过不断调整,选取最佳临界条件。

判断树预报系统的设计,力求做到客观、定量,同时还要有必要的人机对活功能,以便在某些关键阶段,发挥预报员的分析判断能力。否则,一味追求预报自动化,将预报员完全排除在外,势必影响预报效果。因为对图形化的气象资料及潜在的强天气触发机制,一名优秀预报员的判断,可能更合理、有效。正如布朗宁(Browning)[60]指出的,中尺度天气预报是科学和艺术的混合体,在当前和今后若干年内,中尺度天气预报方法,必定是客观和主观,定量和定性的结合。在任何中尺度天气预报中,预报员的分析判断是必不可少的。

13.4　强对流天气展望预报技术

本章前三节分别介绍了天气形势客观分型技术、消空预报技术和判断树预报技术。在此基础上,本节结合北京地区强对流天气预报系统,介绍北京地区强对流天气的展望预报技术。[42]

13.4.1　主要技术构成

图 13.4.1 是北京地区强对流天气展望预报流程图。

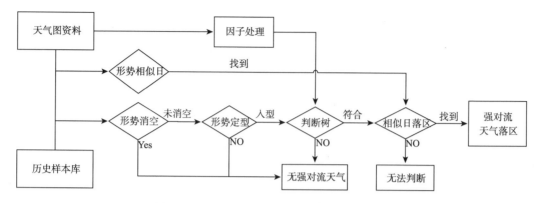

图 13.4.1　北京地区强对流天气展望预报流程

主要通过形势消空、形势定型、判断树预报和落区预报,实现强对流天气有无预报和落区预报。这些工作是环环相扣,逐步递进的预报过程。

(1)形势消空

形势消空,包括对 500 hPa 空中形势和地面天气形势进行消空。如果消空,则直接预报无强对流天气,反之,则进入形势定型预报流程。

空中形势消空,采用 13.2.1 节介绍的空中消空方法。地面形势消空采用 13.2.2 节介绍的地面天气系统消空方法。如果空中形势和地面形势均有利强对流天气出现,则不消空,继续用判断树预报方法进行预报。如果两者中任何一方消空,即为消空,采用的是空中和地面消空集成的方法。

(2)形势分型

形势分型,采用 13.1 节中介绍的大尺度环流客观分型技术,对预报日大尺度形势进行客观分型。如果分型结果不在基本型之列,则预报无强对流天气;如果在其中,则进入判断树预报流程进行强对流天气的有无预报。

(3)判断树方法

判断树预报方法已在 13.3 节中有详细介绍。因各环流型的大尺度环境条件不同,其出现强对流天气的物理条件也不尽不同。因而,各型判断树的构建及其预报因子间存在一定的区别。图 13.4.2 是一次竖槽型强对流天气的预报实例。

(4)强对流天气落区预报

强对流天气的落区预报主要通过条件气候概率预报、相似预报和地面要素场预报来实现,对三种不同预报方案得出的预报结果,用投票法作决策预报。

条件气候概率预报:根据影响北京地区不同环流型的大尺度环境条件分析(详见 9.1～9.6 节),发现各环流型强对流天气的地理分布有明显差异。如斜槽型与槽后型相比,斜槽型的强对流天气主要集中出现在北京的沙河、西郊、南苑,分别占该型强对流天气的 26%～35%,是斜槽型强对流天气落区的重点地区,而通县和易县为该型出现强对流天气概率最少的地区,低于 10%。对于槽后型而言,强对流天气则主要集中在延庆和杨村、静海地区。

相似预报:计算历史上最大相似日,以该日的强对流天气落区,预报当日强对流天气的落区。这样就可以根据预报的天气型,参考相应天气型强对流天气分布的条件概率,作出强对流天气的落区预报。这就是预报员通常所用的制作天气预报的思路和方法。

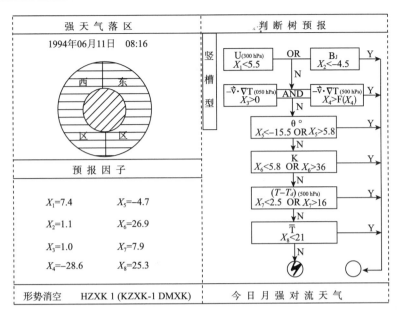

图 13.4.2　一次竖槽型强对流天气的预报实例

地面要素场预报:根据预报区内 15 个测站地面要素场 3 h 变化(ΔT、ΔT_d、ΔP_3),分别建立各环流型下各预报区的预报方程。如斜槽型中心区(距天安门半径 50 km 的范围)落区预报方程为:

$$\Delta P_3 < 2\Delta T - 0.5 \quad 0 < T < 1 \qquad \text{或} \Delta P_3 < 3 \times \Delta T_d \qquad\qquad 0.75 > \Delta T_d > -1.5$$
$$\Delta P_3 < -\Delta T + 2.5 \quad \Delta T > 1 \qquad \Delta P_3 < -1.3 \times \Delta T_d + 2.6 \quad \Delta T_d > 0.75$$

13.4.2　预报效果

预报个例。1994 年 6 月 11 日,北京地区自南向北出现强对流天气,20 时 55 分至 21 时 05 分,良乡遭冰雹袭击。随后 21 时 52 分至 22 时冰雹和雷雨大风(24 m/s)又袭击了北京西郊。图 13.4.2 是该日展望预报系统自动输出的预报结果。当日 12 时系统启动预报,客观定型为竖槽型,通过计算高分辨相似系数,空中形势消空(图中以 KZXK-1 代表),选取的最大相似日为 1983 年 6 月 14 日,(该日出强对流天气)不进行消空。地面形势消空(以 DMXK 代表),经微机判别为气旋—冷锋型,消空结果为 1;空地合成消空结果(HZXK)为 1。然后利用判断树预报方法进行预报,结果显示未来 12 h 内中心区(天安门半径 50 km 范围)有强对流天气(图中深黑色区域即为强对流天气落区)。

预报效果。为了检验该预报方法的预报能力,我们对 1983—1992 年的历史样本进行回报,并对 1993、1994 年进行试报(不含落区预报),预报效果见表 13.4.1。表明该预报方法对北京地区强对流天气有较强的预报能力。表 13.4.2 为 2010 年针对北京地区强对流天气,展望预报系统与预报员主观预报的 14 次对比试验情况。对比结果表明,预报员主观预报强对流天气 14 次,正确 12 次,空报 2 次,准确率 85.7%;预报系统预报准确率 100%。由此可见,系统对实际业务工作有较好的指导意义。尤其是 2010 年 5 月 23 日,北京地区仅出现了降水量为 0.0 mm 的弱雷雨过程,预报系统形势消空集成为 1,即没有消空处理,系统判定的相似日为 1985 年 6 月 16 日,该日出现了强对流天气,但预报系统进入判断树流程后,在 8 个逻辑判断关系中,出现了 4 个不符合强对流天气的判断,因而,系统预报此日无强对流天气。

表 13.4.1　各型 CSI 值一览表

	年份	东北冷涡型	西北冷涡型	斜槽型	竖槽型	槽后型
实际检验	1993	0.56	0.67	0.67	0.43	0.60
	1994	0.42	0.63	0.62	0.50	0.44

表 13.4.2　2010 年强对流天气主观预报与系统预报结果对比表

序号	主观预报 (年-月-日)	系统分型	系统预报相似日 (年月日)	系统预报结果	天气实况
1	2010-5-18	交界涡	19850710	1	冰雹:北京北五环;雷雨:沙河、西郊、良乡
2	2010-5-23	竖槽	19850616	0	雷雨:平谷 3.0 mm;雷雨:南苑、沙河、良乡 0.0 mm
3	2010-5-28	竖槽	19850710	1	冰雹:良乡;雷雨:西郊、南苑、涿州
4	2010-5-31	槽后	19850702	1	雷暴大风:沙河,瞬时风速 23m/s;雷雨:西郊、南苑
5	2010-6-01	东北涡	19850702	1	冰雹:北空大院、霸县;雷暴大风:易县,平均风速 12 m/s
6	2010-6-13	交界涡	19920611	1	冰雹:张家口;雷暴大风:易县,18 m/s;平谷,17 m/s;暴雨:涿州;中-大雨:西郊、南苑、沙河、通州、良乡
7	2010-6-15	东北涡	19850710	1	雷暴大风:西郊:平均风速 14 m/s,瞬时最大风速 20 m/s;过程降水量 3.0 mm
8	2010-6-16	西北涡	19850710	1	冰雹:延庆(9 mm)、12 h 降水量 36 mm;雷暴大风:张家口,平均风速 14 m/s、沙河,平均风速 14 m/s、首都,平均风速 15 m/s、石家庄;雷雨、瞬时风速 22 m/s;雷雨:易县、西郊、良乡;首都机场 299 个航班延误,96 个航班取消
9	2010-6-17	西北涡	19850702	1	雷暴大风:沧州,平均风速 12 m/s 雷雨:西郊、南苑、沙河、通州、良乡、杨村、遵化、静海
10	2010-7-19	东北涡	19850702	1	暴雨:24 h 降水量,唐山:85 mm、静海:52 mm、沧州:51 mm
11	2010-7-31	东北涡	19850816	0	雷雨:平谷 24 h 降水量,42 mm
12	2010-8-04	竖槽	19850709	1	暴雨:24 h 降水量,南苑:49 mm、良乡:44 mm、故城:54 mm
13	2010-8-21	竖槽	19850710	1	暴雨:24 h 降水量,沙河:50 mm、唐山:67 mm、定兴、易县:65 mm、遵化:54.2 mm
14	2010-9-20	竖槽	19830805	1	暴雨:24 h 降水量,张家口:61.2 mm、延庆:43.4 mm

本节所介绍的北京地区强对流天气展望预报系统,主要有以下几个特点:

对不同环流型,分别建立判断树预报流程,能体现出不同的大尺度环境条件对强对流天气的作用和影响。

在预报过程中,采用先空中和地面消空的方法,将明显不具备产生强对流天气的形势滤掉,既体现大、中尺度环境条件对强对流天气的作用,也减少了工作量和提高预报准确率。

整个预报方法,既解决了强对流天气的有、无预报,又包含强对流天气的落区预报。方法客观、定量,自动化程度高,可满足业务化对强对流天气展望预报的需要。

13.5　基于中尺度数值模式快速循环系统的强对流天气分类概率预报技术

长期以来,在研究和业务中通过探空资料计算得到的大量物理意义鲜明的对流参数,已成为研究强对流天气的重要手段[78,79],它使我们能够更直接的分析强对流天气发生前的能量、热动力条件、层结的稳定度情况,并通过某种技术方法,实现强对流天气的预报,如上一节所介绍的展望预报方法。大量研究表明,利用数值模式输出参数的方法进行强对流天气的预报,可以有效地提高预报水平和预报时效,这使得对流参数的应用有了更大的发展空间。从这个意义上来说,相比大尺度模式,利用同化了大量本地探测资料、能有效模拟中尺度环境场的区域中尺度数值模式,计算得到的对流参数将有更为重要的作用,它不但能更准确的预报强对流时空分布,而且还有可能预报强对流天气的类别。在前期研究的基础上,利用 BJ-RUC 中尺度数值模式的格点探空资料,计算一系列相关物理参量,组合不同的预报方案进行强对流概率预报,并且进一步尝试了强对流天气的分类预报试验。

13.5.1　BJ-RUC 模式简介

BJ-RUC 系统是基于 WRF 模式和 WRF 三维变分同化系统建立起来的北京地区高分辨率快速循环同化预报业务系统。模式为三层嵌套,分别为 27 km、9 km、3 km,预报区域如图 13.5.1a所示。垂直方向 38 层,模式层顶为 50 hPa。通过 WRF 三维变分同化系统每隔 3 h 同化一次最新的常规或加密探空、地面观测、船舶/浮标观测资料以及北京地区稠密的局地观测资料。系统每天运行 8 次(00UTC、03UTC、06UTC、09UTC 等)。其中,12UTC 为冷启动,

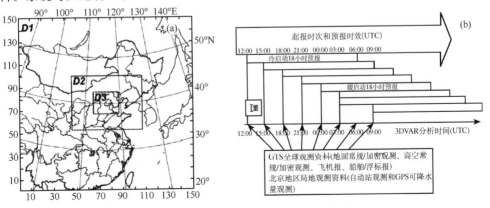

图 13.5.1　BJ-RUC 模式预报区域(a)及预报流程(b)

其他时次为暖启动,每次预报时效为 24 h,系统的运行流程如图 13.5.1(b)所示。

13.5.2　北京地区强对流天气潜势预报流程及预报方案设计

基于中尺度数值模式进行强对流预报的前提条件是:(1)模式能够快速更新同化反映本地大气特征变化的最近时刻的多源观测资料;(2)模式能够基本描述对流中尺度系统在酝酿、发生阶段环境大气的热、动力学变化特征。通过前期的研究[78]我们认为,北京市气象局的中尺度快速更新循环预报系统(BJ-RUC)在上述两个方面都体现出了较强的能力。有鉴于此,我们开展了基于 BJ-RUC 模式的北京地区细网格化、快速更新的强对流天气及分类概率预报试验,设计了强对流天气及分类概率预报流程(如图 13.5.2)。首先,利用 BJ-RUC 模式的第三层嵌套(3 km)结果,在模式后处理模块中读取探空基本要素(温、压、湿、风),计算多种热力、动力、综合不稳定物理量。其次,通过实况及模式统计的结果初步确定强对流判别指标。第三,设计预报方案,计算模式格点上的强对流发生概率;最后,进一步确定冰雹/雷暴大风(在模式中还没有足够的条件能将冰雹和雷暴大风区分开,因此将冰雹和雷暴大风初步都归于冰雹天气进行概率预报)和强对流短时暴雨天气下不同物理量的阈值,从而得出强对流分类天气的概率。

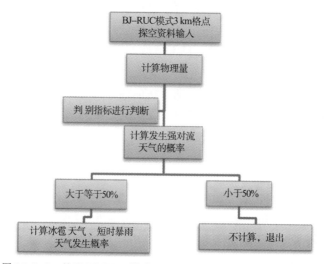

图 13.5.2　基于 BJ-RUC 模式的强对流天气及分类概率预报流程

(1)预报方案设计

根据强对流天气和分类概率预报流程(图 13.5.2),预报方案分为两步:首先对北京及其周边地区进行强对流天气概率预报:在大量统计分析的基础上,设计了物理量参数的阈值范围及其动态权重条件、3 h 变量条件等进行概率计算。其次,对满足强对流发生条件(综合概率≥50%)的格点,再分别设计满足短时暴雨和冰雹发生的条件,继续进行天气分类概率计算。因此计算暴雨、冰雹的概率时需要用到强对流概率计算的参数,此部分参数为公共参数,此外,暴雨和冰雹又各有其特有的判别指标,称为特征物理量参数。

概率计算方法:对单个格点而言,出现某类天气的概率为在该格点上满足预设条件的参数在所有参数的中的比重。概率计算的方法有二分法计算和连续概率计算两种。所谓两分法即对物理量参数预先设定一个判别条件,凡是符合该条件的,记为 1,不符合条件的记为 0。对所有参与计算的参数都进行上述判断计算,如果某个格点出现 n 次满足条件,则格点的概率为

$\dfrac{n}{N}$, n 为格点上满足条件的参数个数, N 为总参数的个数。研究结果已经表明,强对流天气,以及不同强对流现象在酝酿阶段,对不同的热、动力学参数表现出不同的敏感性,在设计阶段需要分配给每个参数有不同的权重,于是上述概率可以进一步表示为

$$\frac{\sum\limits_{i=1}^{n} w_i}{\sum\limits_{i=1}^{N} w_i} \tag{13.5.1}$$

w_i 为第 i 个参数的权重。

但是,经过试验我们发现二分法计算存在计算结果高度依赖于判别条件的问题,以 K 指数为例,假设预设判别条件为 $K>30$,此时如果两个相邻的格点 i,j,其 K 值分别为 $K_i=31$, $K_j=29$,则判断 K_i 将出现强对流,K_j 不出现强对流。显然这种结果过于极端了,即存在"双重极端"问题。先前的统计结果也表明,出现强对流时对应的参数往往在一个区间范围内,如 K 指数在 [25,50] 范围内都能出强对流,但大部分强对流个例都要求 K 指数达到 35 以上,因此,单纯以 $K>25$ 或 $K>35$ 作为判别条件都存在上述"双重极端"问题。

经过试验我们发现,连续概率计算方法能有效地缓解上述问题。对于某一个物理量参数首先确定强对流天气发生时其对应的值的区间,该区间的范围是通过大量的实际探空样本确定的。然后判断模式格点上的参数在该区间中的位置,模式探空得到的值有可能超出该区间的上限或下限,因此,当模式探空参量的值越接近区间极大值,其概率越大,相反越接近极小值的概率越小,大于等于极大值该物理量参数的权重为 1,那么由此得出某一个物理量参数的权重即在 [0,1] 之间变化。同时,通过大量的组合实验,我们发现,在某个区间内 (y_1-c_0)、(c_0-y_2) 线性变化而在整个区间内 (y_1-y_2) 非线性变化的"动态"权重计算方法预报效果更好。如图 13.5.3,设置节点 c_0,并在计算程序中给其在 (0,1) 间相对合适的权重系数。这是由于发生强对流前,对应的各种物理参量大多数情况下是在某一个区间变化波动的[75],大量的实际个例统计得到的平均值实际上是与节点 c_0 对应的,因此该区间附近的权重系数应该比所有区间 (y_1,y_2) 线性插值更大。

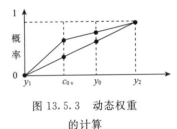

图 13.5.3　动态权重的计算

因此,基于连续概率计算思想,我们在模式的后处理模块中加入物理量因子诊断模块,对于模式格点逐个进行阈值区间判断,统计每个格点上满足阈值条件的物理参量个数,形成样本库 1;设定 3 h 变量条件,在样本库 1 中筛选出符合变量条件的样本,形成样本库 2;最后对于选出的样本库 2 中的物理量参数给予动态权重。最后,符合条件的物理量因子个数与自身权重之积除以所有入选的物理量因子个数的比值即为该格点上的强对流天气发生的概率。

$$G = \frac{\sum\limits_{i} \alpha_i f_i}{\sum\limits_{i} \alpha_i} \times 100 \tag{13.5.2}$$

其中:α_i 为第 i 个因子(物理量)的权重,f_i 为第 i 个因子(物理量)的概率,对于每一个因子物理量,假设其值为 y_0,给定阈值区间 $[y_1,y_2]$,即可计算 f。

(2)强对流天气判别因子

研究结果已经表明,强对流能否发生发展主要与温度垂直梯度、水汽(垂直分布结构、水平

输送)、垂直风切变和抬升机制有关,或者说与热力稳定度、动力稳定度和触发机制有关。在实际天气预报过程中,描述热力稳定度的物理参量有很多,如:对流有效位能 CAPE,DCAPE,CIN,K 指数、SI 指数、$SWEAT$ 指数,500 hPa 与 850 hPa θ_{se} 之差等温湿度组合参量,也有低空温差 ΔT,温度露点差及其垂直递减率等分别描述温度、湿度分布的参量。上述参量之间存在强烈的相关性,但是,它们之间的物理意义并不完全相同,没有一种参数能够"包打天下",而且在不同的对流现象发生前,对它们的敏感程度、阈值区间及其随时间变化特征也不尽相同,这也是我们有可能进行强对流分类预报试验的物理基础[77]。我们在大量统计分析基础上,进行多种模式参数的组合试验,最终选定了以下物理量参数进入模式强对流天气预报方案。其中,描述热力稳定度的参量有对流有效位能 CAPE,K 指数,$SWEAT$ 指数,500 hPa 与 850 hPa θ_{se} 差,SI 指数,高低空温差 ΔT,水汽条件参数有 850 hPa 温度露点差以及 850~500 hPa 温度露点差的垂直梯度;动力稳定度参数有低空风切变(包括风速切变、风向切变)、中高空风切变;强对流天气启动因子(造成气块抬升),包括高低空的辐散辐合,700 hPa 的垂直速度等(见表 13.5.1)。由于不同强对流现象在其他大气环境上还存在明显差异,如0 ℃、−20 ℃ 高度及其随时间的变化,南风层的厚度,水平风向转折等,因此在强对流天气的分类概率预报中还相应的设定了特征物理量参数(见表 13.5.2、13.5.3)。

表 13.5.1 中给出了第一步用来判别强对流概率的物理量参数区间、中值(即前面提到的分段线性控制点 c_0,而非区间的平均值,下同。)以及中值的动态权重、物理量本身的权重系数;表 13.5.2 和表 13.5.3 是在表 13.5.1 判别结果的基础上给出分类概率预报的物理量条件、相应的中值以及中值的动态权重、物理量本身的权重。需要指出的是,在分类概率预报中所用到的和第一步强对流概率计算同样设置的公共参数表 13.5.2 和表 13.5.3 不再列出,但如果涉及的参数相同,而阈值或中值(包括中值的动态权重)、物理量本身权重有一项设定不同则同样列于表 13.5.2、13.5.3 中,重新进入模式进行判断计算。此外,在分类概率预报中,经过试验发现参数的区间和中值如果不变,仅改变中值的动态权重和物理量参数的权重即可达到不同的预报结果,而且判别计算也变得比较简单,因此表 13.5.2 和表 13.5.3 中同样的参数在这两个条件上有所变化。

表 13.5.1 基于连续概率方法的强对流概率预报中选取的物理量参数及时间变量

物理量条件	区间	中值及中值权重	物理量权重	备注
CAPE	$[300,2000]$J·kg	800(0.8)	1	对流有效位能
KI	$[25,40]$℃	35(0.7)	4	K 指数
SWEAT	$[100,320]$℃	250(0.75)	2	强天气威胁指数
SI	$[-2.5,2.5]$℃	0(0.75)	2	沙氏指数
风速切变 L	$[2,8]$m/(hPa·s)	6(0.4)	1	1000~700 hPa 风切变
风速切变 H	$[2,6]$m/(hPa·s)	3(0.5)	1	700~500 hPa 风切变
风向切变 L	1/0°	1/0	1	低空是否存在风向切变
风向切变 H	1/0°	1/0	1	高空是否存在风向切变
ΔT	$[-25,-35]$℃	−28(0.75)	2	500~850 hPa 温差
$\Delta thetase$	$[-20,0]$K	−5(0.75)	2	500 与 850 hPa θ_{se} 差
$(T-T_d)_{850}$	$[2,10]$℃	6(0.75)	4	850 hPa 温度露点差
$\Delta(T-T_d)$	$[0,10]$℃	5(0.75)	3	$(T-T_d)$850 hPa 与 500 hPa 的差
DIV_{850}	$[-1.5,1]$/S	0(0.75)	1	850 hPa 的散度

物理量条件	区间	中值及中值权重	物理量权重	备注
DIV_{300}/s	$[-1,2]$	$0(0.75)$	1	300 hPa 的散度
W_{700} hPa/s	$[0,2]$	$1(0.7)$	1	700 hPa 垂直速度
3 h 变量条件℃	区间	中值及中值权重	物理量权重	备注
$\Delta_3 KI$	$[0,15]$	$5(0.8)$	4	K 指数增加
Δ_3 风切变 H	$[0,5]$	$2(0.7)$	3	700~500 hPa 风切变增大
$\Delta_3(T-T_d)_{850}$℃	$[-2,-6]$	$-3(0.75)$	2	850 hPa 温度露点差减小
$\Delta_3 SI$℃	$[-2,-8]$	$-4(0.75)$	2	沙氏指数减小
$\Delta_3 SWEAT$	$[100,300]$	$150(0.85)$	2	强天气威胁指数增大

表 13.5.2　短时暴雨概率预报中选取的物理量参数/时间变量及特征量

(与表 13.5.1 中相同的公共参数没有列出)

物理量条件	区间	中值及中值权重	物理量权重	备注
$CAPE$	$[300,2000]$J·kg	$1000(0.8)$	1	对流有效位能
KI	$[25,40]$℃	$35(0.65)$	4	K 指数
SI	$[-2.5,2.5]$℃	$0(0.6)$	2	沙氏指数
ΔT	$[-25,-35]$℃	$-28(0.7)$	2	500~850 hPa
$\Delta thetase$	$[-20,0]$K	$-5(0.7)$	2	500~850 hPa
$(T-T_d)_{850}$	$[2,10]$℃	$3(0.85)$	4	850 hPa 的温度露点差
3 h 变量条件	区间	中值及中值权重	物理量权重	备注
$\Delta_3(T-T_d)_{850}$	$[-2,-6]$℃	$-3(0.7)$	2	850 hPa 温度露点差减小
$\Delta_3 SI$	$[-2,-8]$℃	$-4(0.7)$	2	沙氏指数减小
$\Delta_3 SWEAT$	$[100,300]$	$150(0.8)$	2	强天气威胁指数增大
特征量	取值	中值及中值权重	物理量权重	备注
V_{700}	1/0	/	0.8	700 hPa 南风为 1
V_{850}	1/0	/	0.8	850 hPa 南风为 1
$\Delta_3(T-T_d)_{500}$	1/0	/	0.8	高层增湿
$\Delta_3(T-T_d)_{850}$	1/0	/	0.8	低层增湿
$Rain3$ mm	1/0	/	0.8 * 4	格点 3 h 预报雨量>6 mm
$\Delta_3 V_{850}$ m/s	1/0	/	0.8	850 hPa 东风或南风增强
Z_0 hPa	>3800	/	0.8	0 ℃层高度
Z_{-20} hPa	>7000	/	0.8	−20 ℃层高度

表 13.5.3　冰雹概率预报中选取的物理量参数/时间变量及特征量

(与表 13.5.1 中相同的公共参数没有列出)

物理量条件	区间	中值及中值权重	物理量权重	备注
$CAPE$	$[300,2000]$J·kg	$1000(0.65)$	1	对流有效位能
KI	$[25,40]$℃	$35(0.55)$	3	K 指数
SI	$[-2.5,2.5]$℃	$0(0.0)$	2	沙氏指数
ΔT	$[-25,-35]$℃	$-28(0.6)$	2	500 与 850 hPa 温差
$\Delta thetase$	$[-20,0]$K	$-5(0.65)$	2	500 与 850 hPa 差
$(T-T_d)_{850}$	$[2,10]$℃	$6(0.6)$	4	850 hPa 的温度露点差

续表

物理量条件	区间	中值及中值权重	物理量权重	备注
$\Delta(T-T_d)$	$[0,10]$℃	6(0.6)	3	$(T-T_d)$850 与 500 hPa 差
$SWEAT$	$[100,320]$	250(0.55)	2	强天气威胁指数
DIV_{850}	$[-1.5,1]$/s	0(0.65)	1	850 hPa 散度
DIV_{300}	$[-1,2]$/s	0(0.65)	1	300 hPa 散度
W_{700}	$[0,2]$hPa/s	1(0.65)	1	700 hPa 垂直速度
3 h 变量条件	区间	中值及中值权重	物理量权重	备注
$\Delta_3 KI$	$[0,15]$℃	5(0.5)	3	K 指数增大
Δ_3 风切变 H	$[0,5]$	2(0.6)	3	1000~700 hPa 风速切变
$\Delta_3(T-T_d)_{850}$	$[-2,-6]$℃	-3(0.6)	2	850 hPa 温度露点差减小
$\Delta_3 SI$	$[-2,-8]$℃	-4(0.6)	2	沙氏指数减小
$\Delta_3 SWEAT$	$[100,300]$	180(0.5)	2	强天气威胁指数增大
特征量	取值	中值及中值权重	物理量权重	备注
Z_0	1/0 hPa	/	0.7	0 ℃层高度是否在$[3500,4500]$之间
Z_{-20}	1/0 hPa	/	0.7	-20 ℃层高度是否在$[6500,8200]$之间
逆温层	1/0	/	0.7	700 hPa 以下是否有逆温
V_{500}	1/0	/	0.7	500 hPa 为北风
$\Delta_3 hgt_0$	1/0	/	0.7	0 度层高度降低
$\Delta_3 P_0$	1/0	/	0.7	地面加压

13.5.3 强对流天气过程预报试验

以下是我们以最终试验方案进行的三次天气过程模拟预报结果分析。

(1)短时对流强降水过程

2010 年 6 月 13,受冷空气和低层辐合系统的共同影响,傍晚到夜间北京出现雷阵雨天气,主要降水时段在 18—21 时,有 17 站出现≥20 mm/h 的降水,主要出现在昌平、大兴、房山、海淀、门头沟、平谷、石景山和怀柔地区。

13 日 19—21 时实况雷达回波显示有一条长宽比约 3∶1 的强对流带状回波自西北向东南方向移动影响北京地区,窄带中心强度可达 60 dBZ 以上,如图 13.5.4。可以看到此带状回波给北京西部山区以及山前的平原地区都带来了一次明显的降水过程,局地 h 雨量均在 20~30 mm 左右。

BJ-RUC 模式 13 日 11 时起报的 19—21 时 -20 ℃层上的雷达反射率因子预报如图 13.5.5a1,a2,a3,而相应的强对流天气概率预报结果如图 13.5.5b1,b2,b3。由于概率预报的物理量计算是基于 BJ-RUC 模式的,两者从形态上看来相似度较大,但从两者分别和实况对比可以看出,BJ-RUC 模式本身预报的带状回波(dBZ)虽然分布形态与实况雷达回波较为一致,但是,其中心落区和实况有一定的差异,在 19 时至 20 时中心位置有一些偏东,21 时向西部山区调整却又漏报了东南部地区。而仔细对比不难看出,强对流概率预报方案预报的较大概率发生位置(图 13.5.5b1,b2,b3)较 BJ-RUC 的预报结果有一些调整,60%以上概率的中心与实况雷达回波强对流回波中心以及雨量中心都有很好的对应。在此基础上,我们又给出了短时强降水预报概率,如图 13.5.6。从结果看来比强对流概率预报的结果(图 13.5.5b1,b2,b3)范围更进一步集中,中心更加突出,强降水预报结果比较理想。

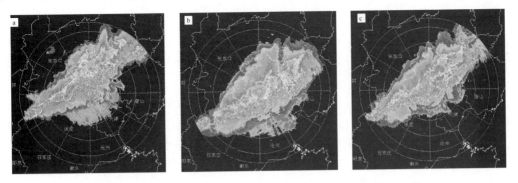

图 13.5.4　2010 年 6 月 13 日雷达回波(a.19 时,b.20 时,c.21 时)

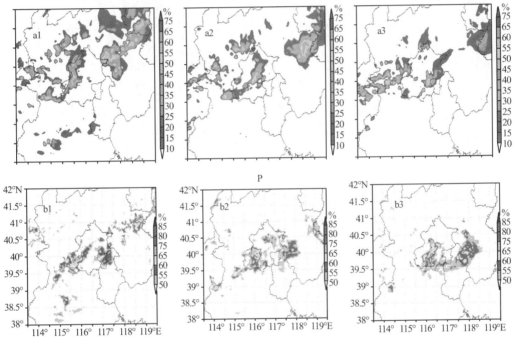

图 13.5.5　2010 年 6 月 13 日 BJ-RUC 模式 11 时起报的(−20 ℃层上的)dBZ(a1,a2,a3)以及
强对流天气概率预报对比(b1,b2,b3)(a1,b1-19 时,a2,b2-20 时,a3,b3-21 时)

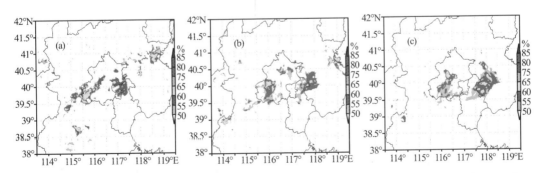

图 13.5.6　2010 年 6 月 13 日 BJ-RUC 模式 11 时起报的短时强降水概率预报(a.19 时,b.20 时,
c.21 时)

(2)局地强对流短时暴雨过程

2010 年 7 月 11 日,受东北低涡系统影响,11 日 04—08 时、11 日 19 时—12 日 00 时有 27 个站出现≥20 mm/h 降水,3 个站出现≥50 mm/3 h 的局地短时暴雨,暴雨区位于北京的怀柔、密云、平谷等北部区县。

从实况雷达回波可以看出,在东北冷涡系统的影响下,回波呈块状单体结构,强度也较强,中心可达 55 dBZ 以上,回波由正北方向进入北京地区,沿北京东部地区向南移动,依次影响了怀柔、密云、平谷等地。因此,在这些地区都有比较明显的降水产生(图 13.5.7a1,a2,a3;b1,b2,b3)。而 BJ-RUC 在 20—22 时均没有预报出北京北部的短时强对流天气(图 13.5.7c1,c2,c3)。

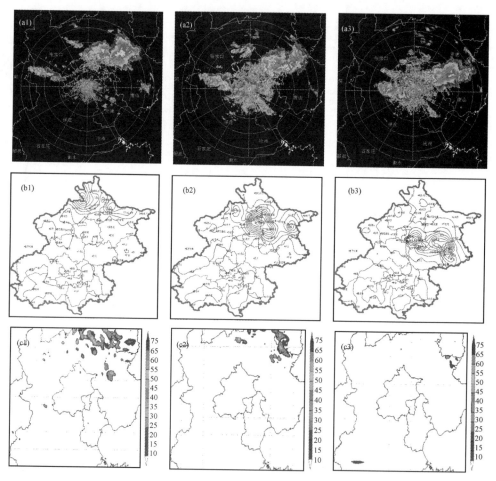

图 13.5.7　2010 年 7 月 11 日实况雷达回波(a1,a2,a3)、实况小时雨量(b1,b2,b3)及 BJ-RUC 模式 11 时起报的(−20 ℃层上的)dBZ(c1,c2,c3)(a1,b1,c1-20 时,a2,b2,c2-21 时,a3,b3,c3-22 时)

从基于同一时刻的 BJ-RUC 模式的强对流天气概率预报以及短时强降水概率的结果来看(图 13.5.8),预报时次较实况滞后了约 3 h,这可能与数值预报模式对天气系统预报偏慢有关。但从强对流天气发生发展的区域来看,与实况还是比较吻合的,主要落区与实况基本一致,主要发生北京的北部、东北部地区。分类预报结果显示,本次局地强对流天气过程主要以短时暴雨的方式出现,总体而言,强度预报略偏弱,发生短时暴雨概率的最大值在 65%左右。从对 BJ-RUC 模式长期应用来看,预报结果偏弱可能与模式本身对于这种局地的强对流把握要稍差于区域性的对流性降水天气有关。

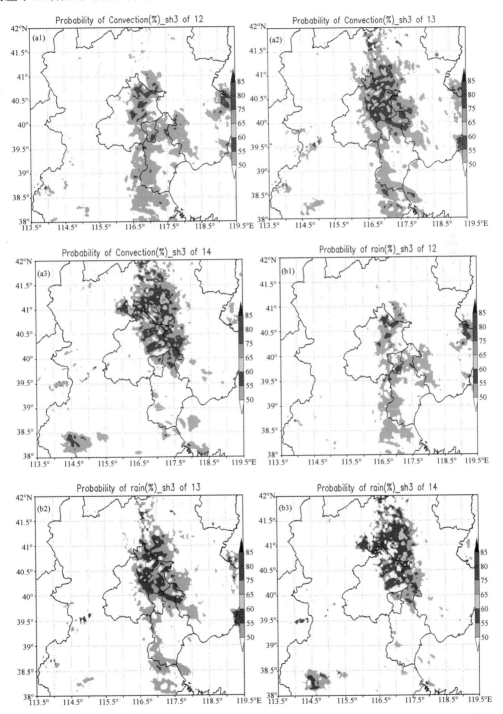

图 13.5.8　2010 年 7 月 11 日 BJ-RUC 模式 11 时起报的强对流概率(a1,a2,a3)以及短时强降水概率预报(b1,b2,b3)(a1,b1-23 时,a2,b2-00 时,a3,b3-01 时)

（3）短时强降水、冰雹和雷暴大风混合型强对流过程

2009 年 7 月 22 日，受高空弱冷空气、850 hPa 切变线以及地面辐合区的共同影响，北京自北向南出现了一次强雷阵雨过程，延庆、怀柔、密云、平谷、顺义、朝阳、通州共有 33 个站出现 ≥20 mm/h 的短时强降水。佛爷顶 15:24—15:28（北京时）、怀柔 16:04—16:14（北京时）、通州 17:33—17:41（北京时）出现冰雹天气。

从图 13.5.9 实况雷达回波的演变可以看出，此次过程雷暴云团发展非常强盛，初始时期先是从单体雷暴开始影响北京的延庆和怀柔地区，强度可达 60 dBZ 以上，随后单体雷暴逐渐发展壮大演变成对流复合体沿着北北西—南南东的路径影响北京的城区以及东部大部分地区。影响时间长达 6 个 h 以上，中心强度一直维持在 55～65 dBZ，是一次大范围的强雷暴活动，造成局地 30 mm/h 以上的强降水外并伴随着冰雹和雷暴大风现象。

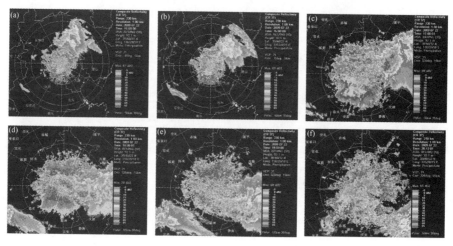

图 13.5.9　2009 年 7 月 22 日实况雷达回波（a.15 时，b.16 时，c.17 时，d.18 时，e.19 时，f.20）

从基于 BJ-RUC 数值模式的三种概率预报结果与实况对比来看（如图 13.5.10），15 时预报的强对流出现区域范围要明显大于实况实际发生地区，北京西南部大部分地区为虚警区。随着模式的调整，预报结果逐渐向实况接近，16—17 时预报结果良好，预报强对流的发展演变趋势都与实况相似。但是总体看来，模式预报的过程发展较快，结束时间早，18 时之后强对流发生概率大的地区就已经移动到了北京的东南部天津一带，而实际上，北京东南部地区依然存在强烈的对流现象。

从分类概率预报结果来看，短时强降水的概率（图 13.5.10b1,b2,b3）仍然与强对流概率结果（图 13.5.10a1,a2,a3）总体接近，也就是说，对于以短时强降水为主的强对流天气，两者差异很小，也就是说，强降水过程是本次强对流过程的主要表现方式。从冰雹概率预报结果（图 13.5.10c1,c2,c3）来看，预报的强度和范围都明显小于上述两类预报，15—16 时 65%～75% 冰雹预报区域与实况出冰雹的区域（延庆、怀柔和通州）差异不大，这表明，我们设计的预报方案，能够在一定程度上从较大范围的强对流过程中捕捉到可能发生冰雹/雷暴大风的发生区域。

通过上述不同类别天气过程预报实验，我们认为：

利用多种物理量参数计算的概率预报能提供一些区别于单个诊断量（如 BJ-RUC 预报的反射率因子或逐小时降水）的信息。特别是在模式预报与实况存在明显误差时，概率预报可以

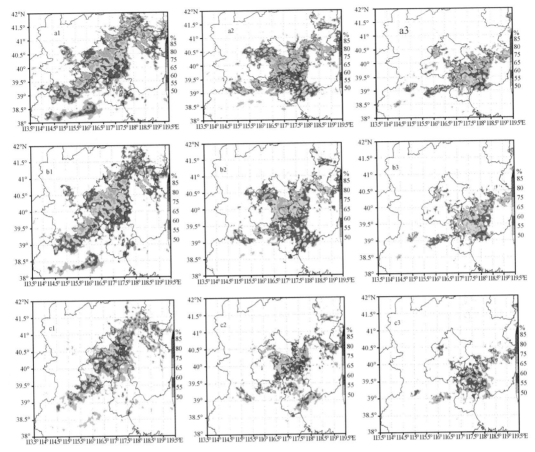

图 13.5.10　2009 年 7 月 22 日 BJ-RUC 模式 11 时起报的强对流概率(a1,a2,a3)、短时强降水概率(b1,b2,b3)、以及冰雹发生概率(c1,c2,c3)(a1,b1,c1-15 时,a2,b2,c2-16 时,a3,b3,c3-17 时)

作为模式单个诊断量的有效补充。

概率预报方案中权重系数的引入使得某些物理量参数的作用得到突显,表现为概率空间分布上的局部特征更加明显。连续概率计算方法的引入能很好的缓解由于"双重极端"引起的概率分布离散,针对性较差等问题。

对于强对流天气的分类预报来说,始终是一项比较困难的工作。我们在前期大量的统计、诊断研究基础上,确立了基于 BJ-RUC 模式的北京地区强对流及分类概率预报方案,试验结果表明,该方案能够对 BJ-RUC 模式的预报能力进行较大限度的改进和拓展。通过 2009 年、2010 年北京地区典型的 8 次强对流天气过程概率预报的结果对比发现,强对流概率预报的结果与实况还是比较接近的。

由于北京地区的强对流天气多数表现为短时暴雨或者是伴有冰雹的短时暴雨天气,而不伴随强降水的冰雹(或雷暴大风)天气相对较少,因此在分类预报中短时暴雨的预报结果与强对流总体预报结果差异不大,仅表现在范围可能史为集中或者中心更为突出;通过进一步筛选预报因子,试验方案能够在一定程度上从较大范围的强对流过程中捕捉到可能发生冰雹/雷暴大风的发生区域。当然由于试验预报样本数量还不够多,本试验预报方案需要更多强对流天气过程进行检验并进行改进。

附　录

附录1　1956—2000年北京地区暴雨天气分类日历一览表

天气形势	暴雨日历(年·月·日)									小计
蒙古低涡低槽	1956.08.08	1957.08.23	1958.08.08	1959.07.05	1959.07.15	1959.08.13	1959.08.18	1959.09.06	1960.07.05	132
	1960.07.19	1960.08.03	1960.08.19	1961.07.01	1961.07.04	1961.07.16	1961.07.19	1961.07.30	1961.09.27	
	1962.06.12	1962.07.08	1963.05.19	1963.07.22	1963.07.27	1963.08.18	1964.07.03	1964.07.15	1964.07.21	
	1964.08.04	1964.09.11	1965.07.13	1965.07.18	1965.08.09	1965.08.15	1966.07.12	1966.08.08	1966.08.12	
	1967.06.14	1967.07.07	1967.07.31	1967.08.19	1968.07.16	1968.08.05	1968.09.26	1969.07.06	1969.07.09	
	1969.07.26	1969.08.06	1969.08.16	1969.08.20	1969.09.02	1970.07.19	1970.08.10	1971.07.13	1971.08.08	
	1971.08.22	1971.08.25	1972.07.19	1972.09.01	1973.06.25	1973.09.03	1974.07.31	1974.09.05	1975.06.22	
	1976.06.29	1976.07.23	1977.05.29	1977.06.27	1977.07.02	1977.07.23	1977.07.29	1978.06.08	1979.06.04	
	1979.07.23	1982.06.12	1982.06.15	1982.07.30	1982.08.04	1983.07.13	1984.08.06	1985.06.18	1985.07.14	
	1985.07.22	1985.07.28	1985.08.01	1985.08.20	1985.08.16	1986.07.07	1986.07.18	1986.09.19	1987.06.22	
	1987.06.28	1987.07.20	1988.04.20	1989.04.20	1989.07.07	1989.07.13	1989.08.06	1989.08.15	1990.06.27	
	1990.07.12	1990.08.07	1991.06.07	1991.07.05	1991.07.07	1991.07.12	1991.07.18	1991.09.04	1995.07.28	
	1995.08.02	1995.09.23	1996.08.02	1996.07.30	1996.08.10	1997.07.02	1998.07.13	1998.07.18	1998.10.25	
	1999.07.11	2000.08.12								
切变	1959.07.11	1959.07.21	1959.07.29	1959.07.27	1959.08.03	1961.07.22	1961.08.21	1963.08.14		61
	1966.07.25	1966.08.03	1967.07.01	1967.06.27	1967.08.10	1967.08.18	1967.08.25	1968.07.21	1969.07.28	1971.07.05	
	1971.07.30	1971.09.02	1973.08.06	1973.07.09	1973.08.07	1974.07.22	1974.08.07	1978.08.07	1978.08.23	1980.05.24	
	1980.06.21	1980.08.16	1982.08.07	1980.08.07	1982.08.09	1984.08.11	1985.07.06	1985.07.25	1986.08.31	1987.07.14	
	1987.08.01	1988.07.17	1989.09.07	1988.08.01	1990.08.11	1990.07.31	1990.08.27	1990.09.02	1987.07.09	1991.07.21	
	1991.07.27	1991.08.14	1992.07.25	1991.09.01	1992.08.02	1994.07.21	1994.07.26	1994.08.13	1991.05.24	2000.08.08	
	2000.09.20									

续表

天气形势	暴雨日历（年．月．日）										小计
内蒙古低涡	1956.06.15	1959.07.01	1959.08.06	1959.08.29	1959.09.14	1965.07.06	1965.07.22	1965.09.08	1967.05.20	1967.06.23	45
	1969.07.20	1969.07.31	1974.07.14	1974.07.22	1974.07.25	1974.08.10	1978.07.22	1978.08.08	1979.07.17	1979.07.27	
	1979.08.14	1980.06.05	1980.08.10	1984.08.03	1984.08.09	1985.06.29	1985.07.20	1986.06.21	1986.08.04	1986.08.19	
	1986.09.01	1987.05.30	1987.08.13	1987.08.18	1988.07.06	1988.07.24	1990.05.25	1990.05.30	1990.07.17	1993.07.25	
	1995.05.12	1995.06.17	1996.07.09	1996.07.28	1998.06.02						
西来槽	1975.07.13	1975.08.11	1977.06.25	1977.08.02	1977.10.29	1978.08.05	1978.08.25	1978.09.16	1979.07.12	1979.08.10	37
	1980.07.27	1980.08.02	1981.07.03	1982.07.04	1982.07.21	1982.10.03	1983.05.11	1984.06.30	1985.05.11	1985.05.24	
	1985.07.24	1985.08.11	1985.08.15	1987.07.01	1987.07.12	1989.08.19	1990.07.16	1990.07.24	1992.07.16	1994.05.02	
	1994.08.04	1995.07.12	1996.07.12	1996.08.19	1996.08.29	1997.07.19	1998.07.16				
西北低涡	1956.07.31	1958.07.10	1958.07.13	1973.08.20	1975.07.29	1976.07.28	1976.08.07	1977.07.28	1977.07.29	1982.07.24	34
	1983.08.04	1983.08.25	1985.07.08	1985.08.05	1985.08.17	1985.08.24	1986.06.26	1987.06.05	1987.08.26	1988.07.31	
	1989.07.17	1989.07.21	1989.08.28	1990.06.25	1990.08.01	1991.06.10	1991.09.10	1991.09.15	1992.07.19	1992.07.28	
	1993.08.04	1997.07.31	1998.07.05	2000.07.04							
东北低涡	1963.07.24	1968.07.05	1969.07.10	1970.07.15	1970.07.21	1976.07.14	1980.08.27	1982.07.14	1982.07.24	1984.06.18	25
	1984.09.16	1985.07.04	1986.07.10	1986.07.29	1986.08.08	1986.08.09	1991.06.23	1991.06.27	1991.08.08	1992.07.13	
	1993.08.01	1993.08.19	1995.08.13	1996.07.16	1996.07.24						
西南低涡	1957.07.06	1958.07.12	1960.07.16	1963.08.08	1964.07.12	1964.07.16	1964.08.01	1964.08.12	1966.07.28	1971.06.25	22
	1971.06.28	1973.07.02	1974.07.23	1983.04.25	1985.07.11	1987.06.04	1987.09.03	1989.06.06	1989.06.07	1990.07.06	
	1994.07.07	1994.07.18									
回流	1960.09.28	1961.08.07	1964.04.05	1964.08.08	1966.08.13	1966.08.15	1966.08.30	1967.07.18	1968.08.18	1968.09.17	19
	1968.10.06	1970.07.30	1970.10.23	1972.08.12	1973.08.13	1974.08.06	1978.06.28	1978.08.18	1999.08.14		
台风	1966.08.22	1967.07.28	1972.07.27	1994.07.12							4
台风倒槽	1956.08.03	1962.07.25	1964.08.03	1988.08.08							4
台风倒槽和西北低涡	1975.08.06										1
蒙古低涡和台风倒槽	1969.08.10										1
冷锋	1998.09.02										1
合计											386

附录 2　1983—1992 年北京地区强对流天气日历及环流分型一览表

年份	西北冷涡型 风暴类（月·日）	西北冷涡型 强雷雨类（月·日）	东北冷涡型 风暴类（月·日）	东北冷涡型 强雷雨类（月·日）	斜槽型 风暴类（月·日）	斜槽型 强雷雨类（月·日）	竖槽型 风暴类（月·日）	竖槽型 强雷雨类（月·日）	槽后型 风暴类（月·日）	槽后型 强雷雨类（月·日）	小计
1983 年	7.13 8.20 8.28		6.04 6.07 6.20 6.27		6.16 6.28 6.30 7.07 7.25 8.04 8.14	7.30 8.05 8.15	7.01 7.27 8.27	8.03	6.02 6.12 6.14 6.21 8.21	7.12	27
1984 年	6.16 8.25	8.24	7.14 7.27 8.13	7.01	6.03 6.04 6.18 6.19 7.08 7.09 8.08 8.12 8.14 8.22		8.06 8.07	6.02 8.09 8.10			22
1985 年	6.07 7.02	6.19（混）7.22 8.01	6.01 6.08 6.09 7.04 7.17 8.05 8.08 8.15 8.29	7.26	6.18 6.20 7.10 7.13 8.02 8.03	6.30 7.15	7.06 8.11 8.13	8.12 8.20（混）8.24 8.25	6.02 6.16 7.01 8.14	6.13	36
1986 年	7.04 7.07 7.08 7.16 7.17 7.18 7.20 8.24	6.26 8.31	6.23 7.05 7.09 7.14 7.15 7.22 7.24 8.09 8.29	6.27 7.10 7.29 7.30 8.05	6.21 8.01	7.02	6.18 8.28	8.04	7.23	6.22 6.25	33
1987 年	6.17 6.18 7.20 8.23 8.24 8.28	8.06 8.13 8.18	6.28 7.01 7.03 7.04 7.19 7.21 8.01 8.07 8.25	8.17	6.05 6.26 6.27 7.12 8.10		8.22 8.29	8.02 8.26	6.16 7.07		30
1988 年	8.20	6.19	6.01 6.02 6.12		6.14	6.05 7.01	7.12 6.21 7.15 8.26	8.04 8.06		6.23 6.29	16
1989 年	7.13		6.25 6.26 6.28 7.01	6.04 7.18	8.11	6.07	8.28	7.22			12
1990 年	6.27 7.06 7.14 7.15 7.16 8.09	7.13 7.17 8.11 8.12	8.21	6.04	6.05 8.14 8.20 8.30	7.24		7.04（混）7.31 8.28			20
1991 年	6.07 6.08 7.07 7.08 7.29	6.10	6.23 7.01 7.09 7.19	6.24 6.25 7.16	6.04 6.15 6.21 7.11 7.22	6.28 7.21 7.27	7.05	8.14	8.10 8.18	6.06 7.24 8.08	28

续表

年份	西北冷涡型 风暴类(月·日)	西北冷涡型 强雷雨类(月·日)	东北冷涡型 风暴类(月·日)	东北冷涡型 强雷雨类(月·日)	斜槽型 风暴类(月·日)	斜槽型 强雷雨类(月·日)	竖槽型 风暴类(月·日)	竖槽型 强雷雨类(月·日)	槽后型 风暴类(月·日)	槽后型 强雷雨类(月·日)	小计
1992年	6.27	6.28	6.04 6.29 7.01 7.20	6.06 6.09	6.03 6.22 6.23 7.16 8.06 8.14		6.21 8.21 8.24	7.23 7.25 8.02 8.03 8.26	6.15 6.24 7.22		25

1. 以500 hPa环流形势定型

西北冷涡—1 东北冷涡—2 斜槽—3 竖槽—4 槽后—5

2. 强天气分类

干对流风暴类(冰雹·大风)—1;湿对流风暴类(强雷·雷雨·大风)—2;混合性(同时出现冰雹·大风·强降水·且不易分离)—3

3. 说明

1983.6.02(5—1),即83年6月2日,500帕定型为槽后型,属干对流风暴类。

附表3　1983—1992年北京地区强对流天气分类一览表

天气型	天气类别 风暴类(月·日)	强雷雨类(月·日)	混合类(月·日)
西北冷涡型	1983年:7.13 8.20 8.28	1985年:7.22 8.01	1985年:6.19
	1985年:6.07 7.02	1987年:8.06 8.13 8.18	
	1987年:6.17 6.18 8.23 8.24	1988年:6.19	
	1988年:8.20	1991年:6.10	
	1990年:6.27 7.06 7.14 7.15 7.16 8.09	1990年:7.13 7.17 8.11 8.12 8.21	
	1991年:6.07 6.08 7.07 7.08 7.29		
	1992年:6.27 6.28		
东北冷涡型	1983年:6.04 6.07 6.20 6.27	1983年:6.27	
	1985年:6.01 6.08 6.09 7.04 7.17 8.05 8.06 8.08 8.15 8.29	1985年:7.26	
	1987年:6.28 7.01 7.03 7.04 7.19 7.20 7.21 8.01 8.07 8.25	1987年:8.01 8.17	
	1988年:6.01 6.02 6.12	1991年:6.24 6.25 7.16	
	1990年:8.21	1992年:6.06 6.09 7.20 8.14	
	1991年:6.23 7.01 7.09 7.19		
	1992年:6.04 6.29 7.01 7.20		

天气型	天气类别		
	风暴类(月.日)	强雷雨类(月.日)	混合类(月.日)
斜槽型	1983年:6.16 6.28 6.30 7.07 7.25 8.04 8.14 1985年:6.18 6.20 7.10 7.13 8.02 8.03 1987年:6.05 6.26 6.27 7.12 8.10 1988年:6.05 6.14 1990年:8.30 1991年:6.04 6.15 6.21 7.11 7.22 1992年:6.03 6.22 6.23 7.16 8.06 8.14	1983年:7.30 8.05 8.15 1985年:6.30 7.15 1988年:7.01 1991年:6.28 7.21 7.27	1990年:7.04
竖槽型	1983年:7.01 7.27 8.27 1985年:7.06 8.11 8.13 1987年:8.22 8.29 1988年:7.12 7.15 8.26 1991年:7.05 1992年:6.21 8.21 8.24 8.26	1983年:8.03 1985年:8.12 8.20(混合性) 8.24 8.25 1987年:8.02 8.26 1988年:6.21 8.04 8.06 8.26 1991年:8.14 1992年:7.23 7.25 8.02 8.03	
槽后型	1983年:6.02 6.12 6.14 6.21 8.21 1985年:6.02 6.13 6.16 7.01 8.14 1987年:6.16 7.07 1991年:8.10 8.18 1992年:6.15 6.24 7.22	1983年:7.12 1988年:6.29 1991年:6.06 6.23 6.29	1991年:7.24 8.08

参考文献

[1]孙明生,朱玉先,李国旺.2008.近35年华北平原夏季旱涝分析.航空气象科技,**178**(2):43-46.

[2]孙明生,朱玉先,李国旺.2007.近35年华北平原夏季降水变化分析.航空气象,**211**(4):42-44.

[3]孙明生.1993.北京地区暴雨的气候分析.北京地区强对流天气监测试验论文集:第一集.北京:中国人民解放军空军司令部气象局.11-14.

[4]Chen Gang, Sun Mingsheng, Wang Ximing *et al*. 1992. An Analysis of the Heavy Rainfall on June 10 1991 over Beijing Area〔C. International Symposium on Torrential Rain and Flood October 1992, 240-241.

[5]孙继松,王华,王令,等.2006 城市边界层过程在北京2004年7月10日局地暴雨过程中的作用.大气科学,**30**(2):221-234.

[6]Szoke E J , Zipser J and Charles G W . 1984. Generation of deep convective cloud along mesoscale storm outflow boundaries, 14th Conf. on Severe Local Storms,15-20.

[7]何齐强,方炳兴,刘凤军,等. 1995.北京地区强对流天气的中尺度研究. 北京地区强对流天气监测试验论文集:第二集. 北京:中国人民解放军空军司令部气象局. 137-145.

[8]孙明生,汪细明.1993.地形对华北北部暴雨的影响.航空气象科技,(1):25-27.

[9]孙明生.1995.北京地区地形对地面气象要素场及强对流天气的影响.北京地区强对流天气监测试验论文集:第二集.北京:中国人民解放军空军司令部气象局.1-6.

[10]Neiman P J , Ralph E M , White A B , *et al*. 2002. The statistical relationship between upslope flow and rainfall in California's coastal mountain: Observations during CALJET. *Mon. Wea. Rev.* , **130**: 1468-1492.

[11]孙继松.2005.北京地区夏季边界层急流的基本特征及形成机理研究.大气科学,**29**(3),445-452.

[12]Alpert P. Shafir H. 1991. Role of detailed wind-topography interaction in orographic rainfall. *Quart. J. Roy. Meteor. Soc.* , **117**: 421-426.

[13]孙继松.2005.气流的垂直分布对地形雨落区的影响.高原气象,**24**(1),62-69.

[14]Jiang Q. 2003. Moist dynamics and orographic precipitation. *Tellus*, **55**A: 301-326.

[15]Smith R B, Barstad I. 2004. A linear theory of orographic precipitation. *J. Atmos. Sci.* , **61**: 1337-1391.

[16]孙继松,舒文军.2007.北京城市热岛效应对冬夏季降水的影响研究.大气科学,**31**(2):311-320.

[17]孙明生.2011.城市化效应对北京暴雨特征及变化的影响.第28届中国气象学分年会论文集.厦门,中国气象学会.

[18]高守亭,赵思雄,周晓平.等.2003.次天气尺度及中尺度暴雨系统研究进展.大气科学,**27**(4):618-627.

[19]Gao S and Wang X, Zhou Y. 2004. Generation of generalized moist potential vorticity in a frictionless and moist adiabatic folw. *Geophys. Res. Lett.* , **31**: L12113, 1-4.

[20]Gao S, Zhou Y S. 2004. Impacts of cloud-induced mass forcing on the development of moist potential vorticity anomaly during torrential. *Adv. Atmos. Sci.* , **21**: 923-927.

[21]寿绍文,励申申,姚秀萍. 2003.中尺度气象学. 北京:气象出版社.

[22]Schultz D M, Schumacher P N. 1999. Review:The use and misuse of conditional symmetric instability.

Mon. Wea. Rev., **127**：2709-2729.

[23]Betts A K, and Dugan F J. 1973. Empirical formula for saturation pseudoadiabats and saturation equivalent potential temperature, *J. Appl. Meteor4ol.*, **12**：731-732.

[24] Andrews D G. 2000. An introduction to Atmospheric Phyisics. Cambridge University Press, 21-43, 117-118.

[25]Hoskins B J, Berridford P B. 1988. A potential-vorticity perspective of the storm of 15-16 October 1987. *Weather*, **43**：122~129.

[26]Gao ST, Tao S Y, Ding Y H. 1990. The generalized E-P flux of wave-meanflow interactions. *Sciences in China* (series B), **33**：704-715.

[27]Zhou Y S, Deng G, Gao S T, *et al*. 2002. The study on the influence characteristic of teleconnection caused by the underlying surface of the Tibetan Plateau I：data analysis. *Advances in Atmospheric Sciences*, **19**：583-593.

[28]Keyser D, Rotunno R. 1990. On the formation of potential-vorticity anomalies in upper level jet front systems. *Mon. Wea. Rev.*, **118**：1914-1021.

[29]Fritsch J M, Maddox R A. 1981. Convectively driven mesoscale weather systems aloft. Part I：Observations. *J. Appl. Meteor.*, **20**：9-19.

[30]Davis C A, Weisman M L. 1994. Balanced dynamics of mesoscale vortices in simulated convective systems. *J. Atmos. Sci.*, **51**：2005-2030.

[31]Gray M E B, Shutts G J, Craig G C. 1998. The role of mass transfer in describling the dynamics of mesoscale convective systems. *Quart. J. Roy. Meteor. Soc.*, **124**：1183-1207.

[32]Shutts GJ, Gray MEB. 1994. A numerical modeling study of the geostrophic adjustment process following deep convection. *Quart. J. Roy. Meteor. Soc.*, **120**：1145-1178.

[33]Fulton S R, Schubert W H, Hausman SA. 1995. Dynamical adjustment of mesoscale convective anvils. *Mon. Wea. Rev.*, **123**：3215-3226.

[34]Raymond DJ, Jiang H. 1990. A theory for long-lived mesoscale convective systems, *J. Atmos. Sci.*, **47**：3067-3077.

[35]Gray MEB. 1999. An investigation into convectively generated potential-vorticity anomalies using a mass-forcing model, *Quart. J. Roy. Meteor. Soc.*, **125**：1589-1605.

[36]Haynes P H, Mcintyre M E. 1990. On the conservation and impermeability theorems for potential vorticity. *J. Amos. Sci.*, **47**：2021-2031.

[37]Gao S T, Lei T, and Zhou Y S, 2002. Moist potential vorticity anomaly with heat and mass forcings in torrential rain system, *Chin. Phys. Lett.*, **19**：878-880.

[38]Hoskins B J, McIntyre M E and Robertson A W, 1985. On the use and significance of is entropic potential-vorticity maps. *Quart. J. Roy. Meteor. Soc.*, **111**：877-946. (Also 113, 402-404).

[39]伍荣生, 谈哲敏. 1989. 广义涡度与位势涡度守恒定律及应用. 气象学报, **47**(4)：436-442

[40]McIntyre M E and Shepherd T G. 1987. An exact local conservation theorem for finite amplitude disturbances to non-parallel shear flows, with remarks on Hamiltonian structure and on Arnold's stability theorems. *J. Fluid. Mech.* **181**：527-565.

[41]何齐强. 北空强对流课题组. 1995. 北京地区强对流天气的条件气候分析. 北京地区强对流天气监测试验论文集：第二集. 北京：中国人民解放军空军司令部气象局. 1-6.

[42]孙明生, 汪细明, 罗阳等. 1993. 北京地区强对流天气展望预报——判断树预报方法. 北京地区强对流天气监测试验论文集：第一集. 北京：中国人民解放军空军司令部气象局. 91-94.

[43]孙明生, 汪细明, 罗阳, 等. 1996. 北京地区强对流天气展望预报方法研究. 应用气象学报, **7**(3)：336-343.

[44]何齐强,孙明生,易志安.1997.北京地区强对流天气过程分析(一)天气特征和大尺度环境研究.空军气象学院学报,**18**(2):134145.

[45]孙明生,汪细明,陈刚,等.1993.北京地区"91608"强飑线天气过程分析.航空气象,**116**(2):30-37.

[46]王华,孙继松,李津.2007.2005年北京地区两次强冰雹天气过程的对比分析.气象,**33**(2),33-38.

[47]孙继松,王华.2009.重力波对一次雹暴天气过程演变的影响高原气象,**28**(1):165-168.

[48]Polston K L. 1996. Synoptic patterns and environmental conditions associated with very large hail events. Preprints,18th conf. on Severe Local Storms,349-356.

[49]Mitchell M J etc. 1995. A climatology of the warm season Great plains low-level jet using wind profiler observations,*Wea. Forecasting*,**10**:576-591.

[50]Koch S E, O'Handely C O. 1997. Perational forecasting and detection of mesoscale gravity wave. *Wea. Forecasting*,**12**(2):253-281

[51]汪细明,何齐强,孙明生,等.1995北京地区强对流天气大尺度环境条件研究.北京地区强对流天气监测试验论文集:第二集.北京:中国人民解放军空军司令部气象局.50-58.

[52]Newton C W. 1967. Severe convection storms,*Advance in Geophysics*,Academic Press,**12**:257-303.

[53]Uccellini L W. 1990. The relationship between jet streaks and severe convection storm systems,16th Conf. on Severe Local Storms. 121-130.

[54]Miller R C. 1972. Note on analysis and sever weather forecasting procedures of the Air Force Global Werther Central,Tech. Rep. ,200(Rev.)Air Weather Service,USAF,Scott AFB,IL,190.

[55]北空强对流课题组,何齐强.1993.北京地区强对流天气的大尺度条件气候学分析(西北冷涡型).空军气象学院学报,**14**(1):1-8.

[56]北空气象中心强对流课题组,空军气象学中尺度课题组.1994.北京地区强对流天气的大尺度条件气候学分析(斜槽型).空军气象学院学报,**15**(3):239-247.

[57]孙明生,何齐强,汪细明,等.1995.北京地区强对流天气的大尺度条件气候学分析(竖槽型).空军气象学院学报,**16**(2):110-118.

[58]罗阳,何齐强,徐华刚,易志安.1994.北京地区强对流天气的大尺度条件气候学分析(槽后型).空军气象学院学报,**15**(4):307-314.

[59]孙明生,罗阳,易志安,等.1995.北京地区斜槽型和槽后型强对流天气的统计分析.北京地区强对流天气监测试验论文集:第一集.北京:中国人民解放军空军司令部气象局.7-11.

[60]汪细明,何齐强,徐华刚,孙明生.1995.北京地区强对流天气的大尺度条件气候学分析(东北冷涡型).空军气象学院学报,**16**(3):240-249.

[61]Browning K A. 1989. The mesoscale date base and its use in mesoscale forecasting,*Quart. J. Roy. Meteor. Soc.*,**115**:717-762.

[62]杨国祥.1989.华东对流天气的分析预报.北京:气象出版社.

[63]孙明生.1993.一例弓状回波的特征及成因分析.空军气象学院学报,**14**(3):98-102.

[64]北空强对流课题组.1993.北京地区91610暴雨过程分析.军事气象,**126**(2):14-19.

[65]徐华刚,孙明生,汪细明,等.1996.北京地区强天气发生前地面场特征研究.航空气象科技,**106**(2):13-18.

[66]章卫龙,陈良栋,孙明生.1993.地形对北京地区强对流活动影响的研究.空军气象学院学报,**35**(2):40-49.

[67]孙继松,杨波.2008.地形与城市环流共同作用下的β中尺度暴雨.大气科学,**32**(6):1352-1364.

[68]孙继松,石增云,王令.2005.地形对夏季冰雹事件时空分布的影响研究.气候与环境研究,**11**(1):76-84.

[69]易志安,孙明生.2000.华北地区一次飑线天气过程分析.军事气象,**170**(4):21-23.

[70]Weisman M L, and Klemp J B,1982. The dependence of numerically simulated convective storms on

vertical wind shear and buoyancy. *Mon. Wea. Rev.* **110**：504-520.

[71]孙凌峰等.2003.武汉"6·22"空难下击暴流的三维数值模拟研究,大气科学,**27**(6)：1077-1092.

[72]空司气象中心、杨国祥、何齐强.1995北京雷暴大风和冰雹临近预报研究,北京地区强对流天气监测试验论文集：第二集. 北京：中国人民解放军空军司令部气象局. 260.

[73]何齐强,舒慈勋. 1995. 北京地区强对流天气过程分析(一)天气特征和大尺度环境研究. 北京地区强对流天气监测试验论文集：第二集. 北京：中国人民解放军空军司令部气象局. 85-92

[74]北空气象室课题组.1992.北京地区强对流天气的客观分型.航空气象科技,**86**(6)：11-13.

[75]罗阳,汪细明,徐华刚,孙明生.1995.北京地区500百帕环流形势的分型研究,北京地区强对流天气监测试验论文集：第二集. 北京：中国人民解放军空军司令部气象局.64-67.

[76]徐华刚,汪细明,罗阳,孙明生.1995.强对流天气消空方法研究.航空气象科技,**104**(6)：7-10.

[77]Coquhoun J R. 1987. A decision tree method of forecasting thunderstorms, severe thunderstorms and tornadoes, *Weather and forecasting*, **2**：337-345.

[78]雷蕾,孙继松,魏东.2011.利用探空资料甄别夏季强对流的天气类别.气象,**37**(2)：136-141.

[79]魏东,孙继松,雷蕾.2011.三种探空资料在各类强对流天气中的应用对比分析,气象,**37**(4)：412-422.

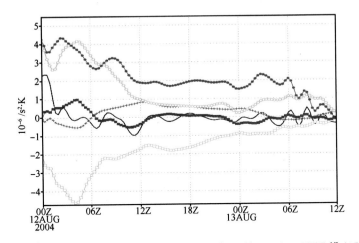

图 5.1.5 2004 年 8 月 12 日 00UTC 至 2004 年 8 月 13 日 12UTC 沿(37°—42°N，112°—119°E)区域平均的 CZT(黑色),CZ1(红色),CZ2(绿色),CZ3(蓝色),CZ4(青色),和 CZ5(粉色)的时间变化图

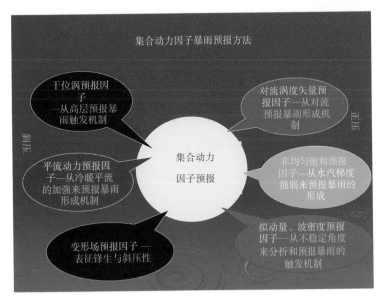

图 5.2.1 集合动力因子暴雨预报方法示意图

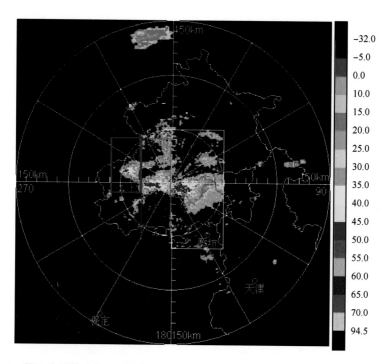

图 7.3.2　第 1 次雹暴过程(A)最大雷达回波强度的连续 3 个小时合成动态图(单位:dBZ)

(矩形框对应不同时刻(红色标注)对流单体的回波强度)